# 金属纤维多孔材料
## 孔结构及性能

汤慧萍　王建忠　著

北　京
冶金工业出版社
2016

## 内 容 提 要

本书介绍了金属纤维多孔材料的孔结构表征、控制及其与性能的关系；阐述了高温烧结过程中金属纤维的再结晶及晶粒异常长大机制，深入探讨了金属纤维多孔材料的烧结行为；采用同步辐射 X 射线层析表征技术，实现了金属纤维多孔材料的三维空间结构的重建和烧结结点的提取，解决了空间形状复杂的金属纤维多孔材料的表征和烧结颈的特征尺寸难以测量的难题；建立了考虑纤维夹角的烧结几何模型和不同工艺下的烧结图，揭示了烧结过程中烧结结点的形成与长大机制和孔结构的演化规律；实现了烧结结点、孔隙、纤维骨架的协同控制；建立了金属纤维多孔材料的力学性能、声学性能与孔结构之间的关系；为金属纤维多孔材料的制备和应用提供了重要的理论支持和实践指导。

本书可供从事金属多孔材料研发的工程技术人员阅读，也可供高等院校金属材料专业本科生和研究生参考。

### 图书在版编目（CIP）数据

金属纤维多孔材料：孔结构及性能/汤慧萍，王建忠著. —北京：冶金工业出版社，2016.10

ISBN 978-7-5024-7370-9

Ⅰ.①金…　Ⅱ.①汤…　②王…　Ⅲ.①金属纤维—多孔性材料　Ⅳ.①TG14

中国版本图书馆 CIP 数据核字（2016）第 246702 号

出版人　谭学余

地　　址　北京市东城区嵩祝院北巷 39 号　邮编　100009　电话　(010)64027926
网　　址　www.cnmip.com.cn　电子信箱　yjcbs@cnmip.com.cn
责任编辑　唐晶晶　张熙莹　美术编辑　吕欣童　版式设计　彭子赫
责任校对　卿文春　责任印制　牛晓波
ISBN 978-7-5024-7370-9
冶金工业出版社出版发行；各地新华书店经销；固安华明印业有限公司印刷
2016 年 10 月第 1 版，2016 年 10 月第 1 次印刷
169mm×239mm；15.5 印张；300 千字；235 页
**78.00 元**
冶金工业出版社　投稿电话　(010)64027932　投稿信箱　tougao@cnmip.com.cn
冶金工业出版社营销中心　电话　(010)64044283　传真　(010)64027893
冶金书店　地址　北京市东四西大街 46 号(100010)　电话　(010)65289081(兼传真)
冶金工业出版社天猫旗舰店　yjgycbs.tmall.com
（本书如有印装质量问题，本社营销中心负责退换）

# 序

金属纤维多孔材料是一种特殊的结构功能材料，在航空航天、节能环保、石油化工等领域中发挥着重要作用。孔结构表征、控制及其与性能的关系是金属纤维多孔材料重要的研究课题，深入探讨孔结构的演化规律，揭示微米级金属纤维烧结过程中纤维的再结晶与晶粒长大、结点的形成与长大机制，对促进金属纤维多孔材料的技术进步与规模应用具有重要意义。

西北有色金属研究院是我国金属多孔材料的主要发源地，也是金属多孔材料国家重点实验室的依托单位。作为该重点实验室学术委员会主任，我对过去五年来实验室在金属纤维多孔材料方向的发展一直保持高度关注。金属纤维多孔材料孔结构制备、表征和控制及其与材料力学和声学性能的关系在国内外尚无系统的研究和学术专著，但它本身具有重要的科学研究及工业应用价值。我很欣慰地看到，在国家自然科学基金的支持下，汤慧萍教授的团队在金属纤维多孔材料研究方面取得了多项开创性的成果：

（1）在烧结机理方面，发现烧结结点的形成在正常的加热和冷却条件下，主要通过表面扩散机制来实现；采用快速升降温条件时，主要通过位错扩散机制完成。值得一提的是，这些机理是建立在采用同步辐射 X 射线层析表征技术、三维重构技术及准确提取烧结结点尺寸的实验基础上的。

（2）在力学性能方面，发现金属纤维多孔材料的拉伸强度、压缩强度及弹性模量与相对密度之间为线性关系，不同于金属泡沫材料广为认可的指数关系，体现出金属纤维多孔材料独有的本构关系。

（3）在声学性能方面，开发出了梯度孔结构金属纤维多孔材料，表现出优异的吸声性能，在中高频范围内吸声系数保持在 0.8 以上，其低频吸声系数也超过了 0.2。这种梯度孔超薄材料（2mm）已经在受限空间的吸声降噪中得到应用。

《金属纤维多孔材料　孔结构及性能》一书的出版，不仅丰富了金属纤维多孔材料制备的基础原理，而且提供了多方面的实践指导，对从事金属多孔材料研究与开发的科技工作者具有重要的参考价值。

黄伯云

2016 年 9 月

# 前　言

　　金属纤维多孔材料是一类重要的结构功能一体化材料，除具有孔形稳定、可加工、可焊接等优点外，还兼具容尘量大、可折叠、孔结构可控等优点，可广泛应用于能源、环保、化工、冶金等行业的过滤分离、阻尼缓冲、吸声降噪、电磁屏蔽、高效燃烧和强化换热等领域。

　　经过三十多年的发展，金属纤维多孔材料已经实现了工业化生产，在聚酯熔体过滤、高温气体净化等方面得到了规模应用。近年来，金属纤维多孔材料的应用领域不断拓宽，特别是在能量吸收、吸声降噪、表面燃烧等方面，有别于其他多孔材料，表现出巨大的潜力。

　　由孔隙、纤维骨架和烧结结点组成的孔结构是金属纤维多孔材料结构功能一体化的基础，是决定纤维多孔材料各项性能的关键因素。金属纤维多孔材料孔结构的形成与制备过程中的成形、烧结密切相关，特别是烧结过程。气流铺毡技术成形的金属纤维毛毡，因搭桥现象严重造成纤维之间的真实接触机会大幅度减小，导致金属纤维的烧结十分困难。此外，金属纤维在制备过程中经历了大变形，其内部出现了互相缠结的高密度位错，使得高温烧结过程中纤维骨架晶粒极易发生再结晶和晶粒异常长大，导致晶粒粗化甚至呈竹节状分布，致使纤维多孔材料的耐腐蚀性能和力学性能严重恶化。目前，有关烧结结点形成与长大机制及纤维骨架的晶粒尺寸和形貌控制等方面的研究鲜见报道，一定程度上制约了高性能金属纤维多孔材料的制备及其在工业生产中的规模应用。

　　本书共分7章，系统总结了研究团队近五年来在金属纤维多孔材料的孔结构表征、控制及孔结构与性能之间关系的最新研究成果。第1章简要介绍了国内外金属纤维及纤维多孔材料的发展现状及应用领域；第2章论述了金属纤维多孔材料的孔结构特性、孔结构参数提取及表征方法；第3章研究了金属纤维再结晶动力学、再结晶晶界结构与织构的演化规律；第4章建立了金属纤维多孔材料烧结颈颈长方程，绘制了金属纤维烧结图，讨论了烧结结点形成机制及再结晶与烧结结点的协同控制；第5章论述了关于金属纤维多孔材料的拉伸、压缩和剪切性能，并建立了金属纤维多孔材料力学性能与相对密度的本构关系；第6章侧重于金属纤维多孔材料孔结构三要素对吸声性能的影响规律、梯度孔结构纤维多孔材料及超薄复合结构的声学性能；第7章运用数值模拟技术研究了金属纤维多孔材料成形及烧结结点长大过程。

本书由西北有色金属研究院金属多孔材料国家重点实验室汤慧萍和王建忠主持编写。汤慧萍、王建忠撰写了第1章、第2章及第4~6章；李爱君参与撰写了第4章；马军参与撰写了第4章和第5章；敖庆波参与撰写了第5章和第6章；中南大学王岩和刘咏撰写了第3章；中南大学郑洲顺和西安交通大学南文光撰写了第7章。在撰写过程中，学生邸小波、鲍腾飞、刘怀礼、张学哲、李超龙、于海欧、赵秀云、王建永、乔吉超在试样制备、性能测试、数据整理等方面付出了辛勤劳动，在此向他们表示衷心的感谢！

澳大利亚皇家墨尔本理工大学马前教授，中南大学刘咏教授、曹顺华教授，北京理工大学周萧明教授，西北有色金属研究院王建高工等对本书进行了审稿，为本书撰写提出了宝贵建议和修改意见，特此致谢！

本书所涉及的研究工作得到了国家自然科学基金项目的支持（项目编号：51074130，51134003），在此谨表谢忱！

同时感谢上海同步辐射光源多次安排 SR-CT 实验，为我们对烧结结点的准确提取和尺寸测量提供了条件。

希望本书的出版能对从事金属多孔材料工作的同行们和后来者开拓新思路、研发新产品有所帮助，对促进金属纤维多孔材料在我国高速发展的工业过程中的应用有所裨益。金属纤维多孔材料的制备及应用涉及多方面知识，恳请读者和同行们指出书中的不足和疏漏，在此表示感谢！

*汤慧萍*

2016 年 8 月

于西安西北有色金属研究院

# 目　　录

# 1 绪 论

金属纤维多孔材料是近年来受到国内外广泛关注的一种结构功能一体化材料，除具有金属多孔材料特有的孔形稳定、可加工、可焊接等优点外，还兼具容尘量大、可折叠、孔结构可控等一系列优点，广泛应用于过滤分离、阻尼减振、吸声降噪、电磁屏蔽、高效燃烧和强化换热等领域。由孔隙、结点和纤维骨架三要素构成的孔结构是金属纤维多孔材料结构功能一体化与多样化的基础，然而目前有关金属纤维多孔材料孔结构的基础理论研究还比较薄弱，孔隙的均匀性、结点的强度与分布状态，以及纤维骨架的微观组织与晶粒尺寸还得不到有效控制，一定程度上制约了金属纤维多孔材料服役性能的提高和现代工业中的规模应用。

## 1.1 金属纤维概述

制备金属纤维多孔材料的原料是直径为几微米至几百微米的金属纤维。1936年，一份美国专利报道了用集束拉丝法生产金属纤维[1]，经过 30 多年的时间，利用此法生产的微米级纤维才达到商业应用程度。目前，世界上只有比利时、美国、日本、中国等少数国家可以生产金属纤维[2]。

表 1-1 列出了金属纤维的制备方法及特点，其中主要方法有 3 类[2~5]：拉拔法（单丝拉拔法和集束拉拔法）、熔融纺丝法和切削法。后两种工艺生产成本低，制备的金属纤维直径一般在 20μm 以上，纤维不连续且直径不均匀，主要应用于一些要求不高的领域；单丝拉拔法采用多模连续拉拔，纤维丝径均匀、连续性好、表面光滑、尺寸精确，但工序繁琐，生产周期长、成本高，生产的纤维直径通常在 10μm 以上，主要用于某些特殊领域（如高精度筛网等）；集束拉拔法解决了熔融纺丝法和切削法丝径不均匀且不连续的问题，并克服了单丝拉拔法生产成本高等特点，生产效率大大提高，加速了金属纤维的商业化发展及应用。

表 1-1 金属纤维的制备方法与特点[3~5]

| 序号 | 制备方法 | 纤 维 特 点 |
|---|---|---|
| 1 | 单丝拉拔法 | 丝径大于 12μm，连续，横截面呈圆形，表面光滑，尺寸精确 |
| 2 | 集束拉拔法 | 丝径为 1~25μm，连续，横截面呈多边形，表面出现条纹沟槽 |
| 3 | 熔融纺丝法 | 丝径为 25~250μm，连续，横截面呈圆形 |

| 序号 | 制备方法 | 纤　维　特　点 |
|---|---|---|
| 4 | 振动切削法 | 丝径为 20~150μm，长度为 0.05~2cm，横截面呈三角形或菱形，表面粗糙 |
| 5 | 刮削法 | 丝径为 20~100μm，横截面呈三角形或正方形 |
| 6 | 羰基分解法 | 丝径大于 0.1μm，长径比为 20~1000 |
| 7 | 剔削法 | 丝径大于 8μm，短连续，横截面通常为三角形 |
| 8 | 坩埚熔融牵引法 | 丝径大于 25μm，连续或长度可控；小直径的基本为圆形，大直径的为心月形 |
| 9 | 填隙法 | 丝径为 0.01~0.3μm，长径比为 10~15 |
| 10 | 原位形变—萃取法 | 纤维的平均厚度小于 0.3μm，平均宽度约为 0.8μm，纤维骨架的晶粒宽度在 100~150nm 之间 |

目前，制备的金属纤维主要有不锈钢纤维、Inconel 合金（Inconel 601、Inconel 625）纤维、FeCrAl 合金纤维、哈氏合金纤维、Ti 纤维、Cu 纤维、Ni 纤维、W 纤维、Mo 纤维和 Al 纤维等。316L 不锈钢纤维主要用于低于 300℃并需耐碱溶液、有机酸和正常大气压下的氯化物腐蚀的环境；Inconel 601 纤维用于500℃以下的氧化物气氛及比 316L 不锈钢纤维能耐更强酸腐蚀的环境；哈氏合金纤维主要用于比 316L 不锈钢纤维更耐矿物酸腐蚀的环境；FeCrAl 合金纤维主要用于耐高温环境；Ti 纤维主要用于耐氯化物、海水和硫酸腐蚀的环境；Cu 纤维主要用于高导电环境；青铜纤维适于制作自润滑轴承；Ni 纤维主要用于电池材料；钨、铁、钢、铝的纤维适于做不同用途的纤维增强复合材料，而且铝纤维还可用于制作吸声板[3,5]。

## 1.2　国外金属纤维及纤维多孔材料的发展现状

世界上最早研制金属纤维及纤维多孔材料的企业是美国 Memtec 公司，它可以生产多种牌号的不锈钢纤维和一些合金纤维。美国的 GAMMA 公司和 3M 公司都曾致力于金属纤维的生产和研究，产品以 316L 不锈钢纤维为主[3]。美国 GAF公司采用羰基分解法制备出了 φ0.1μm、长径比为 1000 的铁纤维。日本Mitsubishi Materials Corp. 采用填隙法制备出用于电磁屏蔽的细金属纤维。日本精线株式会社开发出了 316L 和 304 不锈钢纤维。德国 Fraunhofer IFAM 研究所采用熔抽法制备出了金纤维、FeCrAl 纤维和 Ni₃Al 纤维[6,7]。

在成功制备出金属纤维的基础上，金属纤维多孔材料也得到了快速发展。1964 年，Garrett 公司开发出金属纤维毡阶梯迷宫式密封件。1969 年，Pratt &Whitney 飞机集团正式采用由 φ8μm 镍基合金和钴基合金纤维制成的金属纤维毡密封件叶片和内锐边密封材料，其孔隙率达到 80%、抗拉强度达到 6.7~13.4MPa 便可满足要求，工作温度可达 600℃。1979 年，Wright-Patterson 的空气动力学材料实验室开发出 Brunslloy 金属纤维密封件，其工作温度达到 800℃，适用于低温涡轮[5]。20 世纪 70 年代，比利时 Bekaert 公司从美国引进了金属纤维及纤维毡的制备技术和装备，开始批量生产不锈钢纤维，产品质量超过了美国，并占领了世界上不锈钢纤维及纤维多孔材料市场 70% 的份额，成为最大的供应商。Bekaert 公司不断致力于研究更尖端的加工技术，现在可生产的金属纤维直径最细可达 1.0μm，所制备的金属纤维及纤维多孔材料已在过滤（气体、燃油及润滑油、食品及饮料、高分子、医药等）、吸声降噪、燃烧器、纺织品、建筑等领域得到了广泛应用[8~10]。德国 Fraunhofer IFAM 研究所于 2015 年采用原位结晶法在烧结铝合金纤维多孔材料表面附着硅铝磷酸盐（SAPO-34），制备出了一种新型复合材料[11]。

国际上针对金属纤维多孔材料结构功能一体化的研究也取得了一些重要成果。瑞典 Volvo 公司[12]采用两层薄不锈钢板，中间用环氧树脂粘接不锈钢纤维开发出了一种夹芯结构的超轻不锈钢板材（hybrid stainless steel assembly, HSSA），它比铝更轻、刚性更好，并兼具隔音和防振特性。Volvo 公司预见，采用 HSSA 部件制造的汽车将比传统的汽车减重 50%~70%。HSSA 还可作为一种单片防火墙板，保护乘客不受发动机舱热量的影响。英国剑桥大学和美国麻省理工学院先后开发了两种夹芯板：CAMBOSS（Cambridge bonded steel sheets）和 CAMBRASS（Cambridge brazed steel sheets），前者采用黏结法，后者采用钎焊法使金属纤维与致密面板结合。德国 Fraunhofer IFAM 研究所将丝径为 154μm 的 Al89Cu6Zn5 合金纤维和 2mm 厚的纯铝板通过低温瞬时液相烧结技术制备出了铝合金纤维三明治结构，实现了金属纤维与致密金属板的冶金结合[13]。

## 1.3 我国金属纤维及纤维多孔材料的发展现状

我国对金属纤维及纤维多孔材料的研究始于 1979 年，起因是当时我国石化、冶金、纺织及航空部门大量引进的国外先进设备中需使用不锈钢纤维多孔材料作为过滤元件，但由于技术、原辅材料等问题，我国生产的不锈钢纤维的质量达不到国外同类产品水平。此后十几年间我国的金属纤维多孔材料产品经历了从进口原料到原料国产化及成品出口的过程。

目前，国内主要有西北有色金属研究院、长沙矿冶研究院有限责任公司等几家单位研究和生产金属纤维。西北有色金属研究院于 1998 年实现了金属纤维的产业化，建成了国内最大的金属纤维及纤维多孔材料科研、生产和检测基地，并于 2002 年顺利通过国家重点工业性试验项目"金属纤维及其制品"的验收，标志着我国在金属纤维及纤维多孔材料领域的研究及产业化方面已走到了世界前列,并打破了国外公司的长期垄断,使我国成为继美国、日本和比利时后能够规模生产金属纤维烧结毡的国家[14]。开发的金属纤维包括不锈钢纤维、铁铬铝纤维、镍纤维、哈氏合金纤维,纤维直径为 2~40μm,已被广泛应用于纺织、过滤、冶金和造纸等领域,涵盖了工业、民用、军事的各个方面。还开发了多层金属烧结网及过滤元件(金属纤维波折滤芯、金属纤维滤袋、多层烧结网滤芯、多层烧结网滤盘)等。除此之外,西北有色金属研究院还进行了标准化研究工作,制定了《烧结不锈钢纤维毡》(YS/T 453—2002)和《不锈钢纤维烧结滤毡》(GB/T 20100—2006)标准。长沙矿冶研究院有限责任公司开发的金属纤维及其制品主要包括不锈钢纤维、铁铬铝纤维、金属纤维混纺纱线及纯金属纤维织物、导电塑料母粒、金属纤维燃烧器、烧结滤毡等。

近年来,华南理工大学机械制造及自动化研究所采用大刃倾角多齿状新型刀具同时切出多条金属长纤维,并以此切削纤维为原料利用烧结工艺制成了一种新型高孔隙率、大孔径的金属纤维烧结板,由于该烧结板具有三维网状孔隙结构和大比表面积的结构特征,已作为催化剂载体板应用于甲醇制氢微反应器[15,16]。

## 1.4 金属纤维多孔材料的制备方法

已经商业化的金属纤维多孔材料(以集束拉拔法制备的纤维为原料)的制备工艺流程如图 1-1 所示。

图 1-1 金属纤维多孔材料的制备工艺流程

(1)牵切。集束拉拔法制备的金属纤维呈长绒束状,每束 1000~14000 根,长 1000~5000m,这样的纤维不适于直接铺毡,需要对其进行牵切处理。牵切处理是利用牵切机将金属纤维束牵切成具有一定长径比的短纤维的过程,主要通过调节牵切机的罗拉中心距、罗拉加压及牵伸速度来实现。牵切后的纤维长度通常为几毫米到几十毫米。牵切后的短纤维需要进行开松(开松是把大的纤维团块扯松成小块、小纤维束的过程),以备成形时用。

(2)成形。成形是制备金属纤维多孔材料的关键工序之一。目前,金属纤维毛毡的成形方法主要包括气流法、湿法和织造法[3,17~19]。

1)气流法。气流法是目前规模化制备金属纤维毛毡的主要方法。该法利用空气动力学原理,依靠气体的流场将开松后的毫米级短纤维进行分散、悬浮、均匀沉降在连续运动的成网帘(或尘笼)上形成具有多孔结构的毛坯,毛坯质量对金属纤维烧结毡孔结构的均匀性具有直接的遗传效应。要获得孔结构均匀性好的纤网，喂料必须均匀，并且要保证纤维在气流中分布合理，且选择合适的气流速度和流体流向。目前，国内主要采用兰多（Rando）气流成网机制备金属纤维毛毡。

2）湿法。湿法是借鉴造纸法而产生的。最初是采用纺纱废料（短纤及废丝）来加工生产一种特殊纸张，但是随着产品开发的不断深入，湿法也可用于制备金属纤维毛毡，其制备工艺流程如图1-2所示。

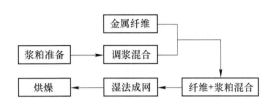

图1-2 制备金属纤维毛毡的湿法工艺流程

湿法是目前生产金属纤维毛毡的另一种常用方法，其优点是生产速度快、加工成本低、各向同性效果好，纤网均匀度优于干法；其不足之处是产品品种变化灵活性小，生产过程耗水量大，难以实现批量连续生产。

3）织造法。织造法是将经、纬纱线按照某种规律相互交织或编织而成机织物（简称织物）的方法。沿织物长度方向排列的纱线称为经纱，沿织物宽度方向排列的纱线称为纬纱。牵切后的短金属纤维需经过开松与除杂、粗梳、精梳、并合与牵伸、加捻与卷绕工序制备成适于织造的纱线。

织前准备工程的工艺流程应根据构成织物的原料和织物品种而定，一般要经过络筒、整经、浆纱、穿结经工序。

织物在织机上的形成过程是由以下几个工艺程序和机构来完成的：

① 按照经纬纱交织规律，把经纱分成上下两片，形成梭口的开口机构。

② 把纬纱引入梭口的引纬机构。

③ 把引入梭口的纬纱推向织口的打纬机构。

④ 把织物引离织物形成区的卷取机构。

⑤ 把经纱从织轴上放出输入工作区的送经机构。

织造法生产的织物类型主要包括斜纹织物、缎纹织物和平纹织物。

（3）叠制。无论采用气流法还是湿法制备的金属纤维毛毡，其厚度通常为1.5~2.0mm，大于该厚度的纤维多孔材料或为了获得具有设计孔隙率或孔结构的纤维多孔材料，通常需要将纤维毛毡进行多层叠制后烧结而成。目前主要采用手工铺制的方法进行叠制。

（4）烧结。烧结也是制备金属纤维多孔材料的关键工序之一。目前，烧结技术主要包括固相烧结技术和液相烧结技术。固相烧结技术主要指随炉升降温烧结技术，它是目前制备金属纤维多孔材料最常用的烧结技术。首先将具有一定形状和尺寸的金属纤维毛毡在室温下置于真空或气氛保护烧结炉中，然后以 5~20℃/min 的加热速度升温到设定的烧结温度，保温一定时间后随炉冷却到室温的烧结过程。

（5）平整。利用辊压机对烧结毡（金属纤维多孔材料）表面进行平整，以备后续使用。

## 1.5 金属纤维多孔材料的应用领域

与其他多孔材料相比，金属纤维多孔材料以其具有良好的导电性、导热性、耐高温、耐腐蚀以及强度高、弹性模量可调等优点，在过滤与分离、吸声降噪、阻尼减振、高效换热、电磁屏蔽和表面燃烧等领域具有广阔的应用前景。

### 1.5.1 过滤与分离领域

金属纤维多孔材料具有渗透性能好、可折叠、可再生、寿命长、高纳污量等特点，是适于高温、高压及腐蚀环境中使用的新一代高效过滤材料，广泛应用于高分子聚合物过滤、化工与医药行业过滤、食品与饮料过滤、气体过滤、污水处理、热凝结水过滤、油墨过滤、高温气体除尘、炼油过程的过滤、粘胶过滤、超滤器的预过滤、真空泵保护过滤器、飞行器燃油过滤、液压系统过滤等[20,21]。

目前，用于制备过滤材料的金属纤维毡主要有不锈钢纤维毡、FeCrAl 纤维毡、镍纤维毡、Inconel 合金纤维毡和哈氏合金纤维毡。西北有色金属研究院采用 FeCrAl 纤维毡制备的机动车尾气净化器可有效解决陶瓷载体热容量大、热导率低、机械强度相对低的不足，还可以解决蜂窝金属载体制备工艺复杂的难题[22,23]。同时，金属纤维载体还可以达到欧Ⅳ标准对汽车尾气中颗粒含量排放要求。采用 FeCrAl 纤维毡的柴油发动机尾气净化器体积与普通的消声器相近，采用装配式结构，安装与维修都较为简便，适合城市车辆，特别是城市公交车辆的改造和改装。此外，安装柴油发动机尾气微粒捕集器后，还可同时降低柴油机的排气噪声。目前已被欧洲汽车厂商批量使用[24]。另外，金属纤维毡制成的过滤器可在烟气温度达 500℃ 以上的环境中长期工作，经该过滤器处理过的烟气完全满足国家规定的大气污染物排放标准[25]。

图 1-3 所示是西北有色金属研究院制备的用于冶金、石化、水泥、多晶硅等行业高温烟气除尘的金属纤维毡过滤元件，其过滤精度为 3μm。

图 1-3 金属纤维毡过滤元件
（过滤精度为 3μm）

### 1.5.2 吸声降噪领域[5,26,27]

金属纤维多孔材料可用于高温、承载、振动等特殊的吸声场所，其吸声系数随频率的增加而增大，且不存在吸声上限频率，因此比共振吸声结构具有更优的高频吸声性能。

20 世纪 60 年代中期，波音公司采用直径为 8～100μm 的不锈钢纤维制成消音材料用于发动机辅助机组的进排气口的消音。不锈钢纤维多孔材料还用于东风汽车公司锻造厂机械压力机离合器与制动器的排气滤波消声器、洛阳第一拖拉机工程公司的锻压设备排气消声器和 AX100 型摩托车排气消声器等；铝纤维多孔吸声板主要用于候机大厅等吸声吊顶，音乐厅、展览馆、教室和游泳馆的壁面隔音，铁道隔音壁材，户外露天声屏障和地下建筑的吸声等；FeCrAl 纤维多孔材料具有良好的耐高温性能，主要用于航空发动机声衬材料。西北有色金属研究院开发的梯度孔结构金属纤维多孔材料在声波频率为 1500～6400Hz 范围内的吸声系数均大于 0.9，最高可达 0.998，已成功应用于电子器件和工业装备噪声防护领域。

近年来，研究主要针对不锈钢纤维、FeCrAl 纤维、铝纤维等纤维多孔材料的吸声性能与声波频率、纤维直径、孔隙率、环境温度、声压、材料背后的空腔厚度、材料厚度及结构等的关系，以实现孔结构的设计与控制，促进了金属纤维多孔材料在吸声降噪方面的应用。

### 1.5.3 阻尼减振领域

随着科学技术的迅猛发展，各种高技术装备面临越来越严峻的特殊环境下的阻尼减振问题。运载火箭、卫星、导弹、舰艇、航母等高技术产业的飞速发展，其系统的功能日益多样化，结构也日渐大型化和复杂化，导致系统的性能和精度要求越来越严格，结构的动力学特性更加复杂。大功率推进装置、旋转机械（诸如离心机、涡轮机、储能飞轮等）以及工作过程中剧烈的流体摩擦成为结构振动的激振源，造成系统运行精度、效能下降，产生大量噪声，引起结构疲劳损伤，甚至引发灾难性后果。以阻尼减振材料为基础的阻尼增强减振技术能够有效地增加结构的阻尼水平，在使用频率范围内抑制结构的振动、吸收噪声。

金属纤维多孔材料具有空间网状贯通孔隙结构，在保持高孔隙率（≥60%）的前提下，孔径可逐渐由毫米级减小到微米级，孔结构千变万化，具备良好的阻尼性能、大变形能力和大承载能力，并且弹性模量可控、环境适应性强、结构稳定，因此在阻尼减振领域具有广阔的应用前景。瑞典 Volvo 公司开发了一种夹芯结构的超轻不锈钢板材，其芯体为不锈钢纤维多孔材料，该材料具有良好的能量吸收特性（较实体金属多吸收了 50%～60% 的能量）[12]。李程等人[28]提出并制备出了纤维呈直立状且芯体高度和孔隙率可控的金属纤维多孔夹芯板材料，该夹芯板材料具有优异的能量吸收特性，可广泛应用于飞行器、轮船、汽车或装备等外壳与防撞板中。西北有色金属研究院制备的 316L 不锈钢纤维多孔材料的孔隙率为 65%~80%、材料厚度为 15mm 时，其能量吸收值为 9~30MJ/m³。

### 1.5.4 高效换热领域

换热设备（换热器）是能源转换、传递、存储、利用四个环节中的关键设备，是关系到传统高能耗行业和航空、航天、核工业、电子等高新技术领域系统建造成本、运行可靠性和经济性的关键环节。目前，换热器朝着高效紧凑的方向发展，而采用多孔表面强化传热材料是关键[29]。与化学腐蚀、喷涂、机械加工等方法制备的多孔表面相比，烧结金属多孔表面的强化传热性能最好，具有高效沸腾换热（比常规换热器的总传热系数高 4 倍以上）、低温差沸腾（为普通光滑管的 1/15~1/10）、高临界热流密度（为光滑管的两倍左右）和良好的反堵塞能力。

烧结金属多孔材料包括金属粉末多孔材料和金属纤维多孔材料。金属粉末多孔材料具有更高的比表面积和凹穴密度，能够显著强化沸腾传热。美国 Union Carbide 公司开发的 High Flux 管多孔表面与光管相比沸腾传热系数可提高 10 倍左右，临界热流密度可提高两倍[30]。该公司将粉末烧结多孔表面材料用于乙烯分离塔中，仅用 278.7m² 的换热面积便可代替 2006.7m² 的光滑表面。但是，金属粉末多孔材料的孔隙率较低（通常为 10%~50%），气泡上升和脱离阻力大。而金属纤维多孔材料具有高孔隙率（60%~98%）、孔隙贯通性好、高比表面积、高机械强度、高毛细力的结构特点，能够有效避免低孔隙率引起的气泡脱离阻力大的问题。金属纤维多孔材料的孔径呈高斯正态分布[31]，比金属泡沫材料具有更高的沸腾传热性能。白鹏飞[32]的研究表明，铜纤维多孔材料用于沸腾相变传热时，多孔微细通道的压降波动小、噪声小，非常适合用于相变换热芯体材料。朱纪磊等人[33]采用烧结法制备了铜纤维多孔表面换热材料，分析了纤维丝径、孔隙率及材料厚度等参数对池沸腾传热性能的影响，指出铜纤维多孔材料的传热性能比光滑表面提高 6 倍左右。L. Tadrist[34]指出流体流过堆积铜纤维材料时，不仅表现出良好的对流传热性能，而且压降损失很小。俄罗斯的 A. G. Kostornov 和 L. G. Galstyan 的研究表明，金属纤维多孔材料的传热性能随着纤维丝经的增加而降低，而且烧结结点的质量将对传热性能产生显著影响[35]。

热管是一种能快速将热能从一点传至另一点的装置，由于它具有超常的热传导能力，而且几乎没有热损耗，因此被称做传热超导体。在民用领域，手提电脑的散热、现代空调冷冻技术等无不用到热管，热管还被广泛应用于宇航工业和高科技领域，成为现代科技不可缺少的材料。金属纤维是常用的热管芯体材料，用其制作的多孔芯体的价格低、易于加工制造，但内网容易弯曲变形，且液体回流不易。据报道，用金属纤维多孔材料装配的热管用于热交换器时，热效率为普通热交换器的 4 倍[36,37]。

西北有色金属研究院开发的金属纤维多孔表面换热管如图 1-4 所示。

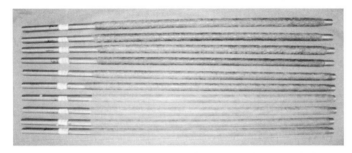

图 1-4 金属纤维多孔表面换热管（西北有色金属研究院）

### 1.5.5 电磁屏蔽领域[7,38,39]

金属纤维具有良好的导电性，因此它可以被用于制备电磁波屏蔽材料。采用金属纤维制备的电磁波屏蔽材料主要有 3 类：电磁屏蔽织物、电磁屏蔽聚合物材料和电磁屏蔽建筑与装饰材料。

#### 1.5.5.1 电磁屏蔽织物

目前，主要有 3 种电磁屏蔽织物，即金属丝与服装用纱线混编织物、金属纤维混纺织物和纯金属纤维织物。

在实际应用中，为获得理想的电磁屏蔽效果，既经济又可靠的金属纤维混纺比例一般情况下为 20%～30%（质量分数），其屏蔽效能（shielding effectiveness, $SE$）可达 30～40dB。但是开发相同功能的服装面料时，应适当提高金属纤维含量，一般情况下为 25%～35%（质量分数）。采用金属纤维与普通纤维混纺、金属纤维与合成纤维交织法制备屏蔽伪装用纺织品，用作防伪军事目标，备受各国军队青睐。国内外开发的金属纤维混纺织物见表 1-2。

表 1-2 国内外开发的金属纤维混纺织物及性能

| 金属纤维 | 其他纤维或纱线 | 电磁波频率 | $SE$/dB |
|---|---|---|---|
| 银纤维（质量分数 9%） | 尼龙纤维（质量分数 91%） | 1GHz | 30 |
| 不锈钢纤维（质量分数 25%） | Nomax Ⅱ、棉纱 | 2MHz～10GHz | 60 |
| 不锈钢纤维（质量分数 5%） | 羊毛（质量分数 70%）、涤纶（质量分数 25%） | 300MHz～2.45GHz | 屏蔽效果为 97.5%～99.7% |
| 不锈钢纤维（质量分数 17.5%、19%） | 混纺纱、包芯纱 | 10MHz～3GHz | 10～25 |
| 不锈钢丝（3.9tex） | 涤、棉 | 10MHz～3GHz | 20～45 |
| 钢纤维（质量分数 8%） | 其他纤维 | 0.1～10GHz | 20～35 |

目前，制备电磁屏蔽织物的金属纤维主要有镍纤维和不锈钢纤维两种，直径为 $2\sim20\mu m$。与镍、铜、铝等金属纤维相比，不锈钢纤维在可纺性、使用性和经济性等方面均具有优越性。不锈钢纤维织物的特点及应用领域列于表 1-3。

**表 1-3 不锈钢纤维织物的特点及应用领域**

| 不锈钢纤维含量<br>（质量分数）/% | 产品名称 | 应用场合 | SE/dB |
|---|---|---|---|
| 0.5~1 | 防静电工作服 | 静电危害场所 | — |
| 1~5 | 防静电过滤布 | 过滤带电粉尘 | — |
| | 防雷达侦察遮障布 | 坦克、大炮等军事目标伪装 | |
| 5~15 | 防护服 | 人体保护 | 5~15 |
| | 屏蔽用贴墙布、仪器罩 | 防止外来信号干扰、防止敌方侦察 | |
| 15~25 | 防护服 | 人体保护 | 10~30 |
| | 假雷达靶子 | 迷惑敌人 | |
| 25~40 | 高压带电作业服 | 不停电检修输电线路 | 30~40 |
| 100 | 屏蔽布 | 抗电子干扰、高效屏蔽体、机要室 | ≥ 30 |

### 1.5.5.2 电磁屏蔽聚合物材料

在日常生活中，使用电子工具和设备产生的电磁波对人体健康造成的损害一直是人们关注的焦点。电视机、计算机、微波炉、手机等电子设备的外壳均采用塑料制成，若将少量金属纤维掺到塑料中制成导电塑料，则可以形成一个屏蔽层，它既可以阻碍电磁波的辐射，又可以防止其他电磁波的干扰，从而达到保护人类健康的目的。

国外开发的电磁屏蔽聚合物材料已形成工业化生产规模，见表 1-4，但这类材料的价格较昂贵。研究表明，在 PBT（聚对苯二甲酸丁二酯）中添加黄铜纤维的 $SE$ 较添加铝纤维的 $SE$ 高 $10\sim18dB$；将 15%（体积分数）的 $\phi0.162mm$ 短铜纤维加入环氧树脂中，频率为 1.0GHz 时的 $SE$ 为 45dB，而加入 15%（体积分数）的 $\phi0.325mm$ 短铜纤维后，$SE$ 小于 20 dB；用铁纤维填充尼龙、PP、PC 等高分子制成的复合材料，当填充量为 20%~27%（体积分数）时，$SE$ 高达 60~80dB；在聚碳酸酯中添加 6%（质量分数）的直径为 $7\mu m$、长度为 6mm 的不锈钢纤维，当频率为 200~1600MHz 范围内时，$SE$ 超过 30dB。国内湖南惠同新材料股份有限公司采用高强超细不锈钢纤维与专用聚合物混合制成导电母粒，适用于 PA、PC、PC/ABS、PP、PE、PS 等热塑性树脂，可提供优良的导电性能与电磁屏蔽效果。此外，北京市化工研究院、中山大学、中国科学院大学、华南理工大学等少数几个单位也对此开展了研究，但均没有实现工业化生产。西北有色金属研究院开发的电磁屏蔽聚合物材料的 $SE$ 高达 70~85dB（电磁波频率为 2.25~

2.65GHz）。

表 1-4 国外采用金属纤维开发的电磁屏蔽聚合物材料

| 导电填料 | 塑 料 | 填充量(体积分数)/% | $SE$/dB | 国 家 |
|---|---|---|---|---|
| 铁纤维 | 尼龙 6、聚丙烯、PP | 20~80 | 60~80 | 日本 |
| 不锈钢纤维 | 聚氯乙烯 | 6 | 40 | 美国 |
| 铜纤维 | 聚苯乙烯 | 10 | 67（100MHz）<br>32（1000MHz） | 日本 |

### 1.5.5.3 电磁屏蔽建筑与装饰材料

将金属纤维加入混凝土中，混凝土的电磁屏蔽效能会大大提高。电磁屏蔽多功能混凝土在军事上可用于防护工事，也可用于军用、民用电磁信号泄露失密的电磁屏蔽防护，还可用于发射台（电视台、电台）、基站、微波站、EMC 实验室、高压线下建筑物等。美国五角大楼在建造过程中也使用了电磁屏蔽混凝土材料。

将金属纤维与玻璃或木材制备的复合材料，既可用于装饰家居或办公环境，又可屏蔽电磁波辐射。日本大阪瓦斯公司和日本玻璃环境调和公司出售的由高纯镍纤维加工成的 Magsheet 片材，可以屏蔽频率为 20MHz~1GHz 的电磁波。中国林科院木材工业研究所选择镍粉、石墨粉、不锈钢纤维和黄铜纤维作为导电单元，制成功能胶合板，结果发现黄铜纤维填料制成的胶合板的 $SE$ 值达到 35dB。

## 1.5.6 表面燃烧领域[37,40~42]

近年来，随着 FeCrAl、NiAl 等耐高温、抗氧化合金纤维多孔材料的发展，表面燃烧器开始使用金属纤维多孔材料取代陶瓷纤维材料。同时，随着表面催化燃烧和气流梯度燃烧技术的发展，燃气混合物通过纤维在多孔体内和表面燃烧，燃烧时辉光炽热温度降低到 1100℃ 以内。表面辐射燃烧器用金属纤维多孔材料的孔隙率控制在 80%~95% 之间，厚度一般为 2~4mm，最厚可达 6~8mm。

金属纤维表面燃烧器具有如下特点：

（1）$NO_x$、CO 和不完全燃烧物的排放浓度低。普通燃烧器的 $NO_x$、CO 的排放浓度一般在 0.008% 以上，有的甚至高达千分之几，而采用 FeCrAl 纤维表面燃烧器排放的 $NO_x$ 浓度可降至 0.0003%。

（2）节能。金属纤维表面燃烧器的全预混燃烧方式燃烧完全，热效率可达 83%~85%，而一般致密材料燃烧器的热效率仅为 30%。

（3）外形适应性强。根据使用场合要求，金属纤维表面燃烧器可以做成各种形状，如方形、圆形、圆柱形、圆锥形、球形、环形（向内辐射型）等。

（4）安全性高。孔径小决定了金属纤维表面燃烧器的回火倾向性极低。另外，金属纤维的抗腐蚀性强、抗热冲击或机械冲击性能高、热惰性低。

（5）两种燃烧方式（热辐射方式和蓝焰方式），应用范围广。

### 1.5.7 其他应用领域

除了上述几个方面的应用外，金属纤维及纤维多孔材料还可应用于以下几个领域：

（1）催化剂载体[22]。金属纤维多孔材料还可用于制备催化剂载体，它具有如下特点：

1）比表面积高，可以达到 $1 \times 10^3 \sim 9 \times 10^3 \, cm^2/cm^3$。高比表面积有利于催化剂活性组分物质的附着和分散，增加活性组分与汽车尾气中污染物质的接触几率，提高催化剂对污染物的转化效率。

2）孔径可在 $1 \sim 100 \mu m$ 范围内精确控制，并能沿轴向形成梯度结构，不但具有良好的气体流通性能，而且能阻挡和吸附汽车尾气中的烟尘颗粒。

3）较高的机械强度，能够承受汽车排放的高温高速尾气流冲击和气缸工作以及路况等因素引起的剧烈运动，避免破碎。

4）低热容和高热导率，以缩短催化剂达到工作温度的时间，改善催化剂的起始工作性能。

（2）电极材料[43,44]。随着微电子工业的迅速发展，移动电话、摄像机、便携式计算机等电子电器设备，特别是大容量电动汽车的发展，迫切需要高容量、小体积的充电电池与之相适应。MH-Ni 电池较镍镉电池具有容量高、无污染等优点，被誉为绿色碱性蓄电池。MH-Ni 电池的阳极活性物质骨架材料的性能对充放电性能、电池容量及循环使用寿命起着重要作用。采用镍纤维毡作为阳极活性物质骨架材料，可使 MH-Ni 电池的充放电次数提高到几千次，同时可耐大电流冲击，具有电压稳定性好、电容量大、活性物质填充量大、利用率高、内阻低、极板强度高等特点。采用刮浆工艺在纤维镍和泡沫镍导电基底上分别制备了纤维镍电极和泡沫镍电极，二者的充放电性能对比研究表明，纤维镍电极在各倍率下的充电电位均较低，放电电位均较高，氧气析出电位均较高，放电容量也较大。而且随着充放电倍率的增加，二者的差别越来越明显。这主要是由于致密的纤维镍基底具有良好的导电网络结构所致。另外，纤维镍电极中活性物质的质量比容量在各充放电倍率下均高于泡沫镍电极，纤维镍电极的体积比容量在各充放电倍率下均高于泡沫镍电极。

（3）防伪材料。每一种金属纤维都有它自己特有的微波信号，这一特性已被用于进行防伪识别、防伪标志等。利用金属纤维制成的条形码比用金属粉末制成的条形码具有更强的识别功能。金属纤维与纸浆混合制备的特殊纸张已被用于银行的账单、票据、有价证券、单位信函用纸，还可用于居民身份证、护照和信用卡等方面的防伪识别[9]。

（4）含油轴承。目前，含油轴承几乎均采用粉末冶金法制备，但若改用金属纤维制作，其强度和孔隙率会大大提高，并可改善轴承的润滑性能。此外，这种轴承的石墨含量可高达30%，耐磨、减摩性能比粉末冶金轴承优越得多。当含碳量为15%时，磨损率只有粉末冶金轴承的1/50～1/10。用金属纤维制成的轴承在国外已开始作为真空、高温或无供油状态的轴承使用[45,46]。

（5）复合材料。采用金属纤维与其他材料制备的各种复合材料已得到了广泛的应用，如金属纤维复合材料制动器（摩擦片）、金属纤维增强金属/非金属材料（发动机连杆、纤维金属砂轮）、金属纤维增强混凝土（设备底座、机架）、金属纤维增强橡胶（轮胎帘线、无伸缩牙轮皮带）、纸钢等[45,46]。

（6）发汗材料。金属纤维发汗材料用作涡轮叶片的表面冷却。

## 参 考 文 献

［1］ Everett S J. Metal Reducing Method：US，2050298［P］.1936-11-08.

［2］ 奚正平，周廉，李建，等. 金属纤维的发展现状和应用前景［J］. 稀有金属材料与工程，1998，27（6）：317～321.

［3］ 奚正平，汤慧萍. 烧结金属多孔材料［M］. 北京：冶金工业出版社，2009.

［4］ 孙世清，殷声，郭志猛. 亚微米级 Fe-Cr-Cu 金属纤维的研究［C］// 2002 年中国材料研讨会. 北京，2002：1788～1791.

［5］ 刘古田. 金属纤维综述［J］. 稀有金属材料与工程，1994，23（1）：7～15.

［6］ Andersen O，Stephani G，Meyer-Olbersleben F，et al. Properties of porous metal fiber components for high temperature applications［C］// International Conference on Powder Metallurgy & Particulate Materials. Princeton，NJ，1998.

［7］ Andersen O，Kostmann C，Stephani G. Melt extraction of gold fibers and precious metal doped fibers and preparation of porous gold fiber structures［C］// International Gold Conference-New Industrial Applications of Gold，Vancouver，Canada，2003.

［8］ 马克·阿诺德，罗格·的波如因，李秀英. Bekipor 金属纤维烧结滤材在气体和聚酯过滤方面的新发展［J］. 过滤与分离，1995（2）：32～37.

［9］ 郭萍. 金属纤维表面改性技术的研究［D］. 西安：西安建筑科技大学，2004.

［10］ Bekinox® 电磁干扰屏蔽纺织品用导电产品. http：//www. bekaert. com. cn.

［11］ Wittstadt U，Füldner G，Andersen O，et al. A new adsorbent composite material based on metal fiber technology and its application in adsorption heat exchangers［J］. Energies，2015（8）：8431～8446.

［12］ Markaki A E，Clyne T W. Mechanics of thin ultra-light stainless steel sandwich sheet material Part Ⅰ. Stiffness［J］. Acta Materialia，2003，51：1341～1350.

［13］ Andersen O，Studnitzky T，Kostmann C，et al. Sintered metal fiber structures from aluminum based fibers-manufacturing and properties ［C］//Proceedings of the Fifth International Conference on Porous Metals and Metallic Foams. Montreal Canada，2007.

［14］支浩，汤慧萍，朱纪磊，等．金属纤维制品的应用研究现状 ［J］．热加工工艺，2011，40 （18）：63~66.

［15］鲍腾飞．不锈钢纤维多孔材料复合结构的声学性能 ［D］．沈阳：东北大学，2012.

［16］Tang Y, Zhou W, Pan M Q, et al. Porous copper fiber sintered felts：an innovative catalyst support of methanol steam reformer for hydrogen production ［J］. International Journal of Hydrogen Energy，2008，33 （12）：2950~2956.

［17］于新安，郝凤鸣．纺织工艺学概论 ［M］．北京：中国纺织出版社，1998.

［18］程隆棣．湿法非织造布工艺、产品及用途 ［J］．产业用纺织品，1998，16 （3）：5~9.

［19］任家智．纺纱工艺学 ［M］．上海：东华大学出版社，2010.

［20］陈金妹，皮艳霞，李程，等．金属多孔纤维毡气体过滤性能测试与分析 ［J］．过滤与分离，2014，24 （2）：5~8.

［21］李彬．烧结不锈钢纤维多孔材料腐蚀行为研究 ［D］．西安：西安建筑科技大学，2010.

［22］张健，李程，吴贤，等．金属纤维多孔材料在机动车尾气净化器中的应用 ［J］．稀有金属材料与工程，2007，36 （S3）：378~382.

［23］支浩，汤慧萍，马军，等．净化器载体在汽车尾气处理中的研究进展 ［J］．材料导报，2014，28 （3）：80~83.

［24］周娟，肖于德．金属纤维行业发展趋势 ［J］．湖南有色金属，2008，24 （2）：38~40.

［25］朱能，赵赫．金属纤维毡用于锅炉烟气高温除尘的研究 ［J］．煤气与热动，2005，25 （1）：48~51.

［26］王建忠，奚正平，汤慧萍，等．金属纤维多孔材料吸声性能研究现状 ［J］．稀有金属材料与工程，2012，41 （S2）：405~408.

［27］敖庆波，汤慧萍，朱纪磊，等．FeCrAl 纤维多孔材料梯度结构吸声性能的研究 ［J］．功能材料，2009，40 （10）：1764~1766.

［28］李程，汤慧萍，王建永，等．一种直立结构多孔金属纤维夹芯板的制备方法：中国，200910023090.5 ［P］．2011-01-26.

［29］谭玉华，高春阳，刘立新．多孔表面的制造方法及其强化沸腾传热效果的比较 ［J］．流体机械，2006，34 （1）：80~85.

［30］Vandernaart G. High Efficiency Heat Exchangers：US, 4995241 ［P］. 1991-02-26.

［31］王志，廖际常，韩学义．不锈钢纤维毡的孔径研究 ［J］．稀有金属材料与工程，1997，26 （4）：49~52.

［32］白鹏飞．多孔型微细通道强化传热结构的制造及传热性能研究 ［D］．广州：华南理工大学，2010.

［33］Zhu J L, Tang H P, Shi Y X, et al. Fabrication and properties of porous copper fiber surface used for heat transfer ［C］//Proceedings of World Powder Metallurgy 2010 Conference. Florence, Italy，2010：397~404.

［34］Tadrist L, Miscevic M, Rahli O, et al. About the use of fibrous materials in compact heat exchangers [J]. Experimental Thermal & Fluid Science, 2004, 28 (2, 3): 193~199.

[35] Kostornov A G, Galstyan L G. Thermo physical properties of porous fiber materials [J]. Soviet Powder Metallurgy & Metal Ceramics, 1984, 23 (3): 246~250.

[36] 奚正平, 汤慧萍, 朱纪磊, 等. 热管及热管用金属多孔材料 [J]. 稀有金属材料与工程, 2006, 35 (S2): 418~422.

[37] 王建永. 烧结金属纤维多孔材料力学性能研究 [D]. 西安: 西北工业大学, 2008.

[38] 王建忠, 汤慧萍, 奚正平, 等. 一种金属纤维/聚合物复合电磁屏蔽材料及其制备方法: 中国, 201110396589.8 [P]. 2014-06-25.

[39] 王建忠, 奚正平, 汤慧萍, 等. 金属纤维电磁屏蔽材料的研究进展 [J]. 稀有金属材料与工程, 2011, 40 (9): 1688~1692.

[40] Yoksenakul W, Jugjai S. Design and development of a SPMB (self-aspirating, porous medium burner) with a submerged flame [J]. Fuel & Energy Abstracts, 2011, 36 (5): 3092~3100.

[41] Liu J F, Wen H H. Experimental investigation of combustion in porous heating burners [J]. Combustion and Flame, 2004, 138 (3): 295~303.

[42] Bizzi M, Saracco G, Specchia V. Improving the flashback resistance of catalytic and non-catalytic metal fiber burners [J]. Chemical Engineering Journal, 2003, 95 (1~3): 123~136.

[43] 奚正平, 张健, 毋录建, 等. MH-Ni 电池用新型镍纤维阳极材料的制备及性能 [J]. 稀有金属材料与工程, 1999, 28 (6): 371~374.

[44] 原鲜霞, 邓晓燕, 王荫东, 等. 纤维镍电极与泡沫镍电极的比较 [J]. 电池, 2000, 30 (4): 166~167.

[45] 李加种, 陈才金, 潘晓弘. 金属纤维及其复合材料 [J]. 机械工程材料, 1988 (3): 27~30.

[46] 吴承伟, 李林贵, 包维弟. 金属纤维在机械工程中的应用 [J]. 中国机械工程, 1989 (2): 23~24.

# 2 金属纤维多孔材料的孔结构及表征

## 2.1 孔结构组成及特征

孔结构是金属纤维多孔材料结构功能一体化的基础，是决定纤维多孔材料各项性能的关键因素。图 2-1 所示为金属纤维多孔材料的微观形貌及孔结构示意图，其孔结构为空间网状结构（见图 2-1(a)），主要由孔隙、纤维骨架和烧结结点组成（见图 2-1(b)）。

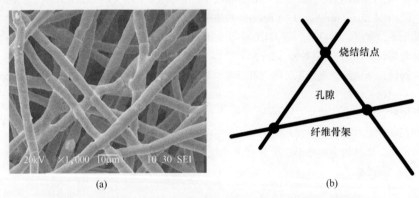

(a)           (b)

图 2-1　金属纤维多孔材料的微观形貌（a）及孔结构示意图（b）

金属纤维多孔材料的孔结构在 $z$ 方向（厚度方向）与 $x$ 方向或 $y$ 方向具有明显差异。图 2-2 所示为金属纤维多孔材料在 $z$ 方向和 $x$ 方向或 $y$ 方向的宏观结构示意图及微观组织照片（SEM）。金属纤维在 $x$ 方向或 $y$ 方向上呈随机分布，而在 $z$ 方向上呈层状分布；金属纤维相互之间具有一定的夹角，纤维搭接处在烧结过程中形成冶金结合点（即烧结结点）。

为了提高金属纤维多孔材料的过滤性能和吸声性能，开发出了梯度孔结构纤维多孔材料[1,2]，其宏观形貌如图 2-3 所示，图中上层材料的孔径较小，下层材料的孔径较大。梯度孔结构包括丝径梯度孔结构和孔隙率梯度孔结构两种。

### 2.1.1　孔隙

金属纤维多孔材料的孔隙呈不规则多边形，其含量用孔隙率描述，形貌可用

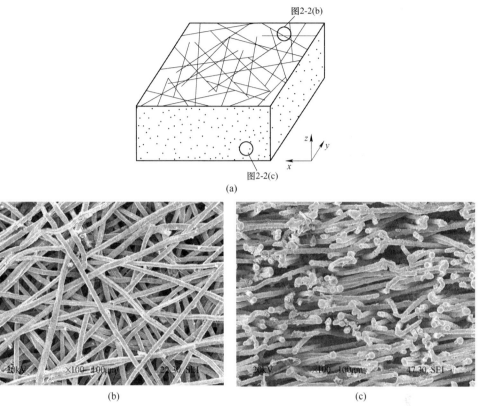

图 2-2 金属纤维多孔材料在 $x$、$y$ 和 $z$ 方向的宏观结构示意图及不同方向的微观组织

（a）宏观结构示意图；（b）$z$ 方向微观组织；（c）$x$ 或 $y$ 方向微观组织

图 2-3 梯度孔结构金属纤维多孔材料的宏观形貌

形状因子描述，大小通常用孔径与孔径分布描述。

### 2.1.1.1 孔隙率

孔隙率又称孔隙度或孔率，它是金属纤维多孔材料中最易获得、最易测量的基本参量，也是决定纤维多孔材料的传热性能、吸声性能、过滤性能、减振性能、燃烧性能、力学性能等性能的关键因素。

金属纤维多孔材料的孔隙率主要有体积孔隙率和面孔隙率两种。

（1）体积孔隙率又称总孔隙率（$\varepsilon$）。孔隙所占体积与纤维多孔材料的总体

积之比，一般以百分数来表示，即

$$\varepsilon = \frac{V_P}{V} \times 100\% \qquad (2\text{-}1)$$

式中 $V_P$——纤维多孔材料中所有孔隙的总体积；

$V$——纤维多孔材料的总体积。

一般所说的孔隙率均指体积孔隙率。金属纤维多孔材料的体积孔隙率通常超过60%，最高可达98%。

（2）面孔隙率（$\Phi$）。金属纤维多孔材料中某一截面上的孔隙所占的截面积 $A_P$ 与材料总截面积 $A$ 的比值，即

$$\Phi = \frac{A_P}{A} \times 100\% \qquad (2\text{-}2)$$

金属纤维多孔材料的体积孔隙率与面孔隙率可能相差很大，且二者之间没有确定的关系。一般情况下，体积孔隙率大于面孔隙率。

常用的孔隙率测定方法有：直接测量计算法、流体静力学法、真空浸渍法、漂浮法、汞压入法、显微镜分析法等[3,4]。

### 2.1.1.2 形状因子

金属纤维多孔材料的孔隙形貌可用形状因子（$F$）来定量描述[3,5]。

$$F = \frac{4\pi A}{\rho_P^2} \qquad (2\text{-}3)$$

式中 $A$——孔的截面积；

$\rho_P$——孔的周长。

孔隙形貌为圆形孔和正方形时，$F$ 值为1；孔隙形貌为狭长缝隙孔时，$F$ 值趋于零。当孔截面积大于75$\mu m^2$时，$F$ 值可用图像分析法来测量；当孔截面积小于75$\mu m^2$时，$F$ 值可用扫描电镜来测量。

### 2.1.1.3 孔径及孔径分布

金属纤维多孔材料的孔隙形貌呈不规则多边形，其孔径很难准确测定。通常，多孔材料的孔径指孔隙的名义直径，一般都有平均或等效的意义，因此常利用等效测试方法进行测定。孔径的表征方式有最大孔径、平均孔径、等效孔径、孔径分布等，相应的测定方法也有很多，主要有显微镜观测法、扫描电镜照相-计算机图像分析法、X射线小角度散射法、气泡法、断面直接观测法、同步辐射X射线层析表征技术（将在2.3节中详细介绍）、透过法、压汞法、气体吸附法、气体渗透法、离心力法、悬浮液过滤法、液体置换法、气体扩散法、探针分子法和量热测孔法[3,4,6]。其中有些方法可以测试纤维多孔材料的最大孔径、最小孔径、平均孔径和孔径分布。

A 等效测试方法

a 气泡法

气泡法测定的孔径及孔径分布是针对贯通孔的,它是一种简单易行的方法,仪器设备简单,易操作,测量数据重复性好[7]。该法利用对通孔材料具有良好浸润性的液体浸渍多孔材料试样,使之充满孔隙空间,然后通过气体将连通孔中的液体排出,依据所用气体压力来计算最大孔径值[8]。

$$d_{\max} = \frac{2\sigma\cos\theta}{\Delta p} \tag{2-4}$$

式中　$d_{\max}$——多孔材料的最大孔径;

　　　$\sigma$——浸渍液体的表面张力;

　　　$\theta$——浸渍液体对被测多孔材料的浸润角;

　　　$\Delta p$——静态下,试样上下表面的压力差。

在测定孔径分布时,继试样冒出第 1 个气泡后,不断增大气体压力使浸渍孔道从大到小逐渐打通冒泡,同时气体流量也随之不断增大,直至压差增大到液体从所有的小孔中排出[4]。根据压差-流量曲线,即可求出多孔材料的孔径分布。

在普通气泡法测试过程中,由于大孔对流量的影响比较大,致使小孔的测量精度不高,甚至有一部分小孔被忽略。为避免该问题,有些学者提出用中流量孔径来表示多孔材料的孔径,即先用干样品测出压差-流量曲线,然后用预先在已知表面张力液体中浸润过的湿样品测出压差-流量曲线,找出湿样品流量恰好等于干样品流量 1/2 时的压差值,在此压差下求出的孔径称为中流量孔径。这种方法测得的孔径值比普通气泡法更为接近多孔材料的实际孔径值[9]。

目前,主要采用 GB/T 5249—2013《可渗透性烧结金属材料　气泡试验孔径的测定》标准测试金属纤维多孔材料的最大孔径及孔径分布。

b 压汞法[3,10]

利用大多数固体材料与汞介质的非润湿性,记录加压过程中汞体积随施加压力的变化关系,根据 Washbum 方程的基本原理分析孔隙的方法。压汞法可以测量孔的比表面积、孔径分布和孔体积,该法测试的孔径分布范围宽,较适用于大孔径、强度高的试样,可以提供内容丰富的孔结构信息。

压汞法测得的孔隙直径为[9]:

$$D = 2d_{\max} = -\frac{4\sigma\cos\theta}{p} \tag{2-5}$$

式中　$D$——多孔材料的孔隙直径;

　　　$d_{\max}$——多孔材料的最大孔径;

　　　$\sigma$——浸渍液体的表面张力;

　　　$\theta$——浸渍液体对被测多孔材料的浸润角;

$p$——压力。

c　气体渗透法[9,11]

利用气体渗透法测定多孔材料的平均孔径是其他一些检测方法（如压汞法和吸附法等）所不能比拟的，因为它几乎能测定所有可渗透孔的孔径。其原理是基于气体通过多孔材料的流动，以此利用气体渗透法来测定平均孔径。气体流动一般包括两种情况，一是自由分子流动（Kundsen 流动），二是黏性流动。当渗透孔的孔直径远大于气体分子的平均自由程时，黏性流动占主导地位；反之，自由分子流动占主导地位。

气体渗透法测得的多孔材料的平均孔半径（$r$）为：

$$r = \frac{B_0}{K_0} \frac{16}{3} \left(\frac{2RT}{\pi M}\right)^{1/2} \tag{2-6}$$

式中　$B_0$——多孔材料的几何因子，$m^2$；

　　　$K_0$——自由分子流的渗透系数，$m^2/s$；

　　　$R$——气体分子常数；

　　　$T$——绝对温度；

　　　$M$——渗透气体的摩尔质量。

由式（2-6）可知，无需得知多孔材料的孔隙率和弯曲因子即可求出平均孔径值。但当多孔材料的孔直径远大于气体分子的平均自由程时，$K_0$很小，实验中很难测定，此时不能用式（2-6）计算平均孔径。

在过渡流渗透试验中，利用空气、氮气和氩气等不同气体测定多孔材料的$K_0$值，并根据式（2-6）所求的平均孔半径值基本一样，即不管气体种类如何，气体渗透法均能提供一个较为一致的数值。

d　悬浮液过滤法[4,9]

悬浮液过滤法测定多孔材料的最大孔径是将一定粒度组成的球形粒子制成悬浮液，然后让其在层流条件下通过多孔体，透过多孔体后的悬浮液中所包含的最大粒子直径，即是多孔体的最大孔径，该孔径就是实际孔道中内切圆的直径。

悬浮液过滤法测定多孔材料的孔径分布是采用与过滤过程相似的方法，对过滤前后悬浮液中粒子的粒度分布变化规律进行定量分析，从而得出多孔体的孔径分布状况。流体过滤是一个复杂的过程，过滤时多孔体对粒子的捕集机理也有很多，如栅栏、惯性、钩住、静电、沉降和扩散作用等[8]。静电作用只发生在材料与粒子间带电的情况下，沉降作用则只出现在流体通过速度极低的场合，而扩散作用随粒子直径与流速增大而降低。若在层流条件下适当提高流体速度，扩散作用也可忽略。惯性作用正比于流体流速、粒度平方和粒子密度，反比于流体黏度，故采用高黏度的悬浮液与低密度的粒子，惯性作用可大大减小，钩住作用也会降低。可见，只要控制一定的过滤条件，就可使过滤过程对粒子的捕集作用简化到以栅栏作用为主，这样即可找出多孔体的孔径分布与过滤净化效果之间的联系。

悬浮液过滤法适用于一般多孔材料的孔径分布测量，但不适用于超细孔径材料的孔径测量。因为当材料的孔径小到可与流体的平均自由程相比时，流体的透过作用便以扩散为主。

**B 孔径的影响因素**

**a 金属纤维多孔材料单重的影响**

图 2-4 所示为金属纤维多孔材料的单重对其最大孔径（$d_{max}$）的影响曲线。由图可知，随着纤维多孔材料单重的增加，最大孔径值（$d_{max}$）变小，并逐渐趋于平缓。因此，要得到性能均匀而稳定的纤维多孔材料，必须适当增加其单重，而且纤维丝径越粗，纤维多孔材料的单重就要越大。这点对纤维多孔材料的生产具有很重要的指导意义[3]。

**b 金属纤维多孔材料厚度的影响**

图 2-5 所示为金属纤维多孔材料的厚度对其最大孔径（$d_{max}$）的影响，其中纤维直径为 8μm 和 12μm，单重为 300~900g/m²。由图可知，纤维直径相同、单重相同的纤维多孔材料，随着厚度的增加，最大孔径值增大；纤维直径越大、单重越小，最大孔径值增加的幅度越大；纤维直径越小、单重越大，最大孔径值随厚度增加的趋势更加缓慢。随着纤维多孔材料厚度的增加，单位体积内纤维的数量减少，孔隙率增大，因此，最大孔径值增大[12]。

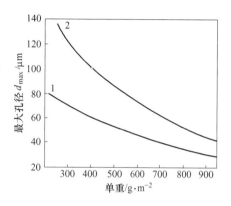

图 2-4　金属纤维多孔材料的
单重对其最大孔径的影响
1—纤维直径为 8μm，材料厚度为 0.4mm；
2—纤维直径为 12μm，材料厚度为 0.25mm

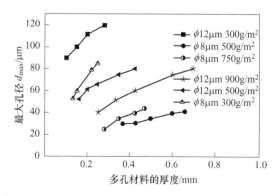

图 2-5　金属纤维多孔材料的最大孔径与其厚度的关系

c 纤维层数的影响

随着金属纤维层数的增加，纤维多孔材料中形成大孔的几率减小，最大孔径值逐渐减小并趋于平稳，如图 2-6 所示[3,13]。

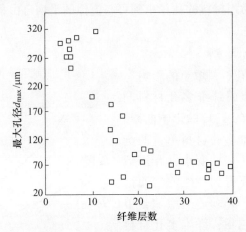

图 2-6 金属纤维多孔材料的最大孔径与纤维层数的关系

d 孔隙率的影响

金属纤维多孔材料的最大孔径作为孔径分布的边缘值对多孔材料的绝对过滤精度起决定性作用，因此确定最大孔径与孔隙率的关系将对实际生产起到重要的指导作用。图 2-7 所示为金属纤维多孔材料的最大孔径与其孔隙率的关系。可以看出，最大孔径值随孔隙率的减小而减小[14]。

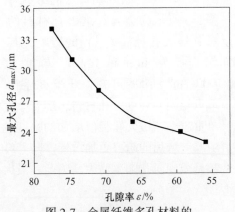

图 2-7 金属纤维多孔材料的
最大孔径与孔隙率的关系

文献 [3, 13] 指出，单层烧结不锈钢纤维多孔材料的最大孔径、中流量平均孔径与纤维直径和孔隙率的关系遵从如下的经验方程式：

$$d_a = 6.15 d_f \varepsilon^{3.35} \tag{2-7}$$

$$d_{max} = \varepsilon^{2.06}(14.53 d_f - 11.36) \tag{2-8}$$

式中  $d_a$——中流量平均孔径，$\mu m$；

　　　$d_{max}$——最大孔径，$\mu m$；

　　　$d_f$——纤维直径，$\mu m$；

　　　$\varepsilon$——孔隙率，%。

多层金属纤维多孔材料的最大孔径与孔隙率也呈指数关系，但与单层金属纤维多孔材料不同。在单层金属纤维多孔材料中，不管纤维直径如何变化，孔隙率指数均为一固定常数；而在多层金属纤维多孔材料中，孔隙率指数随着控制层丝径的增大而增大，还受辅助层的干扰，而且控制层的丝径越细，干扰作用越大[3]。

　　e　纤维长径比的影响

　　表 2-1 是纤维直径为 $8\mu m$ 的 316L 不锈钢纤维的长径比对纤维多孔材料最大孔径值的影响。由表可知，纤维长径比由 1000 增加到 5000 时，最大孔径值为 $37\sim38\mu m$，基本没有变化。由此说明，纤维长径比对纤维多孔材料的最大孔径值影响较小。

表 2-1　不锈钢纤维的长径比对纤维多孔材料的最大孔径的影响

| 序　号 | 纤维长径比 | 最大孔径值/$\mu m$ |
|---|---|---|
| 1 | 1000 | 38 |
| 2 | 2000 | 37 |
| 3 | 5000 | 38 |

　　f　波折变形夹角的影响

　　金属纤维多孔材料被制备成多种规格滤芯大量应用于过滤行业。为了在有效的空间内获得更大的过滤面积，缩小设备体积，降低生产成本，在制备过程中将纤维多孔材料折成波纹管。波折过程中形成了波峰和波谷，纤维发生拉伸和压缩，引起孔径的变化，影响到纤维多孔材料的过滤特性，从而影响到滤芯的使用寿命。

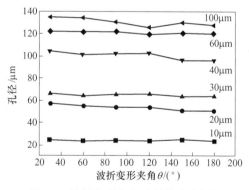

图 2-8　波折变形夹角对纤维多孔材料孔径的影响

　　波折变形夹角对纤维多孔材料孔径的影响如图 2-8 所示[15]。可以看出，随着波折变形夹角的减小，孔径略微增大或变化很小。

### 2.1.2　纤维骨架

　　在烧结过程中，金属纤维的组织形貌会发生显著变化。图 2-9 所示为不同直径（$8\sim28\mu m$）集束拉拔 316L 不锈钢纤维在烧结前、后的微观形貌对比图，其中图 2-9（a）为拉拔态纤维形貌，图 2-9（b）为对应的烧结态纤维形貌。可以看出，拉拔态纤维表面出现条纹沟槽，这是拉拔法制备纤维的特征。烧结后，纤维表面

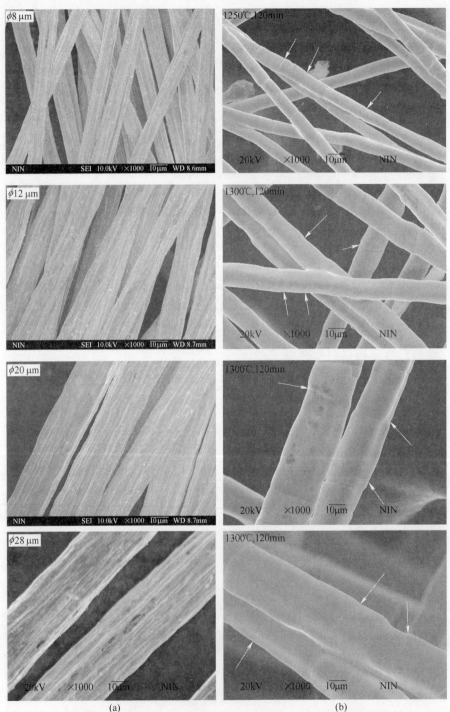

图 2-9 不同直径 316L 不锈钢纤维在烧结前、后的表面形貌对比

（a）拉拔态纤维形貌；（b）烧结态纤维形貌

变得光滑，条纹沟槽消失，而且纤维骨架出现了竹节状晶粒（箭头所指为竹节状晶粒的晶界）。纤维直径越细，竹节状晶粒越明显。这是由于细丝径纤维的表面能较高，且其内部的变形储能也较高，使得其晶粒长大速度显著大于粗丝径纤维。

图 2-10 所示为直径为 100μm 的切削 410 不锈钢纤维在烧结前、后的微观形貌，其中图 2-10(a) 为切削态纤维形貌，图 2-10(b) 为经 1200℃保温 3h 烧结后的纤维形貌。可以看出，切削态纤维表面较光滑，呈扁平状；烧结后的纤维表面更加光滑，但纤维骨架也出现了竹节状晶粒（箭头所指为竹节状晶粒的晶界）。

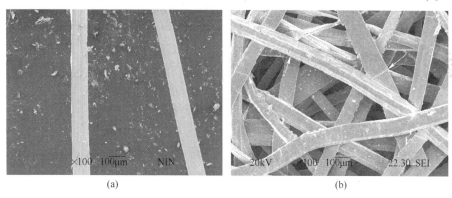

(a)          (b)

图 2-10  直径为 100μm 的切削 410 不锈钢纤维在烧结前、后的 SEM 形貌
(a) 切削态纤维形貌；(b) 1200℃保温 3h 烧结后的纤维形貌

图 2-11 所示为 φ8μm 316L 不锈钢纤维采用微波烧结技术在 1200℃下保温不同时间烧结后的纤维形貌。由图 2-11(a) 可以看出，纤维表面并非十分光滑，但拉拔后的条纹沟槽已经消失。即使不保温，因纤维在升温过程中发生介质损耗而吸收了一部分微波能量使得原子越过能垒进行扩散，导致纤维表面变得光滑。延长保温时间，纤维表面越来越光滑（见图 2-11(b)~(d)）。保温 10min 后（见图 2-11(b)），纤维骨架开始出现了竹节状晶粒（箭头所指为竹节状晶粒的晶界）；继续延长保温时间，竹节状晶粒更加明显（见图 2-11(c)、(d)）。

(a)          (b)

(c)            (d)

图 2-11 直径为 8μm 的 316L 不锈钢纤维采用微波烧结

技术经不同保温时间烧结后的表面微观组织

(a) 未保温；(b) 10min；(c) 20min；(d) 30min

### 2.1.3 烧结结点

烧结结点是金属纤维多孔材料孔结构的三要素之一，其尺寸、形貌与强度对纤维多孔材料的力学性能产生重要影响。图 2-12 所示为直径为 8μm 的 316L 不锈钢纤维经不同工艺烧结后的烧结结点形貌。可以看出，纤维夹角为 0°时（见图 2-12 (a)），结点发育得很好，并沿着纤维轴向生长，结点处出现了晶界；纤维夹角为 90°时（见图 2-12 (b)），结点也发育得很好，并沿着纤维径向生长。

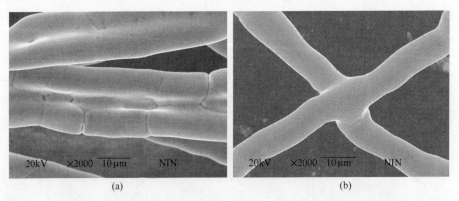

(a)            (b)

图 2-12 直径为 8μm 316L 不锈钢纤维经不同工艺烧结后的结点形貌

(a) 1300℃保温 2h，纤维夹角为 0°；(b) 1350℃保温 2h，纤维夹角为 90°

图 2-13 所示为直径为 28μm 的 316L 不锈钢纤维经 1200℃保温 80min 烧结后的结点横截面金相组织，纤维之间的夹角为 0°。可以看出，结点的发育程度受纤维表面形貌、纤维相互之间的接触方式的影响显著，结点处出现了一条平直晶界（箭头所指处）。

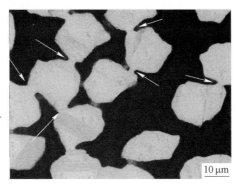

图 2-13 直径为 28μm 的 316L 不锈钢纤维经 1200℃
保温 80min 烧结后的结点横截面金相组织

图 2-14 所示是直径为 60μm 的 316L 不锈钢纤维采用微波烧结技术在 1300℃
保温 30min 烧结后的结点横截面 SEM 图，纤维之间的夹角为 90°。可以看出，结
点发育得很好，且结点上下两部分（图中箭头所指处）的烧结颈曲率存在些许
差异，这与纤维表面状态有关。

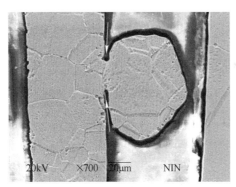

图 2-14 直径为 60μm 的 316L 不锈钢纤维经 1300℃保温 30min
烧结后的结点横截面 SEM 图

## 2.2 孔结构分形表征

### 2.2.1 分形理论简介及应用

分形（fractal）理论是由美籍法国数学家 B. B. Mandelbrot 创建的，他于 1967
年在美国《科学》杂志上发表的论文《英国的海岸线有多长》中首次阐明了他
的分形思想。1975 年，Mandelbrot 在总结了自然界中非规整几何图形之后，第一
次提出了分形的概念，原意是"不规则的、分数的、支离破碎的"物体。此后，
他的两部专著"The Fractal Geometry of Nature"和"Fractal：Form，Chance and

Dimension"的出版标志着分形理论的成熟。自此，分形这个概念便广为流传，它的出现为科学研究提供了一种新的、极其简洁的方法。分形被誉为是 20 世纪 70 年代科学上的三大发现（耗散结构、混沌和分形论）之一，它与混沌可以看成是继相对论和量子力学之后物理学的第三次革命。分形是整体与局部、有序与无序、确定性与随机性、决定论与随机论（非决定论）、有限与无限、正常与病态、常规与反常规、复杂与简单等的新的统一。它是新的世界观、认识论和方法论，是科技界的新语言、新思维、新思想、新方法、新工具。分形论已成为一门重要的新学科，被广泛应用到自然科学和社会科学的几乎所有领域，正成为当今国际上许多学科前沿的研究课题之一[16]。

### 2.2.1.1　分形的定义

Mandelbrot 曾为分形下过两个定义[17]：

（1）分形维数大于其拓扑维数的集合称为分形。根据这个定义，可以把欧式几何图形排除，因为欧式几何的分形维数等于其拓扑维数。但根据这个定义，无法用实验的方法测出分形维数，而只能把它作为判定分形的一个条件。

（2）组成部分以自相似的方式与整体相似的形体称为分形。按照这个定义，欧式几何的简单图形也应当算做分形，显然是不合理的。

这两个定义都很难包括分形如此丰富的内容。实际上，对于分形目前尚无严格的定义。一般认为，分形应该具有以下几个特征：

（1）具有精细的结构，即具有任意小比例的细节。

（2）是不规则的，无论是整体还是局部均不能用欧式几何来描述。

（3）有某种形式的自相似性，这种自相似性可以是严格的自相似，即有规分形；也可以是近似的或统计意义上的自相似，即无规分形。

（4）一般情况下该系统的分形维数严格大于它相应的拓扑维数。

（5）大多数情况下，它可以用简单的方法（如迭代法）来形成。

### 2.2.1.2　分形的基本特征

分形理论是一门以不规则几何图形为研究对象的几何学，分形几何图形最基本的特征是自相似性和标度不变性[17]。

（1）自相似性。自相似性是指某种结构或过程的特征从不同的空间或时间尺度来看都是相似的，或者某系统或结构的局部性质或局部结构与整体相似。如一块石头看着像是一座缩微的山脉，海岸线的一部分与整体看上去也是十分相似的。而另外一些统计数据分布之间的关系又似乎是这种现象的另一种表现，如股票价格曲线、经济统计数据曲线等。在分形理论中称这类集合为自相似集和自仿射集。

（2）标度不变性。标度不变性又称伸缩对称性或无标度性（无特征长度），是指分形几何图形中任选一个局部区域对它进行放大得到的放大图又会显示出与原图相似的形态特性。无论将其放大还是缩小，其形态、复杂程度、不规则性等各种特性均不会发生变化，即分布特征与具体尺寸无关的性质。无标度性就是没有特征长度，就是指分形没有代表性的尺度，如空间的长、宽、高及时间的分、秒、时等。标度不变性为引入分形理论研究提供了一个前提条件，它只在一定范围内适用，人们通常把标度不变性适用的空间称为该分形体的无标度空间或无标度区。

自然界中的很多现象（如岩石碎片、地质断层、矿藏、地震、油井的观测数据等）的频度和大小之间的分布都具有标度不变性。正是由于这些现象是自相似的或具有标度不变性，所以可以用分形理论来描述它们。

### 2.2.1.3 分形维数及其测定方法

分形几何理论可以用米描绘自然物体的复杂性，不管其起源或构造方法如何，所有的分形体都具有一个重要的特征：可通过一个特征参数，即分形维数，测定其不平度、复杂性或卷积度。分形维数简称分维，它与欧式几何中的维数概念不同，欧式几何中的维数是确定物体或几何图形中任一位置所需要的独立坐标数目。在欧式空间中，人们习惯认为点是零维的，直线或曲线是一维的，平面或球面是二维的，空间是三维的，还可以引入高维空间，但维数都是整数。而分维是欧式几何维数概念的推广，其变化是连续的，不是整数。

由于应用的不同，分形维数的定义也不尽相同。数学上对分形维数的定义主要有两种[17,18]：Hausdorff 维数（$D_H$）和相似维数（$D_S$）。由于这两个维数在实际应用中难以计算，因此提出了许多等价的维数：计盒维数（$D_B$）、信息维数（$D_I$）、Lyapunov 维数（$D_L$）、关联维数（$D_G$）以及容量维数（$D_C$）。

有规分形是按照一定的数学法则生成的，具有严格的自相似性，其分维可按照相似性维数的定义计算出来。然而，自然界中存在的分形大多是无规分形，只具有近似自相似性和统计意义下的自相似性，且它们的自相似性只存在于所谓的"无标度区间"之内。因此其分形维数的计算要比有规分形复杂，且因分形的表现形式或形态不同，分形维数的计算方法也各不相同。目前还没有适合计算各类无规分形维数的统一方法。

测定分形维数的常用方法有盒子计数法、砂盒法、变码尺法、相关函数法、频谱法以及物理测定法、回转半径法、周界直径法、小岛法等[17~21]。根据测定对象的不同，分形维数的定义也不同，有些测定方法适用，而有些测定方法就可能完全不适用。

### 2.2.1.4 分形理论的应用

分形理论为研究丰富而复杂的自然现象提供了一种新的有力工具，对欧式几何学中的"病态形体"和物理学中许多无法解释的现象提供了新的研究手段。经过 30 多年的发展，分形理论已得到了广泛的应用，涉及数学、物理、化学、材料、表面、计算机、电子、微电子、生物学、医学、农学、天文学、气象、地理、地质、地震以及经济、人文、管理、情报、艺术等自然科学和社会科学的所有领域。

分形理论在材料科学中的应用尤为突出。对材料科学家来说，需要用分形理论解决三个问题，一是如何把材料科学中具有统计意义的自相似结构或体系找出来，并用分形的语言加以描述；二是如何测出作为这个自相似体系表征的分形维数；三是如何把分形维数和材料的制备工艺或性能联系起来，从而通过研究分形来优化材料的制备工艺，改善材料性能。

1984 年，B. B. Mandelbrot 等人首次将分形理论用于定量分析金属材料断裂表面特征，通过对 300 号马氏体时效钢在不同热处理条件下的冲击试样断裂表面的观察与分析，利用分形中周长-面积关系，测定了冲击断口的分形维数 D。实验表明，随着分形维数的增加，冲击功呈单调降低，它们之间的关系近似地呈一条具有负斜率的直线。自从 Mandelbrot 报道了这一实验结果后，引起了许多材料科学工作者的极大兴趣。国内外学者把分形理论应用到材料科学的众多研究领域，包括初晶相形貌、断裂韧性、磨损表面、烧结与氧化过程、马氏体相变、溶胶-凝胶过程、薄膜材料及多孔材料分形分析等[22,23]。

在多孔材料分形表征方面的研究主要集中于孔结构、渗透率、力学性能和导热特性的分形描述[24]。孔结构的分形表征研究主要包括孔隙空间、孔隙界面、孔通道以及多孔体的截面等，它们都可以被视为分形体[25~30]，对应的分形维数分别为孔隙空间分形维数、孔隙界面分形维数、孔通道曲线分形维数、孔隙面积分形维数。目前对于孔结构分形维数的计算方法主要分为两类：一是通过实验获取数据，然后对数据进行处理求出分形维数，常用的方法有吸附法和压汞法；二是使用扫描电子显微镜（SEM）或其他成像技术得到图像，通过对二维数字图像进行处理求出分形维数。

对于金属纤维多孔材料而言，分形理论主要用于有效热导率[31]、透气度、力学性能与吸声性能的分析[32]，拟通过分形维数对材料的性能进行预测或表征。

## 2.2.2 孔形貌特征参量的建立与计算

借助于砂盒法的思想，并考虑了金属多孔材料孔形貌的两个重要因素：孔形状因子和锐度因子，求得孔形貌分形维数，即改进砂盒法（或称盒维法）。与砂盒法相比，此法具有更明确的物理意义，同时也将金属多孔材料的孔形貌与材料性能之间的关系联系得更加紧密。改进砂盒法的具体算法为：

（1）形状因子（F），即每个孔周长（L）的平方与面积（S）的比值：

$$F = \frac{L^2}{S}$$

（2）锐度因子（$P$）：

$$P = a_0 m_0 + a_1 m_1 + a_2 m_2 + a_3 m_3 + a_4 m_4 + a_5 m_5 + \cdots$$

式中　$m_x$——孔隙多边形中各角度范围内的内角个数，角度范围的默认值
　　　　　　为 10°；

　　　　$a_x$——对应角度范围的加权系数，默认值为 1。

（3）建立孔形貌特征参量（$Z$）：

$$Z = xF + yP$$

式中　$x$，$y$——系数，默认值均为 1。相同系数的情况下，第一项远大于第二
　　　　　　项。在研究孔形貌分形维数对多孔材料不同性能的影响时，应
　　　　　　结合具体情况给 $x$、$y$ 赋值。

（4）计算分形维数。以扫描图像的中心点为中心，取一个边长为 $\varepsilon_1$ 的正方
形，把 $\varepsilon_1$ 正方形中所有孔洞对应的 $Z$ 值累加，得到一个对应的 $N(\varepsilon_1)$；再将正
方形边长扩大一倍得到边长为 $\varepsilon_2$ 的正方形（$\varepsilon_2 = 2\varepsilon_1$），把 $\varepsilon_2$ 正方形中的所有 $Z$
值累加，得到一个对应的 $N(\varepsilon_2)$；重复此操作，直到 $\varepsilon$ 对应的正方形包含整个
图片，根据一系列的 $\varepsilon_i$，就得到一系列的 $N(\varepsilon_i)$；以 $\ln N_i(\varepsilon_i)$ 为纵坐标，$\ln \varepsilon_i$ 为
横坐标作图。将绘制的双对数坐标图中的数据点进行线性回归处理，得到一条直
线，直线斜率的绝对值就是孔形貌的分形维数 $D$。根据分形几何理论，二维图像
的分形维数应为 1~2。

## 2.2.3　分形软件设计与开发

依据分形理论及改进砂盒法的计算方法，结合计算机图形处理技术开发了多
孔材料分形分析软件，该软件主要包括两个功能：图像处理和计算，工作界面如
图 2-15 所示。图像处理主要是对扫描图像或光学图像的预处理和二值化处理，
计算主要是孔形貌分形维数、最大孔径、平均孔径、孔隙率、孔周长及面积的计
算等。

分形分析软件的图像处理过程主要包括以下 4 个步骤：

（1）将扫描图像或光学图像转化为灰度图像，即将 RGB、CMYK 等色彩模
式转换为灰度模式。所谓灰度色是指纯白、纯黑以及两者中的一系列从黑到白的
过渡色，其数量为 256 级，0 表示纯黑，255 表示纯白，其他颜色介于 0 ~ 255
之间。

（2）对灰度图像进行去噪和多种滤波处理，得到质量较好的灰度图像。由
于图像在生成和传输过程中常会受到各种噪声源的干扰和影响而使图像质量变
差，所以需要对图像进行去噪和多种滤波处理，以去除图像中的噪声。

（3）图像二值化处理。二值化处理是通过设定某个阈值（阈值是通过类判
别分析法计算得到或根据灰度分布图手动进行设定），并以该阈值为限值，将灰

度值大于阈值的点的灰度值设为 255，将灰度值不大于阈值的点的灰度值设为 0，把具有 256 级灰度的图像变换成 2 级灰度的图像。

常用的阈值设定方法有以下两种：

1）固定阈值法。对于灰度图像集 $F$，将其不大于（或不小于）某阈值 $\theta$ 的像素 $F[i][j]$ 置为 0，大于（或小于）$\theta$ 的像素全部置为 1。不同的图像根据灰度分布峰值的不同可以选择不同的 $\theta$ 值。

2）双固定阈值法。对于灰度分布存在双峰值的图像集 $F$，可以设定两个不同的阈值 $\theta_1$ 与 $\theta_2(\theta_1 < \theta_2)$。当某个像素 $F[i][j]$ 的像素值 $\theta$ 不大于 $\theta_1$ 或不小于 $\theta_2$ 时，将其置为 0；当 $\theta_1 < \theta < \theta_2$ 时，将其置为 1，反之亦然。

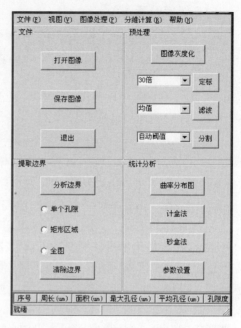

图 2-15  多孔材料分形分析软件工作界面

（4）提取孔边界，即提取多孔材料孔结构分形特征曲线。提取轮廓算法的简单思想就是掏空内部点，即如果原图中有一点为黑，且它的 8 个相邻点都是黑色时（此时该点是内部点），则将该点删除。

另外，图像处理还包括一些辅助功能，如图像的放大、缩小及裁剪等。

基于二维数字图像的分形维数的计算流程如图 2-16 所示。

以金属纤维多孔材料为例，其分形维数计算过程为：

（1）将原始图像（见图 2-17（a））转化为灰度图像，然后对灰度图像进行去噪、滤波处理，结果如图 2-17（b）所示。

（2）设定动态阈值，对图像进行二值化处理，结果如图 2-17（c）所示，图中黑色区域为孔，白色区域为金属纤维。

（3）对图像进行网格划分，如图 2-17（d）所示。

（4）提取孔边界，如图 2-17（e）所示。

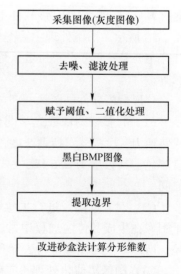

图 2-16  分形维数计算流程

（5）计算分形维数。

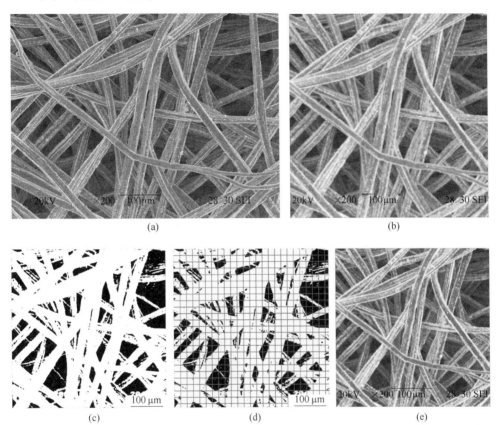

图 2-17　金属纤维多孔材料的孔形貌分形分析图像处理过程

（a）原始图像；（b）去噪、滤波处理后的图像；（c）二值化图像；（d）网格划分；（e）提取孔边界

　　在欧式几何中，三维物体与截面相交成为二维的面，二维物体与截面相交成为一维的线，而一维物体与截面相交成为零维的点。概括来说，$d$ 维物体在截面上的交线为 $d$-1 维，将欧式几何的概念推广到分形几何中，用一截面与分形体相交，它与截面相交成的图形的分形维数要减小一维，若以 $D_V$、$D_S$、$D_L$ 分别表示从空间（$d=3$）、截面（$d=2$）、截线（$d=1$）上观察分形体的分形维数，则得到了空间分形维数、截面分形维数和截线分形维数之间的关系，见式（2-9）[17]。

$$D_V = D_S + 1 = D_L + 2 \tag{2-9}$$

　　式（2-9）从不同角度把分形体的分形维数联系起来。

　　根据式（2-9），把本节的二维扫描图像或光学图像的分形维数推广到三维空间，可以反映出孔结构空间的复杂程度、空间的充填能力、孔隙的粗糙程度。但为了计算方便，本节主要计算二维扫描图像或光学图像的分形维数及其与材料性能的关系。

## 2.2.4　孔形貌分形维数的影响因素

　　金属纤维多孔材料的孔形貌分形维数计算的准确性直接影响孔形貌的表征以及材料性能与孔形貌分形维数之间的本构关系的建立。

　　分形维数计算的准确性受多种因素的影响，以下讨论图像像素、图像阈值、图像区域、放大倍数、孔隙率对其的影响规律[16,24,32~35]。

### 2.2.4.1　图像像素的影响

　　利用 Adobe Photoshop 7.0 图像处理软件把孔隙率为 73%，放大倍数为 50 倍，图像像素为 1280×960，分辨率为 72ppi 的 410 不锈钢纤维多孔材料试样的 SEM 图设置为 8 种不同的图像像素，依次为 4096×3072、2048×1536、1280×960、1024×768、512×384、256×192、128×96 和 64×48。图 2-18 所示是图像像素分别为 1280×960、512×384、128×96 和 64×48 时的 SEM 图。由图可知，随着图像像素逐渐减小，图像变得越来越模糊。

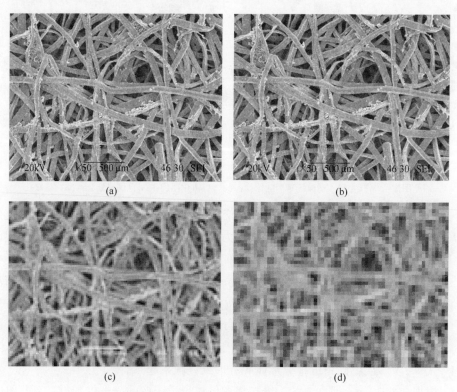

图 2-18　金属纤维多孔材料的 SEM 图

(a) 1280×960；(b) 512×384；(c) 128×96；(d) 64×48

图 2-19 所示为金属纤维多孔材料的分形维数与图像像素的关系。可以看出，未改变图像像素前的分形维数最小（图中箭头所示），为 1.6664。随着图像像素的增大（像素尺寸变小），分形维数越来越大；随着图像像素的减小（像素尺寸变大），分形维数增大的趋势更加显著。

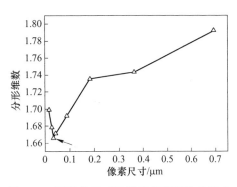

图 2-19 图像像素对孔形貌分形维数的影响

### 2.2.4.2 图像阈值的影响

在对图像进行二值化处理时，不同的阈值对二值化图像产生显著影响，从而影响分形维数计算的准确性。以图 2-18（a）为研究对象，选取图像阈值分别为 40、50、60、90、128、160 和 200 进行二值化处理，结果如图 2-20 所示。

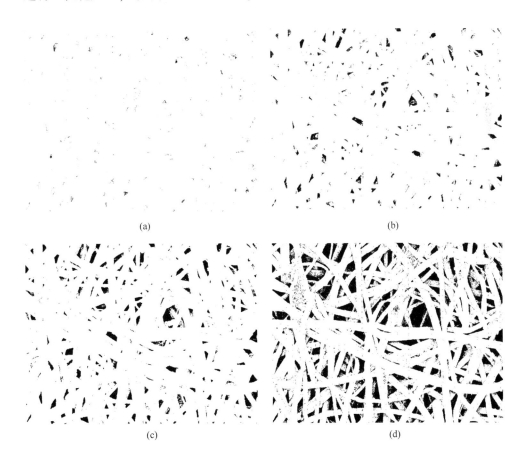

(a)

(b)

(c)

(d)

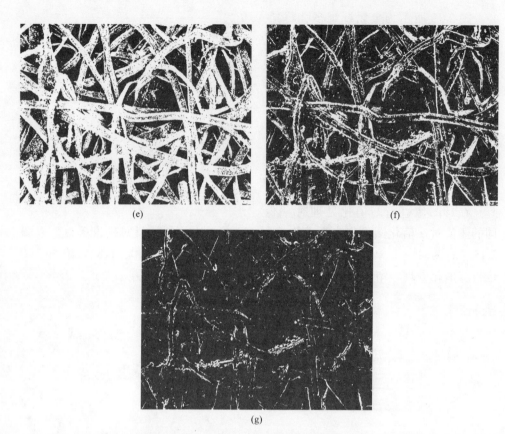

图 2-20 采取不同图像阈值处理后的二值化图像（孔隙率为 73%，放大倍数×50）

(a) 图像阈值为 40；(b) 图像阈值为 50；(c) 图像阈值为 60；(d) 图像阈值为 90；

(e) 图像阈值为 128；(f) 图像阈值为 160；(g) 图像阈值为 200

图 2-21 所示为图像阈值对分形维数的影响规律。由图可知，分形维数随着图像阈值的增大先增大后减小。当图像阈值为 40 或 200 时，分形维数小于 1。根据分形理论可知，材料表面分形维数的取值范围是 1~2。当分形维数接近 1 时，可以认为表面是没有孔隙存在的致密材料；而分形维数接近 2 时，可以认为是孔隙率近乎 100%的多孔体。这里分形维数小于 1 显然是不正确的，这也正是具有统计意义或近似自相似性分形体存在无标度区间的根本原因。

对比图 2-18(a) 和图 2-20 也可以看出，在阈值取 40(见图 2-20(a)) 和 50(见图 2-20(b)) 时，部分孔被识别为基体，而在阈值取 160(见图 2-20(f)) 和 200(见图 2-20(g)) 时，部分纤维骨架被识别为孔，显然这种处理都是不合理的，得到的分形维数也不准确。一般地，对灰度图像进行二值化处理之前，需要进行不同程度的滤波。通常首先是最大值滤波，其次是均值滤波，然后得到灰度图像的直方图求出阈值的大小，进而计算出分形维数。

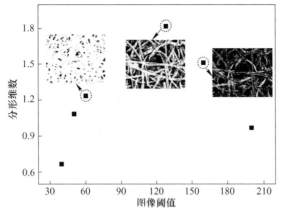

图 2-21 图像阈值对分形维数的影响

### 2.2.4.3 图像区域的影响

对孔隙率分别为 73% 和 88%、图像像素为 1280×960、分辨率为 72ppi、放大倍数为 100 倍的 410 不锈钢纤维多孔材料表面不同区域的三张 SEM 图像进行对比分析，分形维数的计算结果分别如图 2-22 和图 2-23 所示。研究表明，同一样品表面 3 个不同区域的分形维数差别很小，相对误差均小于 0.35%。由此说明，图像区域对分形维数的影响较小，同时也说明所制备的纤维多孔材料的孔隙分布较均匀。

### 2.2.4.4 放大倍数的影响

以纤维直径为 20μm（集束拉拔纤维）、孔隙率为 97% 的 316L 不锈钢纤维多孔材料为研究对象，不同放大倍数时的分形维数如图 2-24 所示，图中直线斜率的绝对值即为分形维数。由图可知，$\ln N(\varepsilon)$ 与 $\ln\varepsilon$ 呈线性关系，其相关系数均超过 99%。

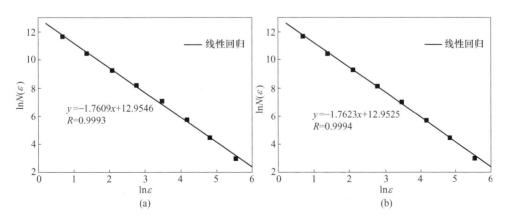

(a)    (b)

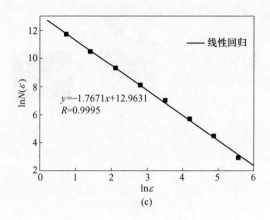

图 2-22 孔隙率为 73% 的 410 不锈钢纤维多孔材料表面不同区域的分形维数

（a）区域 1；（b）区域 2；（c）区域 3

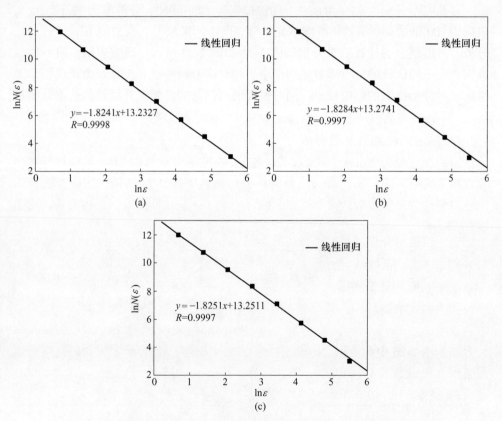

图 2-23 孔隙率为 88% 的 410 不锈钢纤维多孔材料表面不同区域的分形维数

（a）区域 1；（b）区域 2；（c）区域 3

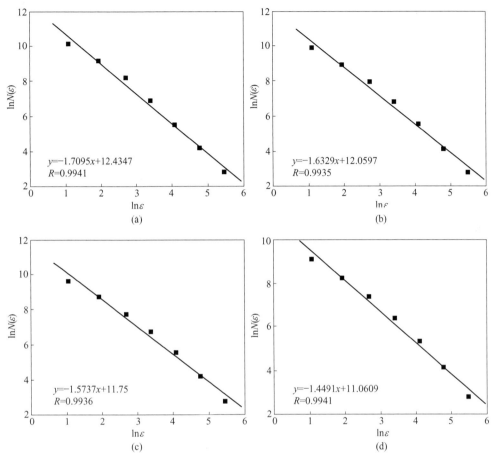

图 2-24 不同放大倍数时的孔形貌分形维数（孔隙率为 97%）

(a) ×50；(b) ×100；(c) ×200；(d) ×500

放大倍数对分形维数的影响如图 2-25 所示。可以看出，当孔隙率（$\varepsilon$）一定时，随着放大倍数的增大，分形维数逐渐降低，这与 P. Baveye 等人[36]、A. Dathe 等人[37]、石英等人[38] 的计算结果是一致的。随着放大倍数的增大，单位面积内的孔数量减少，孔形貌的复杂程度逐渐减弱，如图 2-26 所示，分形维数逐渐减小。

根据图 2-25 中的数据，对分形维数（$D$）和放大倍数（$x$）之间的关系进行回归处理，得出如下 4 个回归方程：

$$\varepsilon = 85\% \qquad D = 0.3\exp(-x/167.8) + 1.36 \qquad (2\text{-}10)$$

$$\varepsilon = 91\% \qquad D = 0.38\exp(-x/160.6) + 1.36 \qquad (2\text{-}11)$$

$$\varepsilon = 94\% \qquad D = 0.4\exp(-x/140.7) + 1.4 \qquad (2\text{-}12)$$

$$\varepsilon = 97\% \qquad D = 0.37\exp(-x/245.7) + 1.4 \qquad (2\text{-}13)$$

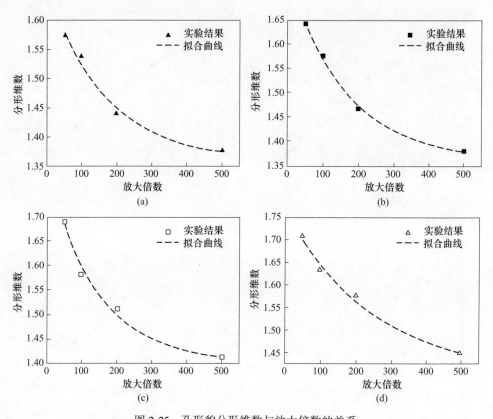

图 2-25 孔形貌分形维数与放大倍数的关系

（a）孔隙率 85%；（b）孔隙率 91%；（c）孔隙率 94%；（d）孔隙率 97%

综合以上 4 个方程可得：

$$D = a_0 \exp(-x/a_1) + a_2 \tag{2-14}$$

式中　$a_0$，$a_1$，$a_2$——相关系数。

因此，可用式（2-14）描述金属纤维多孔材料的孔形貌分形维数与放大倍数之间的关系。

### 2.2.4.5 孔隙率的影响

金属纤维多孔材料的孔隙率对其分形维数的影响如图 2-27 所示。可以看出，放大倍数（$x$）相同时，随着孔隙率的增大，分形维数逐渐增大。根据图 2-27 中的数据，对分形维数（$D$）和孔隙率（$\varepsilon$）之间的关系进行回归处理，得出如下 3 个玻耳兹曼回归方程：

$x = 50$　　$D = 1.72 - 0.15/\{1 + \exp[(\varepsilon - 91)/2.1]\}$ 　　（2-15）

$x = 100$　　$D = 4.47 - 2.94/\{1 + \exp[(\varepsilon - 117.11)/6.1]\}$ 　　（2-16）

$x = 200$　　$D = 1.69 - 0.26/\{1 + \exp[(\varepsilon - 96.5)/2.9]\}$ 　　（2-17）

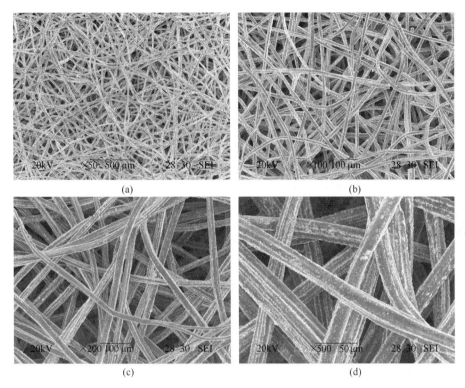

图 2-26 不同放大倍数时的 316L 不锈钢纤维多孔材料的微观组织（SEM）

（a）×50；（b）×100；（c）×200；（d）×500

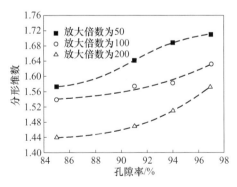

图 2-27 不同放大倍数时的孔形貌分形维数与纤维多孔材料孔隙率的关系

综合以上 3 个方程可得：

$$D = k_2 - k_1 / \{1 + \exp[(\varepsilon - k_0)/k_3]\} \tag{2-18}$$

式中 $k_0$，$k_1$，$k_2$，$k_3$——相关系数。

因此，可用式（2-18）描述金属纤维多孔材料的孔形貌分形维数与孔隙率之间的关系。

### 2.2.5 材料性能与孔形貌分形维数的关系

#### 2.2.5.1 抗拉强度与孔形貌分形维数的关系

对于金属纤维多孔材料而言，抗拉强度是一个非常重要的考核指标，尤其在工程领域。抗拉强度与孔形貌分形维数的关系如图 2-28 所示。可以看出，随着分形维数的增大，抗拉强度呈线性降低，二者之间的关系可用式（2-19）表示：

$$\sigma_b^* = 134.45 - 85.35D \qquad (2-19)$$

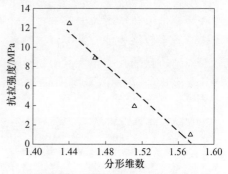

图 2-28 金属纤维多孔材料的
抗拉强度与孔形貌分形维数的关系

式中 $\sigma_b^*$——金属纤维多孔材料的抗拉强度，MPa；

$D$——孔形貌分形维数。

因此，金属纤维多孔材料的抗拉强度与孔形貌分形维数之间的关系可表示为：

$$\sigma_b^* = a - kD \qquad (2-20)$$

式中 $a$，$k$——与金属纤维种类、实验过程有关的常数。

#### 2.2.5.2 吸声系数与孔形貌分形维数的关系

金属纤维多孔材料的吸声系数与孔形貌分形维数之间的关系如图 2-29 所示。可以看出，随着分形维数的增大，材料的吸声系数逐渐降低。吸声系数与分形维数满足关系式（2-21）：

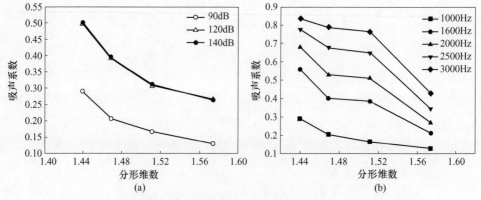

图 2-29 金属纤维多孔材料的吸声系数与孔形貌分形维数的关系
（a）不同声强；（b）不同声波频率

$$\alpha = A_0 D^3 + A_1 D^2 + A_2 D + B \qquad (2-21)$$

式中　　$\alpha$——吸声系数；

$A_0$, $A_1$, $A_2$——相关系数；

　　　$B$——常数。

### 2.2.5.3　渗透率与孔形貌分形维数的关系

渗透率是指在一定压力作用下，流体透过多孔材料的能力，透过能力的大小用流体渗透系数来表征。影响渗透率的主要因素有流体的密度、黏度、流量与压差以及多孔材料的孔隙率、孔形状、孔径大小及分布、厚度等。

常采用达西（Darcy）定律研究多孔材料的渗透率。在层流条件下，流体通过多孔材料的流动服从达西定律，即

$$\frac{Q}{A} = \frac{\Delta p}{h\mu}\psi_\nu \tag{2-22}$$

式中　　$Q$——气体流量；

　　　$A$——多孔材料测试部分的面积；

　　　$h$——多孔材料的厚度；

　　　$\mu$——流体的动力黏度；

　　　$\Delta p$——流体在材料厚度上的压差；

　　　$\psi_\nu$——黏性透过系数。

为了使用方便，一般采用相对透气系数（$K_g$）来表征渗透率，也称为透气度。

因此，式（2-22）可变换为：

$$\frac{\psi_\nu}{h\mu} = \frac{Q}{A\Delta p} \tag{2-23}$$

令 $K_g = \dfrac{\psi_\nu}{h\mu}$，式（2-23）变换为：

$$K_g = \frac{Q}{A\Delta p} \tag{2-24}$$

式中　　$K_g$——相对透气系数，$m^3/(h \cdot kPa \cdot m^2)$。

从式（2-24）可以看出：$K_g$ 反映了单位压差下通过多孔材料单位面积的气体流量。

金属纤维多孔材料最重要的应用是过滤与分离，在高温烟气除尘、核燃料净化、污水净化、汽车尾气净化、空气净化处理等领域是不可替代的过滤材料。金属纤维多孔材料的透气度是表征其过滤与分离效果的关键指标，然而检测透气度耗费较大的人力、物力和财力，因此急需找到其他参量来描述或预测纤维多孔材料的透气度。作者以达西定律和 Kozeny-Carman 方程为基础，建立了孔径、孔隙率、孔形貌分形维数等参量与材料透气度之间的关系式，并利用该关系式对透气

度进行了计算。

对于金属纤维多孔材料而言，假设其孔道为等径的平直毛细管，则孔隙面积可表示为：

$$S_P = \pi d_P L N \tag{2-25}$$

式中　$S_P$——孔隙面积；

$d_P$——毛细管直径；

$L$——毛细管长度；

$N$——毛细管根数。

毛细管的孔体积可表示为：

$$V_P = \frac{1}{4}\pi d_P^2 L N \tag{2-26}$$

式中　$V_P$——毛细管的体积。

单位体积多孔材料中毛细管的根数可表示为：

$$N = \frac{V\varepsilon}{\frac{1}{4}\pi d_a^2 L} \frac{1}{V} = \frac{4\varepsilon}{\pi d_a^2 L} \tag{2-27}$$

式中　$V$——多孔材料的体积；

$d_a$——平均孔径；

$\varepsilon$——体积孔隙率。

结合孔隙率计算公式式（2-1），得到孔的体积比表面积为：

$$S_V = S_P / V_P = 4\varepsilon / d_a \tag{2-28}$$

式中　$S_V$——孔的体积比表面积。

结合式（2-28）和 Kozeny-Carman 方程可以导出透气度与平均孔径和孔隙率的关系式为：

$$K_g = d_a^2 C\varepsilon / 16 \tag{2-29}$$

式中　$C$——Kozeny-Carman 常数。

另外，孔形貌分形维数、面孔隙率及体积孔隙率之间的本构关系为[16]：

$$\varepsilon = M\left(1 + \frac{1}{D}\right)\Phi \tag{2-30}$$

式中　$\Phi$——面孔隙率；

$M$——修正系数。

将式（2-30）代入式（2-29）得到透气度与面孔隙率、平均孔径和孔形貌分形维数的关系为：

$$K_g = \frac{Cd_a^2 M\left(1 + \dfrac{1}{D}\right)\Phi}{16} \tag{2-31}$$

将式（2-7）代入式（2-31），可得：

$$K_g = \frac{C(6.15d_f\varepsilon^{3.35})^2 M\left(1+\dfrac{1}{D}\right)\varPhi}{16} \qquad (2-32)$$

一般情况下，$C$ 取 50，$M$ 取 $1.0\sim1.5$。

因此，可用式（2-32）描述金属纤维多孔材料的透气度与纤维直径、分形维数、面孔隙率、体积孔隙率之间的关系。

采用式（2-32）对金属纤维多孔材料的透气度进行计算，并将计算值与测试值进行对比，结果如图 2-30 所示。由图可知，计算值与测试值吻合很好。

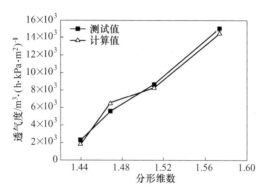

图 2-30 金属纤维多孔材料的透气度的计算值与测试值的对比

## 2.3 孔结构 X 射线层析表征

近年来，随着同步辐射装置的快速发展，出现了一种新型孔结构表征技术，即同步辐射 X 射线层析表征技术（synchrotron radiation X-ray computed tomography），它是基于同步加速器的断层扫描技术，简称 SR-CT 技术。同步辐射装置配备高分辨的 X 射线探测器，可以形成高分辨率的同步辐射显微 CT 图像[39]，结合三维重建软件可获得金属纤维多孔材料的三维结构图，实现结点形貌及尺寸、孔形貌、孔径与孔径分布及纤维形貌的演化过程分析，同时可实现原位观察烧结结点的形成过程[40,41]。

### 2.3.1 同步辐射简介[42~46]

同步辐射光源是一种先进光源，由在超高真空环境中以接近光速运动的带电粒子在磁场中做曲线运动，改变运动方向时沿切线方向所产生的电磁辐射，其本质与我们日常接触的可见光和 X 射线一样，都是电磁辐射，其示意图如图 2-31 所示。

1947 年在美国通用电器公司（GE）Schenectady 实验室的一台 70MeV 电子同步加速器上首次观察到这种辐射，故命名为同步辐射。同步辐射是加速器物理学家发现的，但最初它并不受欢迎，因为建造加速器的目的在于使粒子得到高能量，而加速器却把粒子的能量以更高的速率辐射掉（电子绕加速器一圈因辐射损失的能量正比于电子能量的四次方），因此，20 世纪 40 年代同步辐射被认为是限制加速器达到高能量的主要障碍。

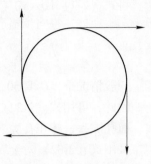

图 2-31 同步辐射示意图

对于高能物理而言，同步辐射是一种有害的副产物，但这种副产物作为新兴光源却具有常规光源所不具备的特性：

（1）光谱宽广并连续可调。波长范围宽，从远红外到硬 X 射线，且连续可调。

（2）高亮度。亮度是 X 射线机的上亿倍。

（3）高强度。总功率为几十千瓦到几百千瓦，是 X 射线机的上万倍。

（4）优良的脉冲时间结构。脉冲光源宽度仅为几十皮秒，相邻脉冲间隔从秒到微秒可调。

（5）高准直性。几乎是平行光。

（6）高偏振性。在电子轨道平面内产生的同步辐射光是完全极化的，而离开电子轨道平面方向是椭圆极化。

（7）准相干性。从插入件引出的高亮度光具有部分相干性。

（8）高纯净。不存在其他杂散光源污染。

（9）可精确计算光子通量、光谱分布、角分布等。

经过近 70 年的发展，同步辐射光源取得了很大的进步。第一代光源是"寄生"在高能物理研究的储存环上，即同步辐射实验与高能物理实验共用一个同步加速器。第二代光源是采用专用的同步加速器。1968 年，第一台专用于同步辐射应用研究的同步加速器在美国威斯康星州的坦塔罗斯（Tantalus）建成，激起了世界范围内建造同步辐射专用装置的热潮。20 世纪 80 年代中期已有 20 个同步辐射专用同步加速器在运行，还有若干个在建装置。由于第二代光源是专用装置，因此具有高亮度、小发散度特点，更好地体现了同步辐射光源的特点。第三代光源是从 1990 年开始，科研人员在进一步压缩储存环中电子束流的发射度的同时，开始大量使用插入件（波荡器、扭摆器），使光斑尺寸、发散度大大减小（小于 $10^{-12}$ rad），光束的通量和亮度大大增加（亮度达 $10^{16}$ 尼特）。第一代、第二代、第三代同步辐射光源最主要的区别在于：发光光源的电子束斑尺寸或电子发射度的迥异；可使用的插入件的数量悬殊，第二代光源仅能安装几个插入件，而第三代光源可有十几个到几十个插入件。第四代光源（FEL 装置）是以自由电子激光为代表，将同步辐射与激光相结合。第三代、第四代光源的量度（通量密度）比传统 X 射线光管高 12~16 个数量级。

同步辐射的出现标志着新光源时代的开始，很多国家为之付出巨大的努力和投资。目前，全世界有 21 个国家已拥有或即将拥有加速器驱动的大型同步辐射，共 49 台运行装置（其中第三代、第二代、第一代同步光源和 FEL 装置分别为 16 台、23 台、7 台和 3 台），19 台在建装置（其中第三代、第二代同步光源和 FEL 装置分别为 6 台、2 台和 11 台）。第四代装置已成为同步辐射发展的主攻方向。我国目前有 4 个同步辐射装置：北京同步辐射装置（BSRF，属于第一代光源）于 1988 年建成、出光，1991 年开始运行，并于 2009 年 7 月完成改造，改造后的能量为 2.5GeV，现拥有 14 条光束线站。国家同步辐射实验室（合肥光源，HFSRF，属于第二代光源）于 1989 年建成、出光，1992 年开始运行，二期工程于 2004 年通过国家验收。2010 年 8 月，合肥光源重大维修项目正式启动，2014 年底通过工艺验收，2016 年 1 月 5 日顺利通过最终验收。通过此次重大维修改造后，合肥光源实现满能量注入，储存环束流发射度由 160nm·rad 大幅降低至 38nm·rad，束流轨道稳定性由 100μm 降低到 4μm，接近第三代同步辐射光源水平，同时可用于安装插入元件的直线节数目由 3 个增加到 6 个。中国台湾同步辐射装置（SRRC，属于第三代光源）于 1991 年建成、出光，并于 2011 年动工建设一台 3GeV 的第三代同步辐射装置。上海光源是一台高性能的中能第三代同步辐射光源，它的英文全名为 Shanghai Synchrotron Radiation Facility，简称 SSRF，于 2009 年 4 月完成调试后向用户开放。SSRF 的能量居世界第四（仅次于日本 SPring-8、美国 APS、欧洲 ESRF），性能超过同能区现有的第三代同步辐射光源，是目前世界上正在建造或设计中的性能最好的中能光源之一。它是我国迄今为止最大的大科学装置和大科学平台，在科学界和工业界有着广泛的应用价值。上海同步辐射线站工程（二期工程）已获国家批准，计划建设 16 条光束线，24 个实验站，同时，相关用户将建设若干专用线站。这些举措将大大提升我国同步辐射光源的性能和实验平台的水平。

目前，世界上同步辐射装置有 40%~50% 线束用于材料科学的研究，涉及所有同步辐射实验方法。

## 2.3.2 烧结结点提取及尺寸测量

上海光源 X 射线成像及生物医学应用光束线/实验站（BL13W1）以扭摆器插入件为光源，能提供能量范围为 10~65keV 的硬 X 射线高通量光子输出，主要致力于动态 X 射线同轴位相衬度成像技术、显微断层成像（μ-CT）和其他新型成像技术的发展和应用，可用于生物软组织、材料、古生物、考古、地球物理等样品的无损、高分辨、三维成像研究。实验站配置了不同空间分辨率的X射线图形控制器（CCD），以满足不同样品的分辨率需求，可实现二维原位动态相衬成像和三维显微CT成像[47]。

为了研究金属纤维在烧结过程中烧结结点的演化过程及形成机制，作者利用上海光源的BL13W1线站对316L不锈钢纤维多孔材料的微观结构进行了表征、分析，测试的样品尺寸为$\phi1.2mm \times 2mm$。具体操作步骤为：

（1）利用SR-CT技术对纤维多孔材料进行扫描，获得1200张投影图（见图2-32(a)）。

（2）利用PITRE软件将1200张投影图转化为2048张CT切片图（见图2-32(b)）。

 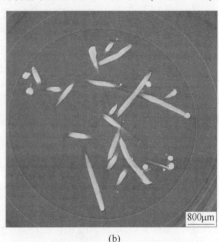

(a) (b)

图2-32 不锈钢纤维多孔材料的SR-CT扫描投影图（a）和切片图（b）

（3）将若干张切片图载入VGStudio Max软件进行三维重构，获得纤维多孔材料的三维结构图像，如图2-33所示。为了精确地统计烧结结点的数量并对结点进行准确定位与测量，每次将200～400张切片图载入VGStudio Max软件。如果导入的切片图太多，则三维重构图像厚度太大，对中间的烧结结点无法准确定位，也就没有办法测量结点的尺寸；如果导入的切片图太少，则三维重构图像厚度太小，得不到完整的纤维骨架及烧结结点，测得的数据不准确。

图2-33 不锈钢纤维多孔材料的三维重构图像（SR-CT扫描）

（4）利用VGStudio Max软件分析纤维多孔材料的微观结构，如观察烧结结点的形貌，测量结点的尺寸等。

利用 VGStudio Max 软件的切割工具在烧结结点处（见图 2-34（a））沿着钝角平分线进行切割，切割后将切割平面（见图 2-34（b））逆时针旋转 90°（见图 2-34(c)），然后测试结点的空间坐标值 $O_1(x_1, y_1, z_1)$ 和 $O_2(x_2, y_2, z_2)$，每个结点测试 5 次，将 5 次测得的坐标值代入式（2-33）便得到结点的 5 个半径值，之后取平均值则得到所测试结点的半径。

图 2-34　不锈钢纤维多孔材料烧结结点的切割、尺寸测量过程
（球形颗粒是线切割过程中形成的金属熔滴）
（a）烧结结点（点 $A$）；（b）切割后的烧结结点（箭头所指为切割平面）；
（c）（b）图逆时针旋转 90°后的烧结结点（$O_1O_2$）

$$x = \left[ \sqrt{(x_2 - x_1)^2 + (y_2 - y_1)^2 + (z_2 - z_1)^2} \times m \right] / 2 \qquad (2\text{-}33)$$

式中 $x$——烧结结点的半径，$\mu m$；

     $m$——图形控制器（CCD）的像素尺寸，$\mu m$。

## 参 考 文 献

[1] 敖庆波, 汤慧萍, 朱纪磊, 等. FeCrAl 纤维多孔材料梯度结构吸声性能的研究 [J]. 功能材料, 2009, 40 (10): 1764~1766.

[2] 汤慧萍, 朱纪磊, 葛渊, 等. 纤维多孔材料梯度结构的吸声性能研究 [J]. 稀有金属材料与工程, 2007, 36 (12): 2220~2223.

[3] 奚正平, 汤慧萍. 烧结金属多孔材料 [M]. 北京: 冶金工业出版社, 2009.

[4] 宝鸡有色金属研究所. 粉末冶金多孔材料 [M]. 北京: 冶金工业出版社, 1978.

[5] Jena A, Gupta K. Advanced technology for evaluation of pore structure characterization of filtration media to optimize their design and performance.

[6] 曾汉民. 高技术新材料要览 [M]. 北京: 中国科学技术出版社, 1993.

[7] 左彩霞, 杨延安, 陈清勤, 等. 气泡法分析烧结不锈钢纤维毡孔径分布 [J]. 稀有金属材料与工程, 2007, 36 (S3): 711~714.

[8] 张汝珍, 蒋正典, 程继贵. 液-液法测定多孔材料孔径 [J]. 粉末冶金技术, 1992, 10 (4): 295~300.

[9] 刘培生. 多孔材料孔径及孔径分布的测定方法 [J]. 钛工业进展, 2006, 23 (2): 29~34.

[10] 陆安群, 张守治, 姚婷. 孔结构表征技术在水泥基材料孔隙结构分析中的应用 [J]. 混凝土, 2014 (6): 6~8.

[11] 蒋兵, 翟涵, 李正民. 多孔陶瓷孔径及其分布测定方法研究进展 [J]. 硅酸盐通报, 2012, 31 (2): 311~315.

[12] 葛渊, 汤慧萍, 李增峰, 等. 单重及厚度对不锈钢纤维毡多孔性能的影响 [J]. 功能材料, 2009, 40 (增刊): 541~543.

[13] 王志, 廖际常, 韩学义. 不锈钢纤维毡的孔径研究 [J]. 稀有金属材料与工程, 1997, 26 (4): 49~52.

[14] 许佩敏, 张健, 孙旭东, 等. 孔隙度对纤维毡透气性能和最大孔径的影响 [J]. 稀有金属材料与工程, 2009, 38 (S1): 447~450.

[15] 左彩霞, 杨延安, 石丹, 等. 波折变形对烧结不锈钢纤维毡过滤性能的影响 [J]. 粉末冶金工业, 2008, 18 (3): 22~26.

[16] 邸小波. 金属多孔材料孔结构分形表征研究 [D]. 沈阳: 东北大学, 2008.

[17] Mandelbrot B B, Passoja D E, Paullay A J. Fractal character of fracture surfaces of metal [J]. Nature, 1984, 308 (5961): 721, 722.

[18] 辛厚文. 分形理论及其应用 [M]. 合肥: 中国科学技术大学出版社, 1993.

[19] 邸小波, 奚正平. 多孔材料孔结构分形维数的研究现状 [J]. 功能材料, 2007, 38 (3): 3849~3852.

［20］张东晖，杨浩．多孔介质分形模型的难点与探索［J］．东南大学学报（自然科学版），2002，32（5）：692~697.

［21］李志宏，巩雁军，吴东，等．介孔氧化硅的分形特性［J］．核技术，2004，27（1）：14~17.

［22］陈永平，施明恒．应用分形理论的实际多孔介质有效导热系数的研究［J］．应用科学学报，2000，18（3）：263~266.

［23］Tang H P, Wang J Z, Zhu J L, et al. Fractal dimension of pore-structure of porous metal materials made by stainless steel powder［J］. Powder Technology, 2012, 217（2）: 383~387.

［24］Wang J Z, Tang H P, Zhu J L, et al. Relationship between compressive strength and fractal dimension of pore structure［J］. Rare Metal Materials and Engineering, 2013, 42（12）: 2433~2436.

［25］石英，娄小鹏，全书海，等．质子交换膜燃料电池扩散层分形维数计算方法研究［J］．武汉理工大学学报，2005，29（6）：895~898.

［26］张宝泉，李绍芬，廖晖．在多孔介质内气体扩散的分形表征［J］．化工学报，1994，45（3）：272~278.

［27］Coppens M O, Froment G F. Diffusion and reaction in a fractal catalyst pore-Ⅱ. Diffusion and first-order reaction［J］. Chemical Engineering Science, 1995, 50（6）: 1027~1039.

［28］Senatalar A E, Tatger M. Effects of fractality on the accessible surface area values of zeolite adsorbents［J］. Chaos Solitons & Fractals, 2000, 11（11）: 953~960.

［29］陈颙，陈凌．分形几何学［M］．北京：地震出版社，1998.

［30］文洪杰，彭达岩，王资江，等．分形理论在材料研究中的应用和发展［J］．钢铁研究学报，2000，12（5）：70~73.

［31］Zhu F L, Cui S Z, Gu B H. Fractal analysis for effective thermal conductivity of random fibrous porous materials［J］. Physics Letters A, 2010, 374（43）: 4411~4414.

［32］Wang J Z, Ma J, Ao Q B, et al. Review on fractal analyze of porous metal materials［J］. Journal of Chemistry, 2015: 1~6.

［33］Tang H P, Zhu J L, Xi Z P, et al. Impact factors of fractal analysis of porous structure［J］. Science China Technological Sciences, 2010, 53（2）: 348~351.

［34］Tang H P, Wang J Z, Ao Q B, et al. Effect of pore structure on performance of porous metal fiber materials［J］. Rare Metal Materials and Engineering, 2015, 44（8）: 1821~1826.

［35］Wang J Z, Xi Z P, Tang H P, et al. Fractal dimension for porous metal materials of FeCrAl fiber［J］. Trans. Nonferrous Met. Soc. China, 2013, 23（4）: 1046~1051.

［36］Baveye P, Boast C W, Ogawa S, et al. Influence of image resolution and thresholding on the apparent mass fractal characteristics of preferential flow patterns in field soils［J］. Water Resources Research, 1998, 34（11）: 2783~2796.

［37］Dathe A, Eins S, Niemeyer J, et al. The surface fractal dimension of the soil-pore interface as measured by image analysis［J］. Geoderma, 2001, 103（1）: 203~229.

［38］石英．基于分形模型的 PEM 燃料电池扩散层物性研究［D］．武汉：武汉理工大

学，2006.

[39] 杜国浩，陈荣昌，谢红兰，等. 同步辐射在显微 CT 中的应用 [J]. 生物医学工程学进展，2009，30（4）：226~231.

[40] Li Y C, Xu F, Hu X F, et al. In situ investigation on the mixed-interaction mechanisms in the metal-ceramic system's microwave sintering [J]. Acta Materialia, 2014, 66（66）：293~301.

[41] Li A J, Ma J, Wang J Z, et al. Sintering diagram for 316L stainless steel fibers [J]. Powder Technology, 2016, 288：109~116.

[42] 麦振洪. 同步辐射发展六十年 [J]. 科学，2013，65（6）：16~21.

[43] 洪宾，罗震森，孙松，等. 探索物质世界的利器——同步辐射 [J]. 物理与工程，2015，25（2）：37~42.

[44] 同步辐射与同步辐射光源. http://www. sgst. cn/zt/shgy/.

[45] 麦振洪. 同步辐射光的发展历史与现状——介绍新书《同步辐射光源及其应用》 [J]. 现代物理知识，2014，26（2）：65~71.

[46] 合肥光源重大维修改造项目验收会圆满结束. http：//www. nsrl. ustc. edu. cn/news/news/201601/t20160107_ 234958. html.

[47] X 射线成像及生物医学应用光束线/实验站（BL13W1）. http：//www. sgst. cn/zt/shgy/xzjs_info_ 4. html.

# 3  金属纤维的再结晶

作为金属纤维多孔材料的骨架，金属纤维在进行多孔材料制备前一般会经历剧烈变形和退火处理，以改善其加工特性。在随后的烧结过程中，金属纤维骨架晶粒的粗化与竹节状分布与其再结晶和晶粒长大行为密切相关。由于纤维原料的特殊性，目前人们对微米级金属纤维的再结晶与晶粒长大行为及其粗化机制知之甚少，导致多孔材料在制备过程中其纤维骨架微观组织演化得不到有效控制。文献［1，2］中介绍了对微米级钨丝和铜键合丝的再结晶和晶粒长大行为的研究结果，指出第二相粒子或再结晶织构是诱发二次再结晶和晶粒粗化的主要原因。文献［3］研究发现了杂质元素对微米级钨丝的晶粒长大行为有很大影响。文献［4，5］还分别报道了利用 EBSD 方法对严重冷拉金属丝材在退火过程中织构演化进行研究的结果。

本章着重阐述不同丝径 316L 不锈钢纤维的再结晶和晶粒长大动力学特征，以及纤维在退火前后的晶界结构和晶粒取向演化规律，探讨纤维本征特性对纤维微观组织演化的影响及其机制，最后对导致微米级金属纤维晶粒异常长大的因素进行了初步分析，以指导纤维多孔材料烧结过程中其纤维骨架微观组织的控制。

## 3.1  再结晶理论及基本研究方法

### 3.1.1  再结晶基础理论

#### 3.1.1.1  金属的晶界

在多晶体结构中，取向不同但晶体结构相同的晶粒之间的接触面被称为晶界。晶界的厚度一般约为两个原子间距。根据晶体学特点及原子排列的相位差，晶界可分为小角度晶界、大角度晶界、亚晶界和孪晶界 4 种类型[6]。

*A  小角度晶界*

当相邻晶粒的取向差角小于 15°时，晶粒间形成小角度晶界。小角度晶界基本上由位错构成。图 3-1 所示为三种不同类型的小角度晶界结构示意图。其中，图 3-1（a）为对称倾斜晶界，由一系列相隔一定距离的刃型位错所组成；当晶界两侧的晶粒相对于晶界不具有对称性时，其晶界结构至少由两列柏氏矢量互相垂直的刃型位错组成，为不对称倾斜晶界，如图 3-1（b）所示；若将晶体沿中间平面切开，使右半晶体沿垂直于切面的轴旋转一定角度（<10°），再与左半晶体会合在一起，两部分晶体之间就形成了扭转晶界，如图 3-1（c）所示，扭转晶界由互相交叉的螺型位错网络所组成。

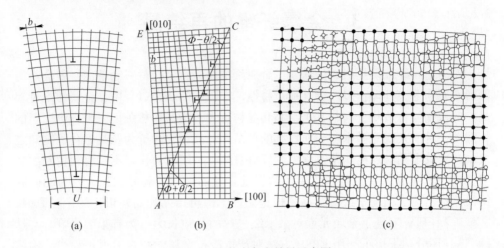

图 3-1　三种小角度晶界示意图

（a）对称倾斜晶界；（b）不对称倾斜晶界；（c）扭转晶界

### B　大角度晶界

当相邻晶粒的取向差角大于 15°时，晶粒间的界面属于大角度晶界。大角度晶界结构复杂，尚存在较多争议。Mott 根据其研究结果提出了小岛模型，认为大角度晶界可看做是原子排列较整齐的区域与原子排列紊乱的区域交替相间而成。Brandon 等人提出了重合位置点阵模型，认为大角度晶界是由于晶格绕某一特殊轴旋转，使部分原子与点阵再次重合而形成的。当晶界两侧的一个晶体的某晶面以另一晶体同指数晶面的法线方向为轴旋转某个角度，两者的某些阵点所构成的超点阵就是重位点阵（coincident-site lattice，CSL）。重位点阵一般用倒易密度 $\Sigma$ 来描述，其定义为一个晶体阵点总数与 CSL 单胞阵点数之比。一般认为，$\Sigma \leqslant 29$ 的晶界表现出对开裂的抵抗力，而 $\Sigma > 29$ 的晶界表现出对开裂的敏感性，因此把 $\Sigma \leqslant 29$ 的晶界当做特殊晶界，而 $\Sigma > 29$ 的晶界当做随机晶界。通过合适的形变和热处理工艺提高特殊晶界比例，从而调整多晶体晶界网络，能够显著改善材料与晶界有关的性能。

### C　亚晶界

位于晶粒内部具有较小取向差角（通常小于 1°）的小晶块之间形成的晶界称为亚晶界。亚晶界属于小角度晶界，其含义较广泛，常泛指尺寸比晶粒更小的所有微观组织的分界面。亚晶界可以在凝固、形变、回复和再结晶时形成，也可以在固态相变时形成。

D 孪晶界

孪晶界包含共格孪晶界
和非共格孪晶界两类，如图
3-2 所示，WV 界面为共格孪
晶面，UV 界面为非共格孪晶
面。孪晶界都有一个共同的
特点，即晶体沿一个公共镜
面呈对称的位向关系。在共
格孪晶界中，这个镜面同时
为两个晶体点阵共有，孪晶

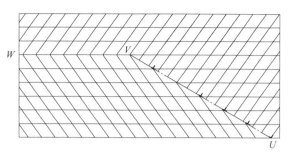

图 3-2 孪晶界示意图

界上的原子都为两晶体所共有，属于无畸变的完全共格晶面，界面能很低。而在
非共格孪晶界中，只有部分原子为两晶体所共有，原子错排较严重，能量相对
较高。

### 3.1.1.2 金属的变形组织与变形储能

金属材料经塑性变形后，不仅其外形尺寸发生了改变，其内部组织和性能也
发生了显著的变化。在冷变形过程中，除了会出现滑移带和孪晶等组织特征外，
还有其他明显的组织变化。第一，晶粒形状以及总的晶界面积的变化。晶粒形状
的变化与其变形方式和变形量有关，如冷轧板材的晶粒呈板条状，拉拔丝材的晶
粒呈针状；随着变形量的增加，晶粒沿变形方向伸长的程度也随之增大。由于变
形过程中位错不断增殖从而使新的晶界区域连续产生，故晶界面积也有所增加，
其增加的比例与变形量有关，单位体积增加的速率与变形方式有关[7]。第二，
位错累积引起的晶粒内部亚结构的形成。当变形量较低时，金属内部位错分布处
于无规则状态，随着变形量的增大，大量位错沿滑移面的运动将受到多晶体中的
难变形或不变形第二相粒子、晶界等的阻碍，从而造成了位错的缠结和堆积。位
错堆积的区域即为亚结构的边界–亚晶界，是晶格畸变区，而亚结构内部的晶格
相对较完整。

冷变形时外力对金属所做的功绝大部分转变成热能而散失，只有约 10% 的功
以能量形式保存在变形结构中，即为变形储能[8]。变形储能源于变形过程中产
生的点缺陷和位错等，它决定了变形金属的性能。由于空位等缺陷的可动性很
高，因此在通常的室温变形条件下，点缺陷对变形储能的贡献不大，绝大部分变
形储能以位错的形式储存于冷变形金属中。由此可见，能够引起位错密度升高的
因素均有利于变形储能的增加。以位错密度 $\rho$ 表示的变形储能 $E_D$ 可简化表示为：

$$E_D = c_2 \rho G b^2$$

(3-1)

式中　$c_2$——常数，约为 0.5；

　　　$G$——剪切模量；

*b*——柏氏矢量。

此外，晶界面积增加所产生的能量也是冷加工变形储能中的一个重要部分。如果变形组织由完好的等轴亚晶组成，则变形储能 $E_D$ 可以近似用亚晶直径 $D$ 和晶界取向差角 $\theta$ 来表示：

$$E_D \approx \frac{K\theta}{D} \tag{3-2}$$

式中 $K$——常数。

冷变形组织中的大量缺陷以及变形结构内部的储能使金属处于不稳定状态，这为随后退火过程中回复和再结晶的发生提供了驱动力。

### 3.1.1.3 金属的再结晶形核及长大行为

多晶材料在冷变形后由于材料内部自由能升高而有向稳定形态转化的趋势。冷变形后的金属加热到大约 $0.5T_m$（$T_m$ 为金属熔点）的温度，保温一段时间后其基体内会重新产生无畸变的新的等轴晶粒，直到冷变形晶粒完全耗尽为止，这个过程称为再结晶[9]。再结晶的驱动力为冷变形所产生的变形储能，储能的释放使金属在热力学上变得更为稳定。

再结晶包括形核和长大两个阶段。因变形量和层错能不同，材料的再结晶形核机制也有所不同。常见的再结晶形核机制主要包含亚晶粒合并、迁移机制和晶界弓出机制。亚晶合并、迁移机制一般发生在大变形金属中，其中高层错能金属主要通过亚晶合并形核，低层错能金属主要通过亚晶界迁移形核。小变形量的金属由于位错密度较低，主要通过晶界弓出机制实现再结晶形核。再结晶形核之后就可以自发、稳定地生长。再结晶晶核在生长时，其界面总是向畸变区域推进，界面移动的驱动力是无畸变的新晶粒与周围基体的畸变能差。当旧的畸变晶粒全部被新的无畸变的再结晶晶粒所取代时，再结晶过程即告完成，此时的晶粒大小即为再结晶初始晶粒。再结晶的形核与长大均需要原子的扩散，因此必须将冷变形金属加热到一定温度以上，足以激活原子，再结晶过程才能进行。习惯上将严重冷变形（变形量在70%以上）金属经1h保温后能够完成95%以上再结晶的温度定义为再结晶温度。然而，再结晶温度并不是一个物理常数，而是随着条件的不同在一个较宽的范围内变化。

冷变形金属发生再结晶后，其力学性能将发生重大变化，而再结晶晶粒尺寸将直接决定着金属力学性能的好坏。假设再结晶晶粒为球状，在形核过程中均匀形核，则再结晶晶粒的平均直径 $d$ 可表示为：

$$d = C \left( \frac{u}{I} \right)^{1/4} \tag{3-3}$$

式中 $C$——常数；

$u$——长大速率；

$I$——形核率。

式（3-3）表明，要细化晶粒从而提高金属的力学性能，必须控制长大速率 $u$，提高形核率 $I$。影响再结晶晶粒尺寸和再结晶温度的因素主要有以下几个方面[10]：

（1）变形量。当变形量很小时，内部的储能较少，不足以驱动再结晶行为发生，因此晶粒仍保持原状，晶粒尺寸没有变化。当变形量达到某一数值时（一般金属均在 2%～10% 范围内），此时的变形量不大，$u/I$ 比值很大，因此再结晶后的晶粒变得特别粗大。超过此变形量以后，再结晶晶粒尺寸会随变形量的增大而减小，这是由于变形量的增加导致变形储能增加，$u$、$I$ 同时增加，但是由于 $I$ 的增加率大于 $u$ 的增加率，所以 $u/I$ 比值减小，再结晶晶粒尺寸逐渐变小。当变形量达到一定程度后，再结晶晶粒尺寸逐渐趋于一个相对稳定的数值。通常把晶粒尺寸达到峰值时所对应的变形量称为临界变形量。在实际生产中，为获得细小的晶粒，在金属材料冷变形时应避免在临界变形量范围内进行加工。

变形量对再结晶温度也有一定的影响，当变形量不太大时（大约在 30% 以下），再结晶温度随着变形量的增大而下降。超出这个范围后，变形量对再结晶温度的影响逐渐减小。

（2）原始晶粒尺寸。当变形量一定时，金属材料的原始晶粒尺寸越小，再结晶晶粒也越细小。这是由于细晶金属中存在着较多的晶界，而原始晶界往往是再结晶形核的有利位置，因此形核率大大提高。此外，由于细晶金属的变形抗力较大，冷变形后的储能较高，故再结晶温度也随之降低。

（3）合金元素及杂质。基体中的合金元素及杂质与材料中的缺陷相互作用，使缺陷的运动受阻，从而导致形核过程受阻，故再结晶温度提高而再结晶晶粒尺寸有所减小。

（4）第二相颗粒。当第二相颗粒细小且弥散分布时，会阻碍再结晶过程，从而提高再结晶温度、减小再结晶晶粒尺寸。

（5）相邻晶粒间的取向差。晶界的界面能与相邻晶粒间的取向差有关，小角度晶界的界面能小于大角度晶界的界面能，而界面移动的驱动力又与界面能呈正比，因此小角度晶界的移动速度要小于大角度晶界的移动速度。故当相邻晶粒间取向差较小时，其再结晶驱动力和生长速率也有所减小。

在退火过程中，还会出现大部分晶粒生长受阻而极少数晶粒长大逐步吞噬周围小晶粒的现象，称为二次再结晶或晶粒异常长大。二次再结晶是以一次再结晶后的某些特殊晶粒作为基础而长大的，因此，严格来说它是在特殊条件下的晶粒长大过程，并非是再结晶。阻碍正常晶粒长大并诱发二次再结晶的原因主要包括表面、第二相粒子以及织构等。二次再结晶导致材料晶粒粗大，降低材料的强度、塑性和韧性，对产品性能非常有害，应尽量避免。

### 3.1.1.4　金属的变形织构与再结晶织构

多晶体在塑性变形时会伴随着晶体的转动过程。随着变形量的增加，多晶体中原为任意取向的各个晶粒逐渐调整其取向而彼此趋于一致，这种多晶体的晶粒取向集中分布在某一个或某些取向附近的现象称为织构[11]。由于塑性变形而导致的晶粒择优取向称为"变形织构"。金属材料的性质和加工方式不同，其变形织构的类型也有所不同。拉拔变形是最常见的变形方式之一。在此变形方式下，金属中各晶粒的某一晶向与拉拔方向平行或接近平行，这种晶粒择优取向称为丝织构。面心立方金属拉拔变形产生的织构主要为<111>和<100>两种丝织构。对于体心立方金属来说，其拉拔织构为<110>丝织构。而密排六方金属的拉拔织构通常为<1010>丝织构。

冷变形金属经再结晶后形成的组织仍会具有一定的位向关系，即再结晶织构。在再结晶过程中，金属冷变形后所形成的变形织构可能保留下来，或出现新织构，也可能消除。关于再结晶织构的形成主要有两种理论，即定向形核理论和定向生长理论。定向形核理论认为，由于原有变形织构中的亚晶取向相近，使得再结晶形核具有择优取向，从而导致再结晶过程中形成了与原织构一致的再结晶织构。而定向生长理论则认为，由于变形织构组织具有择优取向，在这个取向上晶粒不易长大，使得少数具有非择优取向的晶粒受到织构的阻碍作用相对较小，会优先形核生长，从而形成了新的择优取向。

织构的表达方法主要包括极图、反极图和取向分布函数（orientation distribution function，ODF）。极图和反极图用二维图形来描述三维空间取向分布。拉拔态金属所形成的丝织构常以反极图来表示，在反极图上标注出拉拔方向在晶体坐标系中的分布密度。取向分布函数则用空间取向的 $g(\varphi_1, \Phi, \varphi_2)$ 分布密度 $f(g)$ 来表达整个空间的取向分布，一般用固定 $\varphi_1$（或 $\varphi_2$）的一组截面来表示。

## 3.1.2　电子背散射衍射（EBSD）方法及应用

### 3.1.2.1　EBSD 基本原理及系统组成

当电子束沿着一定方向入射到晶体内部时，可以发生入射方向改变的弹性散射，也可以激发声子和内外层电子而发生非弹性散射。入射电子经多次散射后，其中一部分返回表面逸出，就成为背散射电子。电子背散射衍射（electron back-scattered diffraction，EBSD）技术就是基于扫描电镜中电子束在倾斜样品表面激发出并形成的衍射菊池带的分析从而确定晶体的结构、取向及相关信息的方法，其主要特点是在保留扫描电镜的常规特点的同时进行空间分辨率亚微米级的衍射并给出晶体学的数据[12]。图 3-3 所示为 EBSD 技术获得的镍基高温合金菊池衍射花样。

EBSD 系统通常安装在扫描电子显微镜上，采集的硬件部分一般包括一台灵敏的 CCD 摄像仪和一套用来花样平均化和扣除背底的图像处理系统。图 3-4 所示为典型的 EBSD 系统构成示意图。样品放置入扫描电镜样品室时，需相对于入射电子束高角度倾斜，以便衍射所产生的菊池带被充分强化并被 CCD 相机所接收，经图像处理器处理（信号放大、加和平均、背底扣除等）后，数据即可采集到计算机中。目前，EBSD 数据采集速度已达到约每小时 36 万点甚至更快，其空间分辨率和角分辨率可分别达到 0.1μm 和 0.5μm。

图 3-3 镍基高温合金菊池衍射花样

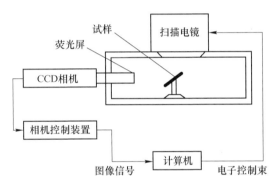

图 3-4 EBSD 系统构成示意图

### 3.1.2.2 EBSD 数据处理及其在材料科学中的应用

EBSD 数据获取后，常用数据分析软件将取向数据表达在各种图形中，数据处理软件以 OXFORD 公司和 EDAX-TSL 公司的 EBSD 软件为主。利用数据处理软件，可将 EBSD 系统中采集到的数据绘成取向成像图、极图、反极图、ODF 图、取向差分布图、晶粒尺寸分布图等，在很短的时间内就能获得关于样品的大量晶体学信息。EBSD 目前在材料科学领域已得到了广泛的应用，如织构和取向差、晶粒尺寸及晶界性质、应变和再结晶、物相等分析[13]。

（1）织构和取向差分析。EBSD 分析技术的选区尺寸可以小到 0.5 μm 以下，因此，特别适宜于进行微区的晶体取向分析，将 EBSD 中每一菊池带所属晶面指数（hkl）都画进极射赤面投影图中，就很容易表示出被分析晶体的取向关系。EBSD 还能测量试样中各取向所占的比例以及确定它们在显微组织中的分布。此外，EBSD 可以直接测定微区织构、选区织构，得到的晶粒形貌能与晶粒取向直接对应，测定的织构可通过极图、反极图、ODF 图等形式表现出来。

（2）晶粒尺寸及晶界性质分析。当从一个晶粒过渡到另一个晶粒时，其取向会发生改变。进行横穿试样的线扫描，同时观察衍射花样的变化，即可确定晶粒尺寸的大小。在得到 EBSD 整个扫描区域相邻两点之间的取向差信息后，就可确定晶界的性质，如大角度晶界、小角度晶界、孪晶界、特殊界面（重位点阵晶界等）。

（3）物相分析。与 X 射线相分析技术类似，EBSD 技术进行物相鉴定的方法是从被分析选区所获得的 EBSD 中，测量一系列两晶带轴间的角度关系，然后同各种已知晶体相应的两结晶学位向间的角度关系进行比较，从而确定其所属物相。这种结晶相鉴定技术的优点是能够结合微观组织形态的观察进行原位分析。EBSD 技术与微区化学分析相结合，已成为进行材料微区鉴定的有力工具，特别适宜于区分化学成分相近的物相，如钢中的铁素体（体心立方）和奥氏体（面心立方）。

## 3.2 金属纤维再结晶动力学

### 3.2.1 拉拔态金属纤维的微观组织及相成分

#### 3.2.1.1 20μm 丝径拉拔态纤维的显微组织及相组成

图 3-5（a）所示为 20μm 丝径拉拔态 316L 不锈钢纤维表面形貌扫描电镜照片。从图中可以看出，纤维表面呈沟壑状，这是由集束拉拔过程中单根纤维之间的相互摩擦造成的。此外，还可以看到纤维表面分布着许多颗粒状的析出物。据文献报道[14]，该析出物主要为铁和铬形成的化合物 $Fe_xCr_y$。图 3-5（b）所示是

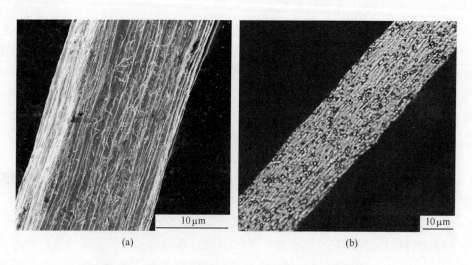

(a)  (b)

图 3-5 20μm 丝径拉拔态 316L 不锈钢纤维显微组织

（a）表面 SEM 组织；（b）金相组织

20μm 丝径拉拔态 316L 不锈钢纤维的金相组织照片。由图可知，由于在拉拔过程中原始丝材中的晶粒被拉长和破坏，因此纤维内部的晶粒呈丝状组织。同时，在纤维的截面上也分布着许多颗粒物，经 EDS 分析，其成分与纤维表面颗粒物相似。

图 3-6 所示为 20μm 丝径拉拔态 316L 不锈钢纤维的 XRD 谱。由图谱分析可确定纤维的相组成以 γ 相为主。

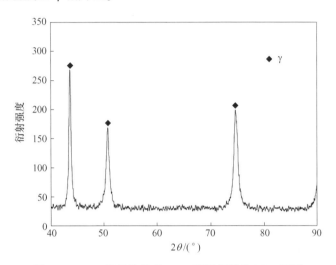

图 3-6　20μm 丝径拉拔态 316L 不锈钢纤维 XRD 图谱

### 3.2.1.2　8μm 丝径拉拔态纤维的显微组织及相组成

图 3-7 (a) 所示为 8μm 丝径拉拔态 316L 不锈钢纤维表面形貌扫描电镜照片。由图可知，8μm 纤维表面也存在着明显的拉拔加工痕迹以及颗粒状的析出物。结合 EDS 分析发现，其成分与 20μm 纤维表面颗粒物成分相似。图 3-7 (b)

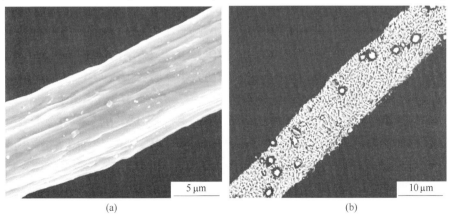

(a)　　　　　　　　　　　　(b)

图 3-7　8μm 丝径拉拔态 316L 不锈钢纤维扫描电镜照片

(a) 表面形貌；(b) 截面组织

所示是 8μm 拉拔态 316L 不锈钢纤维的截面组织扫描电镜照片。从图中可以看出，纤维内部的晶粒被进一步破碎，同时其截面也分布着与表面颗粒物成分相近的析出物。

图 3-8 所示为 8μm 丝径拉拔态 316L 不锈钢纤维 XRD 谱。由图可知，其相结构除 γ 相外，还出现了 α′ 马氏体相衍射峰，说明 8μm 纤维的大变形量引发了大量形变马氏体。

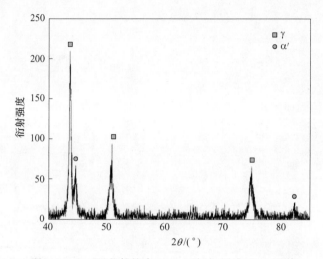

图 3-8　8μm 丝径拉拔态 316L 不锈钢纤维 XRD 图谱

## 3.2.2　不同丝径金属纤维再结晶形核动力学

### 3.2.2.1　20μm 丝径拉拔态纤维在退火过程中的组织演化

图 3-9 所示为 20μm 丝径纤维经 710℃ 不同保温时间后的金相组织照片。由图可见，20μm 丝径纤维在 710℃ 保温 5min 后，变形的原始粗晶粒的晶界处已出现少量再结晶形核晶粒，表明再结晶已经开始发生（见图 3-9（a））。当保温时间延长至 15min 时，再结晶晶粒体积分数明显增大（见图 3-9（c）），并且随着保温时间的继续延长，再结晶程度进一步增强。观察还发现，20μm 拉拔态纤维中的颗粒状析出物经退火后已基本消失。

图 3-10 所示为 20μm 丝径纤维经 730℃ 不同保温时间后的金相组织照片。由图可以看出，相比于 710℃ 保温 5min 后的金相组织（见图 3-9（a）），20μm 丝径纤维经 730℃ 保温 5min 后发生再结晶的程度有所增大（见图 3-10（a））。随着保温时间的延长，其再结晶体积分数明显增大，晶界也更为清晰。定量分析结果表明，纤维在 730℃ 退火温度下的再结晶体积分数和晶粒尺寸均大于 710℃ 退火相同保温时间时所对应的数值。

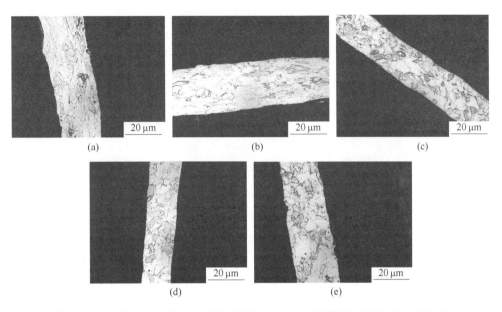

图 3-9 丝径为 20μm 的 316L 不锈钢纤维经 710℃ 不同保温时间后的金相组织

（a）5min；（b）10min；（c）15min；（d）20min；（e）30min

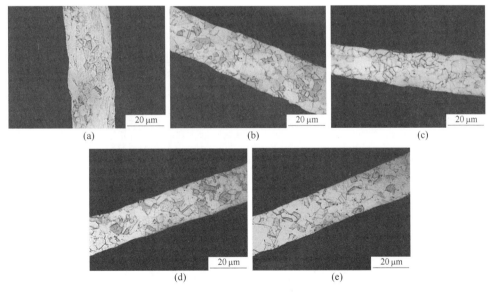

图 3-10 丝径为 20μm 的 316L 不锈钢纤维经 730℃ 不同保温时间后的金相组织

（a）5min；（b）10min；（c）15min；（d）20min；（e）30min

### 3.2.2.2 8μm 丝径拉拔态纤维在退火过程中的组织演化

图 3-11 所示为 8μm 丝径纤维经 690℃ 不同保温时间后的金相组织照片。由

图可以看出，8μm 丝径纤维在 690℃ 保温 5min 时再结晶才刚刚开始，并且随着保温时间的延长，再结晶程度不断增大。同时，经 690℃ 退火后，8μm 拉拔态纤维中的颗粒状析出物已变得不明显。

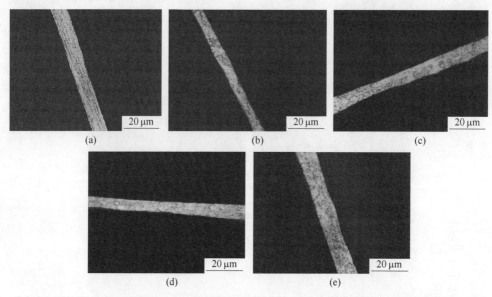

图 3-11 丝径为 8μm 的 316L 不锈钢纤维经 690℃ 不同保温时间后的金相组织

（a）5min；（b）10min；（c）15min；（d）20min；（e）30min

图 3-12 所示为 8μm 丝径纤维经 710℃ 不同保温时间后的金相组织照片。由

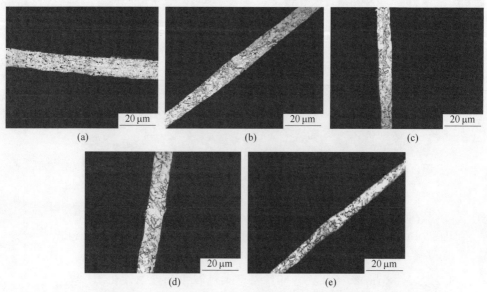

图 3-12 丝径为 8μm 的 316L 不锈钢纤维经 710℃ 不同保温时间后的金相组织

（a）5min；（b）10min；（c）15min；（d）20min；（e）30min

图可以看出，相比于在690℃下保温不同时间后的金相组织（见图3-11），8μm丝径纤维经710℃不同退火时间后发生再结晶的程度明显增大，定量分析显示其再结晶体积分数和晶粒尺寸也均大于690℃下保温不同时间后所对应的数值。

### 3.2.2.3　不同丝径拉拔态纤维的再结晶形核动力学

图3-13和图3-14所示分别为两种丝径纤维在不同退火温度下的再结晶晶粒尺寸 $D$、再结晶体积分数 $X_R$ 与退火时间 $t$ 的关系图。由图可见，在实验条件范围内，退火温度的升高和保温时间的延长均可促进再结晶晶粒尺寸和再结晶体积分数的增加。

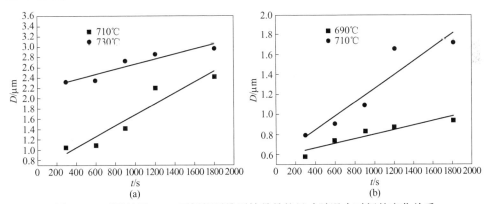

图3-13　不同丝径316L不锈钢纤维再结晶晶粒尺寸随退火时间的变化关系

（a）20μm；（b）8μm

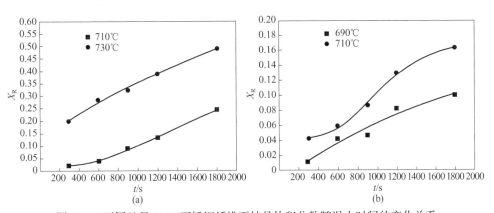

图3-14　不同丝径316L不锈钢纤维再结晶体积分数随退火时间的变化关系

（a）20μm；（b）8μm

根据 Avrami 公式[9]：

$$X_R = 1 - \exp(-Bt^n) \tag{3-4}$$

式中　$B$——随温度升高而增大的系数；

　　　$n$——常数，视材料与再结晶条件而异。

将公式移项后两边同时取两次对数并整理，可以得到：

$$\ln\left(\ln\frac{1}{1-X_R}\right) = n\ln t + \ln B \tag{3-5}$$

将两种丝径纤维在不同温度下的再结晶体积分数 $X_R$ 和退火时间 $t$ 代入式 (3-5)，以 $\ln\left(\ln\dfrac{1}{1-X_R}\right)$ 为因变量、$\ln t$ 为自变量，用 Origin 进行线性拟合（见图 3-15），由此得到不同温度下 $n$ 与 $B$ 的值，见表 3-1 和表 3-2。

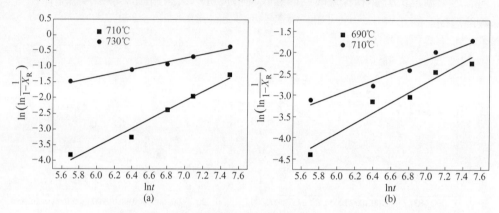

图 3-15 不同丝径 316L 不锈钢纤维再结晶体积分数 $X_R$ 与退火时间 $t$ 的线性关系

(a) 20μm；(b) 8μm

**表 3-1 丝径为 20μm 的 316L 不锈钢纤维在不同退火温度下所对应的 n、B 值**

| 温度/℃ | $n$ | $B$ |
|---|---|---|
| 710 | 1.4564 | $4.5907e^{-6}$ |
| 730 | 0.6012 | $7.0291e^{-3}$ |

**表 3-2 丝径为 8μm 的 316L 不锈钢纤维在不同退火温度下所对应的 n、B 值**

| 温度/℃ | $n$ | $B$ |
|---|---|---|
| 690 | 1.2005 | $1.5080e^{-5}$ |
| 710 | 0.8231 | $3.6291e^{-4}$ |

由此可得出两种丝径 316L 不锈钢纤维在不同退火温度下的再结晶形核动力学公式，见表 3-3 和表 3-4。

**表 3-3 丝径为 20μm 的 316L 不锈钢纤维的再结晶形核动力学公式**

| 温度/℃ | 公　式 |
|---|---|
| 710 | $X_R = 1 - \exp(-4.5907e^{-6}t^{1.4564})$ |
| 730 | $X_R = 1 - \exp(-7.0291e^{-3}t^{0.6012})$ |

**表 3-4　丝径为 8μm 的 316L 不锈钢纤维的再结晶形核动力学公式**

| 温度/℃ | 公　式 |
| --- | --- |
| 690 | $X_R = 1 - \exp(-1.5080e^{-5}t^{1.2005})$ |
| 710 | $X_R = 1 - \exp(-3.6291e^{-4}t^{0.8231})$ |

#### 3.2.2.4　丝径尺寸对金属纤维再结晶起始温度的影响

由前面的实验结果可知，与块体不锈钢相同，不同丝径 316L 不锈钢纤维在一定退火条件下，随着退火温度升高和保温时间延长，其再结晶晶粒尺寸均有所增加。然而，丝径尺寸不同，316L 不锈钢纤维的再结晶起始温度有明显不同，8μm 丝径纤维的再结晶起始温度（约 690℃）明显低于 20μm 丝径纤维的再结晶起始温度（约 710℃）。分析可知，在不同丝径尺寸条件下，纤维变形程度和原始晶粒尺寸的差异是造成其再结晶起始温度有较大不同的主要原因。如前所述，再结晶过程主要通过形核及生长来完成。采用集束拉拔法制备金属纤维的过程中，8μm 纤维经历的拉拔道次明显多于 20μm 纤维经历的拉拔道次，即 8μm 纤维的冷变形量较大。冷变形量的增加一方面可导致纤维晶粒内部微观应变增大；另一方面，也可使奥氏体晶粒破碎程度增加，原始晶粒晶界面积增加，变形抗力有所增大。而以上两方面的因素都会导致冷变形储能的提高，从而有利于再结晶的形核。故随着冷变形量的增加，纤维再结晶起始温度降低。即丝径尺寸越小，再结晶起始温度越低。

### 3.2.3　不同丝径金属纤维再结晶晶粒生长动力学

#### 3.2.3.1　20μm 丝径退火态纤维的再结晶晶粒演化

图 3-16~图 3-19 所示分别为 20μm 丝径 316L 不锈钢纤维在 750~900℃保温

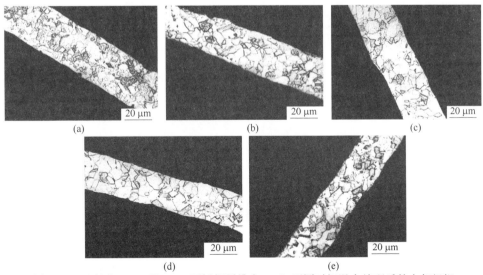

图 3-16　丝径为 20μm 的 316L 不锈钢纤维在 750℃不同时间退火处理后的金相组织
（a）5min；（b）10min；（c）15min；（d）20min；（e）30min

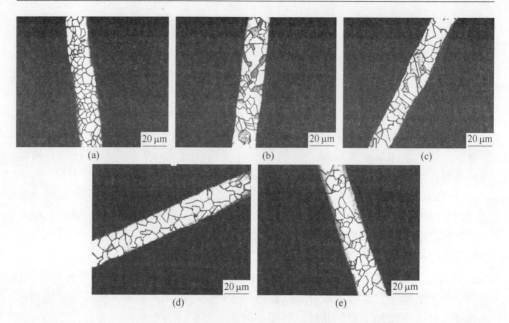

图 3-17 丝径为 20μm 的 316L 不锈钢纤维在 800℃不同时间退火处理后的金相组织

（a）5min；（b）10min；（c）15min；（d）20min；（e）30min

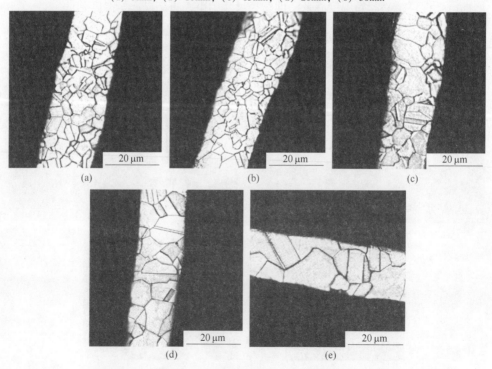

图 3-18 丝径为 20μm 的 316L 不锈钢纤维在 850℃不同时间退火处理后的金相组织

（a）5min；（b）10min；（c）15min；（d）20min；（e）30min

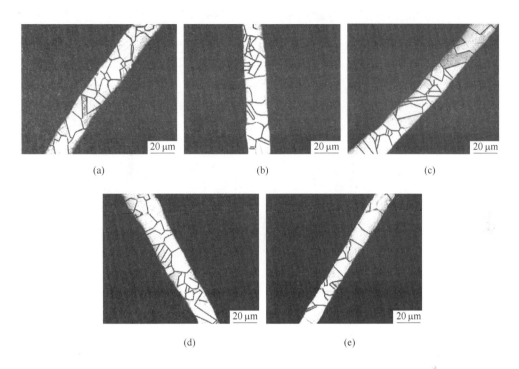

图 3-19　丝径为 $20\mu m$ 的 316L 不锈钢纤维在 900℃不同时间退火处理后的金相组织

（a）5min；（b）10min；（c）15min；（d）20min；（e）30min

不同时间后的金相组织照片。从图中可以看出，$20\mu m$ 丝径纤维在 750℃保温 5min 时，其再结晶已趋于完全；随着保温时间的延长，再结晶晶粒尺寸有一定程度地长大。当退火温度升高至 800℃、850℃和 900℃时，再结晶晶粒尺寸随保温时间的变化规律与 750℃时相近；且随着退火温度的升高，再结晶晶粒尺寸逐渐增大，在 900℃、30min 退火条件下，纤维组织已呈现出晶粒异常长大形貌特征（见图 3-19（e））。

### 3.2.3.2　$8\mu m$ 丝径退火态纤维的再结晶晶粒演化

图 3-20～图 3-23 所示分别为 $8\mu m$ 丝径 316L 不锈钢纤维在 750～900℃保温不同时间后的金相组织照片。从图中可以看出，$8\mu m$ 丝径纤维经 750℃保温 5min 后，其再结晶晶粒间的界面已非常清晰，且晶粒已发生明显地长大；随保温时间延长，其晶粒尺寸进一步增加。在高于 750℃的温度下进行退火时，再结晶晶粒尺寸均随保温时间的延长而增大。同时，退火温度的升高促进了再结晶晶粒的生长，在 900℃保温时间较长的退火组织中，已出现贯穿纤维直径方向的异常长大晶粒（见图 3-23（c）～（e））。

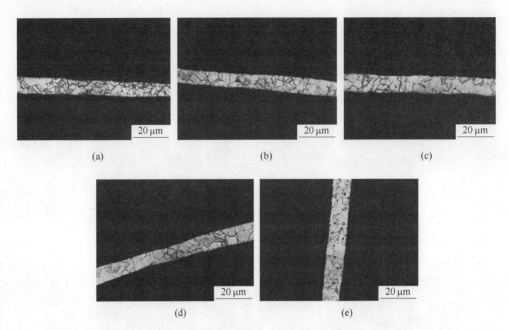

图 3-20   丝径为 8μm 的 316L 不锈钢纤维在 750℃不同时间退火处理后的金相组织

（a）5min；（b）10min；（c）15min；（d）20min；（e）30min

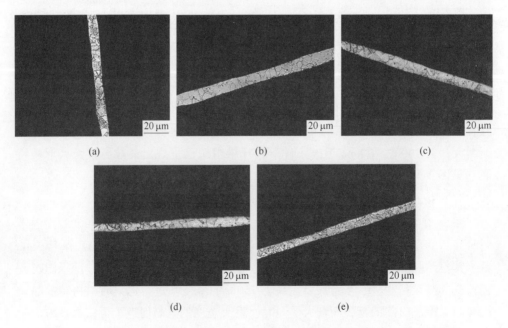

图 3-21   丝径为 8μm 的 316L 不锈钢纤维在 800℃不同时间退火处理后的金相组织

（a）5min；（b）10min；（c）15min；（d）20min；（e）30min

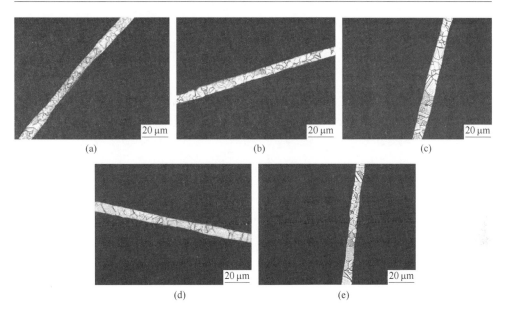

图 3-22 丝径为 8μm 的 316L 不锈钢纤维在 850℃不同时间退火处理后的金相组织

（a）5min；（b）10min；（c）15min；（d）20min；（e）30min

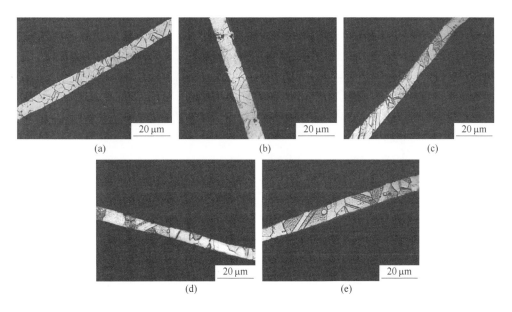

图 3-23 丝径为 8μm 的 316L 不锈钢纤维在 900℃不同时间退火处理后的金相组织

（a）5min；（b）10min；（c）15min；（d）20min；（e）30min

### 3.2.3.3 不同丝径退火态纤维的再结晶晶粒生长动力学

通过定量金相分析，可得出不同丝径退火态 316L 不锈钢纤维在不同温度下的再结晶晶粒尺寸与退火时间的变化关系，如图 3-24 所示。由图可见，在实验条件范围内，不同丝径纤维的再结晶平均晶粒尺寸 $D$ 均随着退火温度 $T$ 的升高和保温时间 $t$ 的延长而增大。

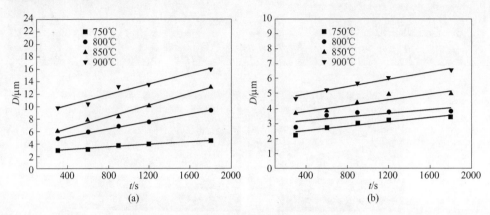

图 3-24 不同丝径 316L 不锈钢纤维再结晶晶粒尺寸与退火时间的关系

(a) 20μm；(b) 8μm

**A 再结晶晶粒长大方程**

再结晶过程中晶粒正常长大的极限尺寸 $D_L$ 可表示为[7]：

$$D_L = \frac{Sc_1 \gamma_{sur}}{\gamma_b} \tag{3-6}$$

式中    $\gamma_{sur}$——表面能；

       $\gamma_b$——界面能；

       $S$——试样厚度；

       $c_1$——常数，约为 0.8~0.9。

对于金属或半导体薄膜材料而言，$\gamma_{sur}/\gamma_b \approx 3$，故其正常晶粒长大的极限尺寸约为其样品厚度的 2~3 倍。由于实验所选 316L 不锈钢纤维的丝径分别为 20μm 和 8μm，实验测得的不同丝径退火态纤维的平均晶粒尺寸均小于样品厚度（见图 3-24），因此可以选用晶粒正常长大经典理论作为模型。在等温退火过程中，保温时间为 $t$ 时的平均晶粒尺寸 $D$ 可以描述为[15]：

$$D^n - D_0^n = Kt \tag{3-7}$$

式中    $D_0$——再结晶初始时的平均晶粒尺寸；

       $K$——与温度相关的参数；

       $n$——再结晶晶粒长大指数。

在实验中，由于 $D_0 \ll D$，则式（3-7）可以简化为：

$$D = (Kt)^{1/n} \tag{3-8}$$

对式（3-8）进行等式转换可得：

$$\ln D = \frac{1}{n}\ln K + \frac{1}{n}\ln t \tag{3-9}$$

将不同丝径 316L 不锈钢纤维在不同退火制度下的 D 值代入式（3-9）中，取对数再进行线性拟合，如图 3-25 所示，即可求得相应的 K、n 的值，见表 3-5。由此可得出不同丝径 316L 不锈钢纤维在不同退火温度下的晶粒长大方程，见表3-6。

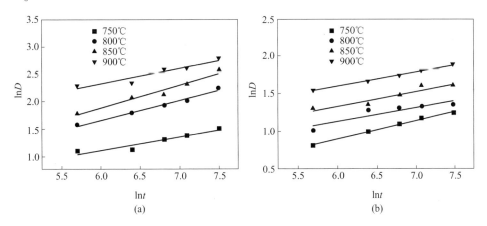

图 3-25　不同丝径 316L 不锈钢纤维再结晶晶粒尺寸与时间的对数关系

（a）20μm；（b）8μm

表 3-5　不同丝径 316L 不锈钢纤维在不同退火温度时的 K、1/n 值

| 温度/℃ | 20μm | | 8μm | |
| --- | --- | --- | --- | --- |
| | K | 1/n | K | 1/n |
| 750 | 0.2305 | 0.2452 | 0.1033 | 0.2398 |
| 800 | 0.2385 | 0.3627 | 1.0878 | 0.1846 |
| 850 | 0.2240 | 0.4172 | 2.1967 | 0.1958 |
| 900 | 9.0594 | 0.2826 | 10.5594 | 0.1903 |

表 3-6　不同丝径 316L 不锈钢纤维在不同退火温度时的晶粒长大方程

| 温度/℃ | 20μm | 8μm |
| --- | --- | --- |
| 750 | $D = (0.2305t)^{0.2452}$ | $D = (0.1033t)^{0.2398}$ |
| 800 | $D = (0.2385t)^{0.3627}$ | $D = (1.0878t)^{0.1846}$ |
| 850 | $D = (0.2240t)^{0.4172}$ | $D = (2.1967t)^{0.1958}$ |
| 900 | $D = (9.0594t)^{0.2826}$ | $D = (10.5594t)^{0.1903}$ |

B　再结晶晶粒长大激活能

再结晶晶粒长大激活能可以描述为[16]：

$$K = K_0 \exp\left(-\frac{Q}{RT}\right) \tag{3-10}$$

式中　$K_0$——与温度无关的参数；

　　　$T$——再结晶退火温度；

　　　$R$——气体常数。

对式（3-10）两边取对数可得：

$$\ln K = \ln K_0 + \left(-\frac{Q}{RT}\right) \tag{3-11}$$

将不同丝径 316L 不锈钢纤维在不同退火温度下的 $K$ 值代入式（3-11）中，取对数再进行线性拟合，如图 3-26 所示，即可求得不同丝径 316L 不锈钢纤维在退火温度为 750~900℃范围内的再结晶晶粒长大激活能分别为 $Q_{20\mu m} = 212 kJ/mol$、$Q_{8\mu m} = 292 kJ/mol$。

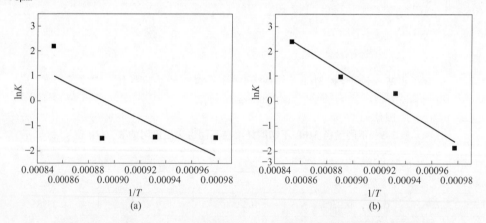

图 3-26　不同丝径 316L 不锈钢纤维再结晶晶粒长大激活能的线性拟合
(a) 20μm；(b) 8μm

### 3.2.3.4　丝径尺寸对金属纤维再结晶晶粒长大激活能的影响

与块体 316L 不锈钢相比[17]，316L 不锈钢纤维的再结晶晶粒长大激活能较大，实验获得的 8μm 丝径和 20μm 丝径纤维的再结晶晶粒长大激活能均为块体不锈钢的 4 倍以上，且 8μm 丝径纤维的再结晶晶粒长大激活能高于 20μm 丝径纤维的再结晶晶粒长大激活能。分析可知，对于微米级不锈钢纤维来说，试样尺寸以及织构对其再结晶晶粒长大激活能的影响较大。本节将针对第一个因素展开讨论，织构的影响将在 3.3 节中进行讨论。

根据文献 [18]，晶粒长大的驱动力 $P$ 可以采用式（3-12）进行描述：

$$P = \gamma_b \left( \frac{1}{R_1} + \frac{1}{R_2} \right) \tag{3-12}$$

式中　$\gamma_b$——界面能；

$R_1$，$R_2$——晶界的两个主曲率半径。

对于细纤维而言，由于纤维内部晶粒沿厚度方向排列，晶界只能沿一个方向弯曲，因而其再结晶晶粒长大驱动力将显著减小。此外，表面张力平衡使得晶界与自由表面交界处存在热开槽，也可以对晶界产生一定的钉扎作用。由热开槽引起的钉扎力可以用式（3-13）进行描述：

$$P_g = \frac{\gamma_b^2}{S\gamma_{sur}} \tag{3-13}$$

式中　$\gamma_{sur}$——表面能；

$\gamma_b$——界面能；

$S$——样品厚度。

因此，对于丝径尺寸相对较小的 8μm 纤维来说，由于其再结晶驱动力相对较低以及由热开槽带来的钉扎力较大，故其再结晶晶粒长大激活能大于 20μm 纤维的再结晶晶粒长大激活能。

### 3.2.3.5 高温烧结条件下金属纤维的晶粒异常生长及微波的作用

图 3-27 所示为 8μm 丝径 316L 不锈钢纤维毡在 1200℃下进行常规烧结和微波烧结后的金相组织照片。由图可知，与原始组织相比（见图 3-27(a)），纤维毡经 1200℃常规烧结处理 1h 后已形成了由粗大的晶粒及偶尔出现的小晶粒所组成的晶粒异常生长组织（见图 3-27(b)）；经保温 3h 后，可明显观察到粗大的竹节状晶粒及宽化的晶界（见图 3-27(c)）。与相同温度下的常规烧结相比，微波烧结条件下的晶粒生长明显加速，但由于加热时间较短，故未发生晶界的扭曲现象（见图 3-27(d)）；随着保温时间的延长，晶粒的异常生长和晶界的粗化现象也不明显（见图 3-27(e)）。

关于微波促进烧结过程的机理，目前主要有两种理论，即微波与物质作用的非热效应理论和局部热效应理论[19]。非热效应理论认为有质动力在微波烧结过程中起到了主要作用[20]，即电磁场促使带电粒子发生振动，对物质传输产生了额外的驱动力，从而导致晶粒的快速生长以及加速的化学反应等。而局部热效应主要是由于电场作用下晶界具有较高的非传导性损耗和晶界电阻从而产生的焦耳热[21]。局部热效应机制认为，微波烧结过程中的晶粒生长将被抑制而不是促进，这与实验观察到的 316L 不锈钢纤维毡在微波烧结初期晶粒加速生长的结果不一致（见图 3-27(d)），但随着保温时间的延长，其晶粒生长明显受到了抑制（见图 3-27(e)）。因此可以判断，316L 不锈钢纤维毡在微波烧结的不同阶段，其控制机理有所不同。随着烧结的进行，微波作用下所引起的额外的扩散逐渐从由电

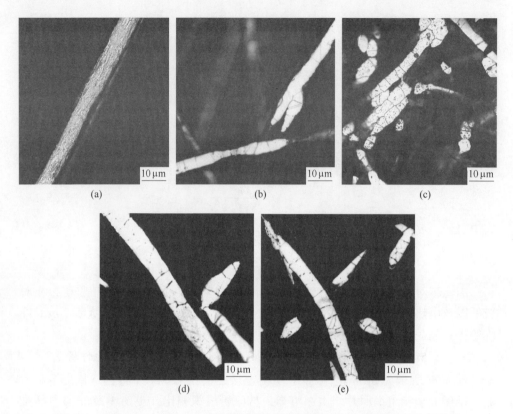

图 3-27 丝径为 8μm 的 316L 不锈钢纤维毡经常规烧结和微波烧结后的金相组织

(a) 烧结前；(b) 常规烧结，1200℃、1h；(c) 常规烧结，1200℃、3h；

(d) 微波烧结，1200℃、10min；(e) 微波烧结，1200℃、30min

磁激活驱动为主向由热激活驱动为主转化。

## 3.3 金属纤维再结晶晶界结构与织构演化

### 3.3.1 拉拔态金属纤维的晶界结构与织构

利用聚焦离子束（focused ion beam，FIB）方法沿纤维长度方向切割制备 EBSD 试样。图 3-28 所示为不同丝径拉拔态 316L 不锈钢纤维 EBSD 晶界与亚晶界形貌图，其中浅灰色细线代表小角度晶界、黑色粗线代表大角度晶界（以下各晶界图同）。从图中可以看出，拉拔态纤维的晶界结构主要由小角度晶界和大角度晶界组成。经不同道次拉拔及中间退火后，沿纤维长度方向拉长的原始晶界已经被破碎成不同的区域，故小角度晶界占据很大一部分比例。对比可知，8μm 丝径拉拔态纤维的大角度晶界含量要高于 20μm 丝径拉拔态纤维的大角度晶界含量，这主要与变形量的增加所导致的晶粒破碎有关。

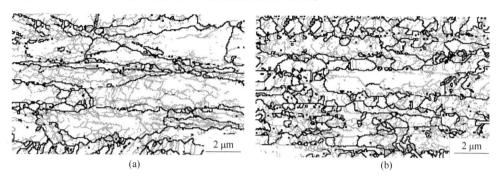

(a)　　　　　　　　　　　　(b)

图 3-28　不同丝径拉拔态 316L 不锈钢纤维晶界与亚晶界形貌图

（a）20μm；（b）8μm

图 3-29 所示为不同丝径拉拔态 316L 不锈钢纤维 CSL 晶界分布图。由图可知，不同丝径拉拔态纤维中的 Σ 晶界均以 Σ3 晶界为主，此外还有少量的 Σ11、Σ17b 等。8μm 丝径拉拔态纤维中的 Σ3 晶界频率明显高于 20μm 丝径拉拔态纤维。

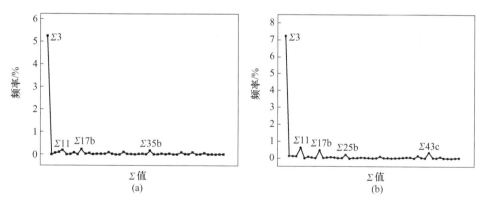

图 3-29　不同丝径拉拔态 316L 不锈钢纤维 CSL 晶界分布图

（a）20μm；（b）8μm

图 3-30 所示为不同丝径拉拔态 316L 不锈钢纤维在（100）面的反极图。由图可见，316L 不锈钢纤维的变形织构类型主要为<111>织构和<100>织构，这与面心立方金属经较大程度拉拔后所得到的织构类型相同。随着拉拔道次的增加，<100>丝织构强度显著增强，而<111>丝织构强度则有一定的减弱。由文献报道可知[5]，变形态低层错能面心立方金属中的<111>织构是一种相对稳定的取向，而<100>织构的强度随应变量的增加而增强，这与本书的实验结果基本相吻合。

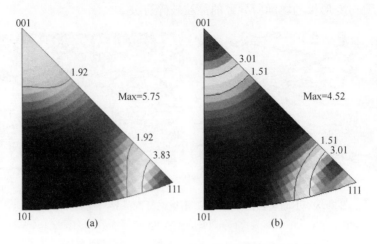

图 3-30　不同丝径拉拔态 316L 不锈钢纤维反极图

(a) 20μm；(b) 8μm

利用 FIB 方法沿纤维长度方向切割制备透射电镜试样。图 3-31 所示为 20μm 和 8μm 丝径拉拔态 316L 不锈钢纤维的透射电镜照片。由图可知，不同丝径拉拔态纤维中均存在高密度位错和孪晶，没有观察到明显的亚晶界。由于金属在严重变形条件下的应变协调机制与晶体结构和层错能密切相关，而 316L 不锈钢属于较低层错能的面心立方结构，因此在拉拔变形过程中位错交滑移相对困难，从而造成了局部应力的集中进而诱发了机械孪晶的形成。

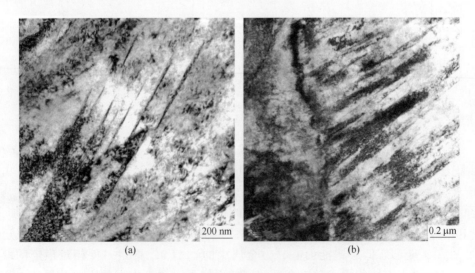

图 3-31　不同丝径拉拔态 316L 不锈钢纤维透射电镜照片

(a) 20μm；(b) 8μm

### 3.3.2　不同丝径金属纤维再结晶晶界结构演化

#### 3.3.2.1　20μm 丝径拉拔态纤维在退火过程中的晶界结构演化

图 3-32 所示为 20μm 丝径 316L 不锈钢纤维在 710~730℃保温 5min 时的晶界与亚晶界图，由此得到的不同退火状态下的大角度晶界（>15°）与小角度晶界（2°~15°）统计数据见表 3-7。由表可知，与拉拔态纤维（见图 3-28(a)）相比，20μm 纤维经 710℃退火 5min 后，小角度晶界含量有所增加（见图 3-32(a)）。随着退火温度的升高，大角度晶界含量开始逐渐增加（见图 3-32(b)）；当退火温度升高到 730℃时，大角度晶界含量增幅明显（见图 3-32(c)）。这说明在再结晶初期，亚晶界逐渐形成并向小角度晶界乃至大角度晶界发展，由于新生大角度晶界出现的频率小于原始大角度晶界分解的频率，因此小角度晶界相对频率有所增加。但随着再结晶的进行，新生大角度晶界逐渐成为主导。图 3-33 所示为不同退火状态下 20μm 丝径纤维的 CSL 晶界分布图。由图可知，经不同温度退火处理 5min 后，$\Sigma 3$ 晶界仍在 $\Sigma$ 晶界中占据主导位置。当退火温度从 710℃升高至 720℃时，$\Sigma 3$ 晶界频率有微量增加；当退火温度升高至 730℃，$\Sigma 3$ 晶界频率明显增加。$\Sigma 3$ 晶界在再结晶过程中可能参与到再结晶织构的形成及演化，此部分内容将在 3.3.3 节中结合织构结果进行分析。

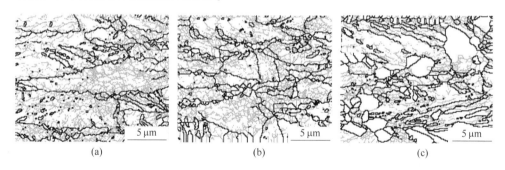

(a)　　　　　　　　　　(b)　　　　　　　　　　(c)

图 3-32　20μm 丝径 316L 不锈钢纤维在不同退火制度下的晶界与亚晶界图
(a) 710℃，5min；(b) 720℃，5min；(c) 730℃，5min

表 3-7　20μm 丝径 316L 不锈钢纤维在不同退火制度下的晶界统计数据

| 晶界相对频率 | 拉拔态 | 710℃，5min | 720℃，5min | 730℃，5min |
|---|---|---|---|---|
| 大角度晶界相对频率 | 0.37753 | 0.343153 | 0.369051 | 0.500262 |
| 小角度晶界相对频率 | 0.62247 | 0.656847 | 0.630949 | 0.499738 |

图 3-34 所示分别为 20μm 丝径 316L 不锈钢纤维经 800℃和 900℃不同保温时间退火后的晶界与亚晶界形貌图。由图可见，与拉拔态纤维（见图 3-28(a)）相比，经 800℃和 900℃退火处理后，316L 不锈钢纤维中的大角度晶界均占据主导，

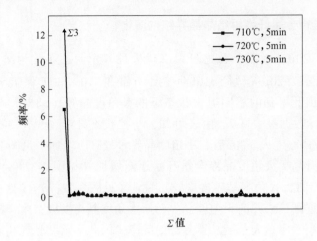

图 3-33 20μm 丝径 316L 不锈钢纤维在不同退火制度下的 CSL 晶界分布图

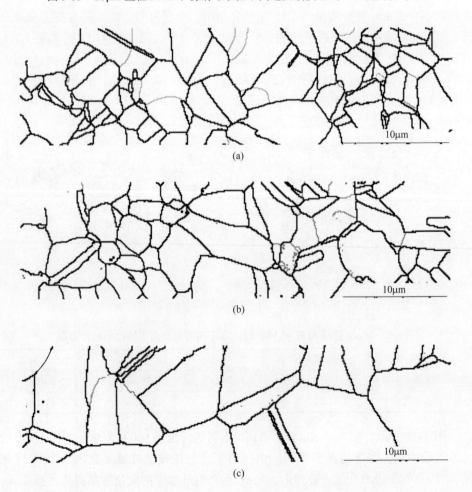

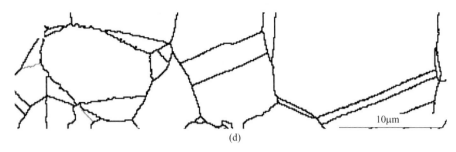

(d)

图 3-34　20μm 丝径 316L 不锈钢纤维在不同退火制度下的晶界与亚晶界图

(a) 800℃，10min；(b) 800℃，20min；(c) 900℃，10min；(d) 900℃，20min

小角度晶界含量很少。图 3-35 给出了 20μm 丝径 316L 不锈钢纤维在不同退火条件下的晶界取向差角分布及统计图。由图 3-35（a）可以看出，经高温退火处理后，<111>60°孪晶界在大角度晶界中占有相当的比例。结合图 3-35（b）的统计数据可知，经 800℃、10min 退火处理后，大角度晶界含量已接近 90%，说明大部分区域已发生了再结晶；随着保温时间的延长和退火温度的提高，大角度晶界含量均有一定程度的增加。而在 900℃ 退火温度下，当保温时间从 10min 延长至 20min 时，纤维中的小角度晶界含量略有增加。图 3-36 所示为不同高温退火条件下 20μm 丝径纤维的 $\Sigma3$ 晶界频率对比图。由图可知，随着退火温度的升高，$\Sigma3$ 晶界频率有所降低。在 800℃ 退火时延长保温时间，$\Sigma3$ 晶界频率仍呈现降低的趋势，但在 900℃ 退火时，$\Sigma3$ 晶界频率随着保温时间的延长而增大。

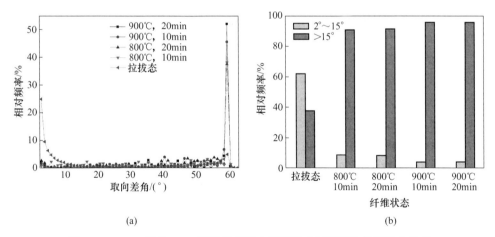

(a)　　　　　　　　　　　　　　　　(b)

图 3-35　20μm 丝径 316L 不锈钢纤维在不同退火制度下的晶界取向差角

分布图（a）和统计图（b）

### 3.3.2.2　8μm 丝径拉拔态纤维在退火过程中的晶界结构演化

图 3-37 所示为 8μm 丝径 316L 不锈钢纤维在 700℃ 和 730℃ 不同保温时间时

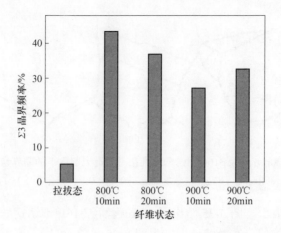

图 3-36  20μm 丝径 316L 不锈钢纤维在不同退火制度下的 Σ3 晶界频率对比图

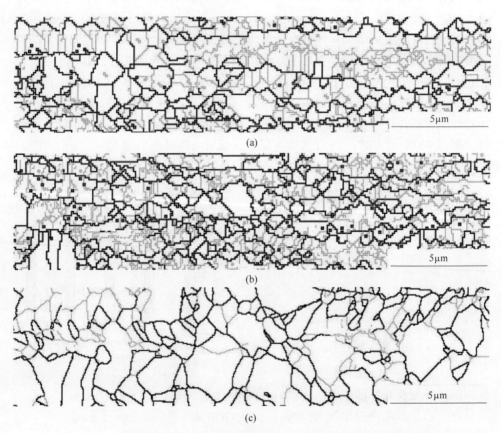

图 3-37  8μm 丝径 316L 不锈钢纤维在不同退火制度下的晶界与亚晶界图

(a) 700℃，5min；(b) 700℃，30min；(c) 730℃，5min

的晶界与亚晶界图，由此得到的不同退火状态下的大角度晶界与小角度晶界统计数据见表3-8。由表可知，与拉拔态纤维（见图3-28(b)）相比，8μm纤维经700℃退火5min后，大、小角度晶界的相对含量并无明显变化（见图3-37(a)）。当保温时间延长至30min，大角度晶界含量有一定程度地增加（见图3-37(b)）。这说明在再结晶初期，新生大角度晶界出现的频率与原始大角度晶界分解的频率基本持平，因此晶界相对频率变化不明显；但随着再结晶的进行，新生大角度晶界逐渐占优势。由图3-37还可以发现，温度对纤维再结晶形核的促进作用较大，当退火温度升高到730℃时，大角度晶界含量明显增加（见图3-37(c)）。图3-38所示为不同退火状态下8μm丝径纤维的CSL晶界分布图。由图可知，在8μm丝径退火态纤维中，Σ3晶界仍为主要的Σ晶界。当退火温度为700℃时，延长保温时间，Σ3晶界频率有所增加；当退火温度升高至730℃时，Σ3晶界频率明显增加。

表 3-8　8μm 丝径 316L 不锈钢纤维在不同退火制度下的晶界统计数据

| 晶界相对频率 | 拉拔态 | 700℃，5min | 700℃，30min | 730℃，5min |
|---|---|---|---|---|
| 大角度晶界相对频率 | 0.473588 | 0.473535 | 0.502475 | 0.733175 |
| 小角度晶界相对频率 | 0.526412 | 0.526465 | 0.497525 | 0.266825 |

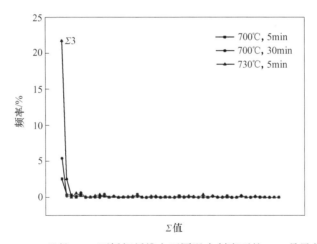

图 3-38　8μm 丝径 316L 不锈钢纤维在不同退火制度下的 CSL 晶界分布图

图 3-39 所示为 8μm 丝径 316L 不锈钢纤维经 800℃ 和 900℃ 不同保温时间退火后的晶界与亚晶界形貌图。图 3-40 给出了 8μm 丝径 316L 不锈钢纤维在不同退火条件下的晶界取向差角分布图和统计图。由图 3-39 和图 3-40 可以看出，8μm 丝径纤维经高温退火处理后，其晶界结构演化规律与 20μm 丝径纤维在相同退火制度下的演化规律基本一致，<111>60° 孪晶界在大角度晶界中仍占有很大的比例。只是在 900℃ 退火时，随着保温时间从 10min 延长至 20min，小角度晶界含

量有一定程度地增加。图 3-41 所示为不同高温退火条件下 8μm 丝径纤维的 Σ3 晶界频率对比图。由图可知，在 800℃ 退火时延长保温时间，Σ3 晶界频率呈现增加的趋势；但在 900℃ 退火时延长保温时间，Σ3 晶界频率呈下降的趋势。

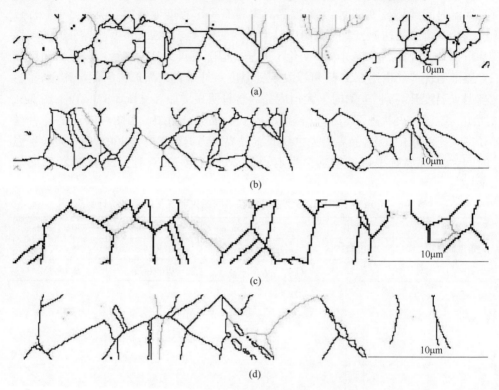

图 3-39 8μm 丝径 316L 不锈钢纤维在不同退火制度下的晶界与亚晶界图

（a）800℃，10min；（b）800℃，20min；（c）900℃，10min；（d）900℃，20min

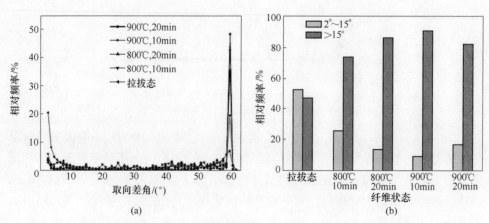

图 3-40 8μm 丝径 316L 不锈钢纤维在不同退火制度下的晶界取向
差角分布图（a）和统计图（b）

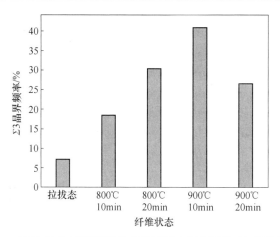

图 3-41 8μm 丝径 316L 不锈钢纤维在不同退火制度下的 Σ3 晶界频率对比图

### 3.3.3 不同丝径金属纤维再结晶织构演化

#### 3.3.3.1 20μm 丝径拉拔态纤维在退火过程中的织构演化

图 3-42 所示分别为 20μm 丝径 316L 不锈钢纤维在 710~730℃保温 5min 时其（100）面的反极图。由图可知，与拉拔态相比（见图 3-30（a）），20μm 纤维在再结晶形核初期，<111>织构显著增强，而<100>织构强度有所减小（见图 3-42（a））。随着退火温度的升高，<100>织构组分有所增强，<111>织构强度明显减弱，总的织构强度减弱。<100>织构强度随温度的变化规律与大角度晶界随温度的变化趋势一致。分析可知，随着再结晶的形核和再结晶体积分数的增加，原始的变形织构逐渐实现了向再结晶织构的转化。316L 不锈钢纤维在再结晶过程中基本形成了与原织构一致的再结晶织构，这符合再结晶织构的定向形核理论；而<100>织构组分的增强源于<111>变形织构向<100>再结晶织构的转变。

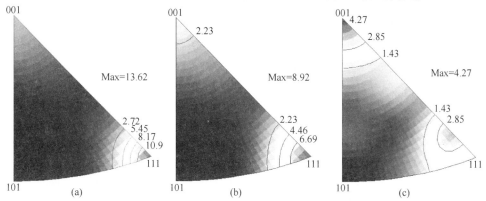

图 3-42 20μm 丝径 316L 不锈钢纤维在不同退火制度下的反极图

（a）710℃，5min；（b）720℃，5min；（c）730℃，5min

图 3-43 所示分别为 20μm 丝径 316L 不锈钢纤维经 800℃和 900℃不同保温时间退火后（100）面的反极图。由图可见，与拉拔态相比（见图 3-30（a）），20μm 纤维经 800℃退火处理 10min 后，<100>织构强度基本保持不变，而<111>织构强度有所减弱，纤维中总的织构强度减弱（见图 3-43（a）），这说明在此高温退火条件下，已基本实现了变形织构向再结晶织构的转化。随着再结晶过程的进行，<100>和<111>取向的再结晶晶核均可快速增长，但<100>取向晶粒表现出较高的生长速度。故随着保温时间的延长，<100>织构强度有一定程度地增加，而<111>织构强度变化不大（见图 3-43（b））。纤维经 900℃、10min 退火后，<111>织构强度又有所增加（见图 3-43（c）），该变化与晶粒生长过程中的晶界特征有关。据报道[22]，如果<111>倾转晶界的可动性大于<100>倾转晶界，相邻的<111>晶粒的生长速度将大于相邻的<100>晶粒的生长速率，从而导致相应的织构强度的变化。随着保温时间的继续延长，纤维内部形成了近乎单一的<111>织构组分，织构强度基本保持不变（见图 3-43（d））。

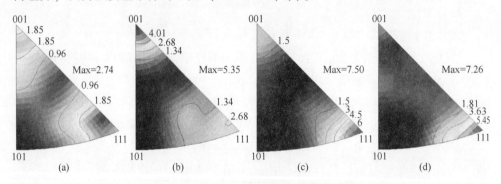

图 3-43　20μm 丝径 316L 不锈钢纤维在不同退火制度下的反极图

(a) 800℃，10min；(b) 800℃，20min；(c) 900℃，10min；(d) 900℃，20min

结合图 3-36 还可以发现，随着退火温度的升高和保温时间的延长，20μm 丝径纤维中<111>织构强度的变化趋势（见图 3-43）与 Σ3 晶界频率的变化趋势相反。文献［23］曾报道，高频率的 Σ3 晶界可为<111>晶粒和<100>晶粒的生长提供条件。通过消耗再结晶过程中形成的 Σ3 晶界，<111>取向和<100>取向得以发展。因此可以推断，在 20μm 丝径退火态纤维中，<111>倾转晶界的高可动性使其在再结晶过程以较快的速度生长，Σ3 晶界被逐渐消耗，从而表现出与<111>织构强度相反的变化趋势。

### 3.3.3.2　8μm 丝径拉拔态纤维在退火过程中的织构演化

图 3-44 所示分别为 8μm 丝径 316L 不锈钢纤维在 700℃和 730℃不同保温时间时（100）面的反极图。由图可知，与拉拔态相比（见图 3-30（b）），8μm 纤维经 700℃退火处理 5min 后，<100>织构显著增强。随着保温时间的延长，

<111>织构组分有所增强，但总的织构强度减弱，这说明纤维中<100>和<111>取向的再结晶晶核在再结晶过程中发生了竞争生长。当退火温度升高至730℃时，8μm 纤维中形成了较强的单一<100>织构组分，这与 20μm 纤维再结晶初期时的主要织构类型相似，此时总的织构强度也明显提高。

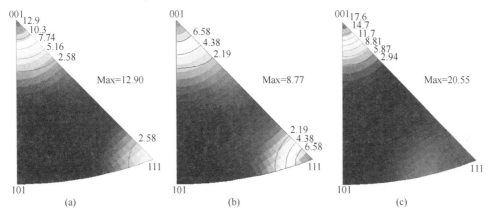

图 3-44 8μm 丝径 316L 不锈钢纤维在不同退火制度下的反极图
（a）700℃，5min；（b）700℃，30min；（c）730℃，5min

图 3-45 所示分别为 8μm 丝径 316L 不锈钢纤维经 800℃和 900℃不同保温时间退火后（100）面的反极图。由图可见，与拉拔态相比（见图 3-30（b）），8μm 纤维经 800℃退火处理 10min 后，纤维中也形成了近乎单一的<100>织构组分（见图 3-45（a））。这说明 8μm 纤维中的变形织构在此高温退火条件下已基本转变为再结晶织构。随着退火温度的升高或者保温时间的延长，<100>织构强度有明显的增加（见图 3-45（b）、（c）），而<111>织构强度有微小增加。纤维经 900℃退火 20min 后，<100>织构强度基本保持不变，但<111>织构强度有小幅度地增加（见图 3-45（d））。织构的存在对再结晶晶粒的生长起到重要，此部分内容将在 3.3.4 节中进行详细论述。

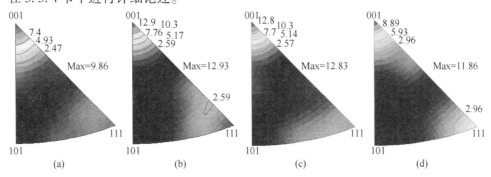

图 3-45 8μm 丝径 316L 不锈钢纤维在不同退火制度下的反极图
（a）800℃，10min；（b）800℃，20min；（c）900℃，10min；（d）900℃，20min

结合图 3-29（b）和图 3-38 还可以发现，8μm 丝径纤维在 700℃ 退火后其<100>织构强度的变化趋势（见图 3-44）与 Σ3 晶界频率的变化趋势相反。而在 800℃ 和 900℃ 退火时，随着保温时间的延长，<100>织构强度的变化趋势（见图 3-45）与 Σ3 晶界频率的变化趋势（见图 3-41）相同。因此可以推断，在 8μm 纤维再结晶初期，<100>取向晶粒的演化与 Σ3 晶界的演化密切相关；而随着退火温度的升高，<100>织构的演化与 Σ3 晶界的演化不存在明显的相关性。

### 3.3.4 表面与织构对金属纤维晶粒异常生长的影响

对于微米级 316L 不锈钢纤维材料来说，其晶粒异常长大的发生主要与表面和织构的影响有关。分析可知，表面对于 316L 不锈钢纤维的晶粒异常长大起到至关重要的作用。随着退火温度的升高和保温时间的延长，纤维中的再结晶晶粒逐渐长大，在纤维的各种界面中，表面积所占的比例也逐渐增大。因此表面能的减小会控制晶粒的生长过程，表面能小的晶粒可以长大，而表面能较高的晶粒将被吞噬，从而形成晶粒异常长大现象[11]。对于薄膜材料来说，其晶粒异常长大的速率与材料的厚度呈反比[7]。因此，在相同的退火温度下，8μm 丝径 316L 不锈钢纤维（见图 3-23）呈现晶粒异常长大特征的时间要明显早于 20μm 丝径 316L 不锈钢纤维（见图 3-19）。

织构的存在对 316L 不锈钢纤维的晶粒异常长大也存在着一定的影响。不同丝径拉拔态 316L 不锈钢纤维的织构类型均属于典型的拉拔态面心立方金属织构类型，即<111>及<100>织构。经不同制度退火处理后，316L 不锈钢纤维中仍存在一定含量的织构，这与文献［24］的报道相符合。在一定的退火条件下，纤维中的<111>或<100>再结晶织构强度显著提高。当<111>或<100>织构吞噬强度较弱的另一类取向晶粒并占据主导地位后，该取向晶粒会相互接触并形成不易迁移的小角度晶界。在 750～900℃ 的高温退火条件下，8μm 丝径纤维中的小角度晶界相对含量（见图 3-40(b)）均高于相同退火制度下 20μm 丝径纤维中的小角度晶界相对含量（见图 3-35(b)），其相应的织构强度也均明显高于相同退火制度下 20μm 丝径纤维的织构强度（见图 3-43 和图 3-45）。这一结果从侧面验证了织构的存在将导致小角度晶界含量的增加。如果假设晶界是半径为 $R$ 的圆的一部分，并且其值与平均半径成比例，晶粒长大的驱动力 $P$ 也可以用式（3-14）来表示[7]：

$$P = \frac{\alpha\gamma_b}{\overline{R}} \tag{3-14}$$

式中　$\overline{R}$——单晶的平均半径；

　　　$\alpha$——常数。

晶界能 $\gamma_b$ 可以用式（3-15）表示：

$$\gamma_b = \gamma_0 \theta (A - \ln\theta) \tag{3-15}$$

式中　$\gamma_0$——位错胞半径；

　　　$A$——常数；

　　　$\theta$——错排角。

当小角度晶界含量增加时，晶界能 $\gamma_b$ 将降低。因此，织构的存在会促使错排角降低，进而使再结晶驱动力下降，再结晶晶粒长大激活能也相应增加。由于纤维中强织构取向晶粒的生长速度逐渐变缓，而另一类织构组分内的少数剩余晶粒由于晶界取向差较大，可能通过大角度晶界的迁移而迅速长大，进而形成异常长大晶粒。因此，在900℃退火温度下，8μm 丝径纤维中小角度晶界含量的明显增加将对晶粒的异常长大产生一定的促进作用（见图3-23(d) 和3-40(b)）。

# 参 考 文 献

[1] Snow D B. The recrystallization of heavily-drawn doped tungsten wire [J]. Metallurgical Transaction A, 1976, 7 (6): 783~794.

[2] Cho J H, Cho J S, Moon J T, et al. Recrystallization and grain growth of cold-drawn gold bonding wire [J]. Metallurgical and Materials Transaction A, 2003, 34 (5): 1113~1125.

[3] Almanstötter J, Rühle M. Grain growth phenomena in tungsten wire [J]. International Journal of Refractory Metals and Hard Materials, 1997, 15 (5): 295~300.

[4] Park H, Lee D N. The evolution of annealing textures in 90pct drawn copper wire [J]. Metallurgical and Materials Transaction A, 2003, 34 (3): 531~541.

[5] Shin H J, Jeong H T, Lee D N. Deformation and annealing textures of silver wire [J]. Materials Science and Engineering A, 2000, 279 (2): 244~253.

[6] 郑子樵. 材料科学基础 [M]. 长沙：中南大学出版社，2005.

[7] Humphreys F J, Hatherly M. Recrystallization and Related Annealing Phenomena [M]. The Second Edition. Holland：Elsevier, 2004.

[8] 毛为民，赵新兵. 金属的再结晶与晶粒长大 [M]. 北京：冶金工业出版社，1994.

[9] 侯增寿，卢光熙. 金属学原理 [M]. 上海：上海科学技术出版社，1989.

[10] 崔忠圻. 金属学与热处理 [M]. 北京：机械工业出版社，2001.

[11] 毛为民. 金属材料的晶体学织构与各向异性 [M]. 北京：科学出版社，2002.

[12] 杨平. 电子背散射衍射技术及其应用 [M]. 北京：冶金工业出版社，2007.

[13] 刘庆. 电子背散射衍射技术及其在材料科学中的应用 [J]. 中国体视学与图像分析，2005, 10 (4): 205~210.

[14] Shyr T W, Shie J W, Huang S J, et al. Phase transformation of 316L stainless steel from wire to fiber [J]. Materials Chemistry Physics, 2010, 122 (1): 273~277.

[15] Gottstein G. Physical Foundations of Materials Science [M]. Heidelberg Berlin：Springer-Ver-

lag, 2004.

[16] Hillert M. On the theory of normal and abnormal grain growth [J]. Acta Metallurgica, 1965, 13 (3): 227~238.

[17] Kashyap B P, Tangri K. Grain growth behavior of type 316L stainless steel [J]. Material Science and Engineering A, 1992, 149 (2): 13~16.

[18] Burke J E. Some factors affecting the rate of grain growth in metals [J]. Transaction of American Institute of Mining, Metallurgical, and Petroleum Engineers, 1949, 180 (2): 73~91.

[19] Zuo F, Saunier S, Marinel S, et al. Investigation of the mechanism(s) controlling microwave sintering of α-alumina: Influence of the powder parameters on the grain growth, thermo dynamics and densification kinetics [J]. Journal of the European Ceramic Society, 2015, 35 (3): 959~970.

[20] Rybakov K I, Olevsky E A, Krikun E V. Microwave sintering: fundamentals and modeling [J]. Journal of the American Ceramic Society, 2013, 96 (4): 1003~1020.

[21] Raj R, Cologna M, Francis J S C. Influence of externally imposed and internally generated electrical fields on grain growth, diffusional creep, sintering and related phenomena in ceramics [J]. Journal of the American Ceramic Society, 2011, 94 (7): 1941~1965.

[22] Cho J H, Rollett A D, Cho J S, et al. Investigation of recrystallization and grain growth of copper and gold bonding wires [J]. Metallurgical and Materials Transaction A, 2006, 37 (10): 3085~3097.

[23] Chowdhury S G, Das S, Ravikumar B, et al. Twinning-induced sluggish evolution of texture during recrystallization in AISI 316L stainless steel after cold rolling [J]. Metallurgical and Materials Transaction A, 2006, 37 (8): 2349~2359.

[24] Beck P A, Kremer J C, Demer L J, et al. Grain growth in high-purity aluminum and in an aluminum-magnesium alloy [J]. Transaction of the Institution of Mining and Metallurgy: English, 1948, 175 (21): 372~400.

# 4 金属纤维多孔材料的烧结

烧结是制备金属纤维多孔材料的关键过程。烧结过程中形成的冶金结合的结点保证了金属纤维多孔材料孔结构的稳定性和材料的刚性。金属纤维多孔材料的烧结通常采用固相烧结,对于不锈钢纤维来说,烧结过程基本不发生相变,可以认为是单相固态烧结体系,类似于金属粉末单相固态烧结过程。在金属粉末烧结体系中,粉末巨大的比表面积(如 $5\mu m$ 羰基铁粉的比表面积为 $1.538 \times 10^5 \, m^2/g$)存在的表面能、粉末颗粒晶格畸变存在的晶界能以及空位、位错等缺陷引起的体系自由能等体系过剩自由能的降低是烧结进行的驱动力。在金属粉末多孔材料烧结时,通常只希望表面扩散机制起作用,抑制体积扩散和晶界扩散机制以避免致密化,而金属纤维多孔材料的比表面积比粉末低得多(大约每克几平方米),烧结时物质迁移方式和迁移速率与粉末烧结体系存在明显的不同。

早在 20 世纪 60 年代,A. L. Pranatis[1] 研究了金属纤维的烧结机制,指出金属纤维烧结结点的形成由表面扩散和体积扩散综合作用控制。M. Y. Balshin[2] 的研究发现金属纤维毛坯体内的弹性应变能强烈影响烧结收缩过程。俄罗斯的 A. G. Kostornov[3~8] 系统研究了不同材质、不同丝径金属纤维的烧结过程,发现将金属纤维压制成形后烧结时出现沿压力方向先膨胀后收缩的现象,20 世纪 80 年代,他借助粉末烧结的黏性流动理论对金属纤维的烧结机制进行了初步研究,并根据表面张力作用下的黏性流动模型,计算得出金属纤维有着比金属粉末高得多的表观黏度,孔隙率为 50% 时是金属粉末的 1.62 倍,孔隙率为 80% 时是金属粉末的 3.31 倍,推算出的致密化速度是金属粉末的1/8。除以上几个初步的研究外,关于金属纤维多孔材料烧结机制研究的报道很少,因此有必要开展系统深入的研究,揭示烧结结点的形成与晶粒尺寸的演化规律,有效控制金属纤维多孔材料的孔结构。

## 4.1 粉末固相烧结理论及基本研究方法

粉末冶金技术是先进工程材料——新金属材料、精细陶瓷以及金属基与陶瓷基复合材料研制、开发和生产所不可缺少的技术手段。而烧结是该技术中一个极其重要的工艺环节。从本质上来讲,粉末或颗粒的烧结过程是多因素(粉末粒度、纯度、气氛、压力、烧结温度、保温时间)影响下的化学、物理、物理冶金以及物理化学过程，大量新材料开发研究的经验表明，对烧结过程没有深刻的理论认知就不可能控制该过程的进行和发展。因此，自20世纪30年代以来，前人便不断试图揭示该过程的物理本质，建立烧结过程的热力学和动力学理论。在长达半个多世纪的努力之中，已经取得了许多重要的理论成果。

第二次世界大战前后十年间（1935~1946年）便从科学的角度对烧结进行研究，第二次世界大战结束后不久出现了烧结理论研究的第一次飞跃。1945年，苏联科学家J. Frenkel在《晶体中的黏性流动》[9]一文中第一次把复杂的颗粒系统简化为两球模型，分析了晶体颗粒的黏性流动，导出了烧结颈长大速率的动力学方程；在《关于晶体颗粒表面蠕变与晶体表面天然粗糙度》[10]一文中考虑了颗粒表面原子的迁移问题，强调了物质向颗粒接触区迁移和靠近接触颈的体积变形在烧结过程中同时起重要作用的观点。G. C. Kuczynski在《金属颗粒烧结过程的自扩散》[11]一文中运用球-板模型，建立了烧结初期烧结颈长大过程中体积扩散、表面扩散、晶界扩散、蒸发-凝聚的微观物质迁移机制，奠定了第一个层面上的烧结扩散理论的基础。针对烧结中后期，R. L. Coble假设晶粒为正十四面体结构，提出了扩散烧结模型[12]。依据晶界扩散方程，推导出气孔与时间成对数的线性演化关系，使烧结理论从物质迁移扩展到以Coble为代表的致密化理论。

烧结理论的第二次飞跃认为是起始于1971年左右。这个时期烧结理论是纵向深入的，许多学者提出了新的概念。Samsonov用价电子稳定组态模型解释活化烧结现象。针对Coble模型的不足，G. C. Kuczynski进一步考虑气孔率、晶粒和气孔尺寸之间的相互关系，应用统计方法，建立了气孔率和时间对数的幂指数关系[13]。M. F. Ashby提出了烧结图和热压、热等静压烧结下的蠕变模型。采用烧结图确定了不同烧结阶段、不同烧结温度下的烧结机制。同时考虑了颗粒重排，表面扩散和晶界扩散相互共同作用，用烧结颈半径或者相对密度作为图的一个轴，相对温度作为另外一个轴来显示并表征特定材料的烧结行为[14,15]。M. F. Ashby总结了部分材料在不同条件下的烧结势能、致密化速率的关系式和烧结图。烧结过程中，气孔演化、迁移和收缩消失，最终决定了材料的缺陷分布和致密度。颗粒相互黏结后发生晶粒生长的过程是烧结中重要的演化过程，对认识和控制晶粒生长也有着重要的意义。

烧结理论的最初研究是从单元模型（球-球、球-板）的无约束烧结开始的。认为物质迁移的原动力是烧结过程中系统表面能的降低，粉末越细，压坯具有的表面能越大，烧结的原动力就越大。根据物质迁移的路径不同，物质迁移机制主要有黏性流动、表面扩散、体积扩散、晶界扩散、蒸发-凝聚5种机制，其中产生致密化的机制有黏性流动、体积扩散和晶界扩散机制。

图4-1所示是粉末烧结的双球模型示意图，两球的半径相等且为$a$，由于烧

结形成的接触颈部的半径为 $x$，假设烧结颈外侧面为与两球相切的圆弧，其半径为 $\rho$。

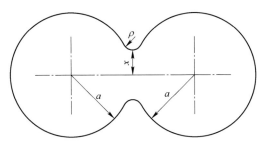

图 4-1　粉末烧结的双球模型示意图

$x$—烧结颈半径；$\rho$—烧结颈颈曲率半径；$a$—粉末颗粒半径

J. Frenkel[16]认为烧结颈处的表面张力使物质发生黏性流动，得出此机制作用下的颈长方程为：

$$\left(\frac{x}{a}\right)^2 = K \times \frac{\gamma a}{\eta} \times t \tag{4-1}$$

W. D. Kingery 和 M. Berg[17]导出了蒸发凝聚机制控制的颈长方程：

$$\left(\frac{x}{a}\right)^3 = \frac{3\pi M \gamma_{sv} \left[ M/(2\pi RT) \right]^{1/2}}{d^2 RT} \times \frac{p_0}{a^2} \times t \tag{4-2}$$

G. C. Kuczynski[11]最先对表面扩散机制控制下的颈长方程进行了推导，结果如式（4-3）所示：

$$\left(\frac{x}{a}\right)^7 = \frac{56\gamma\delta^4}{kT} \times \frac{D_s}{a^4} \times t \tag{4-3}$$

D. L. Johnson 等人[18]推导了晶界扩散机制作用下的颈长方程，如式（4-4）所示：

$$\left(\frac{x}{a}\right)^6 = \frac{96\gamma_{sv}\Omega W}{kT} \times \frac{D_{gb}}{a^4} \times t \tag{4-4}$$

T. L. Wilson 和 P. G. Shewmon[19]给出了体积扩散机制作用下的颈长方程表达式：

$$\left(\frac{x}{a}\right)^5 = \frac{40\gamma\Omega}{kT} \times \frac{D_V}{a^3} \times t \tag{4-5}$$

G. C. Kuczynski 把上述颈长方程归纳为同一个形式：

$$\left(\frac{x}{a}\right)^n = \frac{F(T)}{a^m}t \tag{4-6}$$

指数 $n$、$m$ 与相应物质迁移机制的对应关系见表 4-1。通过作出 $\ln(x/a)$ 对

ln$t$ 的曲线（即 Arrhenius 曲线），斜率的倒数即为 $n$，并由此可判断烧结颈颈长阶段的物质迁移机制。

**表 4-1  指数 $n$ 和 $m$ 与相应的物质迁移机制**

| $m$ | $n$ | 物质迁移机制 |
| --- | --- | --- |
| 1 | 2 | 塑性流动机制 |
| 2 | 3 | 蒸发凝聚机制 |
| 3 | 5 | 体积扩散机制 |
| 4 | 6 | 晶界扩散机制 |
| 4 | 7 | 表面扩散机制 |

表 4-2 列出了式（4-1）~式（4-6）中各物理量的含义。

**表 4-2  式（4-1）~式（4-6）中各物理量的含义**

| 物理量 | 含  义 | 物理量 | 含  义 |
| --- | --- | --- | --- |
| $a$ | 颗粒半径 | $x$ | 接触颈部的半径 |
| $\gamma$ | 表面张力 | $\eta$ | 黏性系数 |
| $t$ | 烧结时间 | $d$ | 颗粒密度 |
| $M$ | 分子质量 | $\gamma_{sv}$ | 表面能 |
| $p_0$ | 表面的平衡蒸气压 | $\delta$ | 晶格常数 |
| $R$ | 气体常数 | $T$ | 绝对温度 |
| $D_s$ | 表面扩散系数 | $\Omega$ | 原子体积 |
| $W$ | 晶界厚度 | $D_{gb}$ | 晶界扩散系数 |
| $D_V$ | 体积扩散系数 | $F(T)$ | 绝对温度 $T$ 的函数 |
| $m$ | 系数 | $n$ | 颈长指数 |

式（4-1）~式（4-6）推导过程的共同特点是认为物质的迁移处于稳定状态，任何一点物质（空位或点阵原子）的浓度均为平衡浓度，并对扩散几何模型和颈部轮廓进行了简化。尽管如此，这 5 种机制描述了烧结过程中物质迁移的基本过程，这些模型建立的基本思想和研究方法已成为现代研究烧结过程的基础。

## 4.2  金属纤维烧结的几何模型

粉末烧结理论是基于双球模型（见图 4-1）建立的，金属纤维多孔材料的烧结发生在具有随机排布的纤维杆之间，如图 4-2 所示，因此双球模型不再适用于纤维多孔材料的烧结。

基于双球模型并引入纤维之间的夹角，我们建立了金属纤维多孔材料烧结的几何模型，如图 4-3 所示[20]。

图 4-2 烧结 316L 不锈钢纤维多孔材料微观组织（纤维丝径为 60μm）

（a）全局图；（b）纤维夹角为 30°；（c）纤维夹角为 45°；（d）纤维夹角为 90°

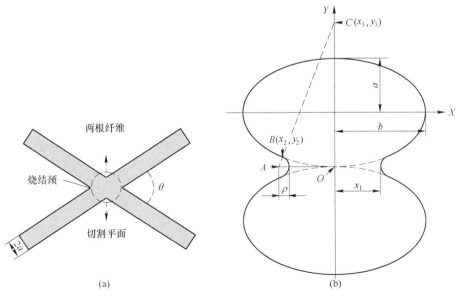

（a）

图 4-3 简化的金属纤维烧结几何模型

（a）俯视图；（b）沿纤维钝角平分线的剖面图

$\theta$—纤维夹角；$x_1$—烧结颈半径；$\rho$—烧结颈曲率半径；

$a$—剖面图中椭圆短轴的长度；$b$—剖面图中椭圆长轴的长度

　　粉末烧结颈的形成与长大过程与材料常数、烧结温度、保温时间有关。对于金属纤维多孔材料而言，其烧结颈的形成与长大过程还应考虑纤维夹角的影响。为了统一，纤维夹角定义为两根纤维之间的锐角，所定义的纤维夹角 $\theta$ 从 $0°$ 到 $90°$ 变化可以描述所有的夹角状态。沿纤维钝角平分线的剖面图是两个椭圆，如图 4-3 (b) 所示，烧结颈直径 $2x$ 定义为烧结颈的最短截线，椭圆的短轴长为 $a$，长轴长 $b = a/(\cos\theta/2)$。图 4-3 (b) 中坐标系下的椭圆方程可表示为：

$$\frac{x^2}{a^2/\cos^2(\theta/2)} + \frac{y^2}{a^2} = 1 \tag{4-7}$$

式中　$a$——纤维半径；

　　　　$\theta$——纤维之间的夹角。

　　根据图 4-3 (b) 中的几何关系可以推导出两根金属纤维在烧结初期烧结颈的颈曲率半径 $\rho = x^2\cos^2(\theta/2)/2a$，具体推导过程如下。

　　如图 4-3 (b) 所示，将 $x_2 \approx -x_1$（$x_1$ 即为烧结颈半径，$x_1 = x$）代入式 (4-7) 中可得：

$$y_2 = -\sqrt{a^2 - x_1^2\cos^2(\theta/2)} \tag{4-8}$$

过椭圆上 $B$ 点的切线的斜率为：

$$k = -\frac{x_2 a^2}{y_2 b^2} = -\frac{x_1\cos^2(\theta/2)}{\sqrt{a^2 - x_1^2\cos^2(\theta/2)}} \tag{4-9}$$

过椭圆上 $B$ 点的垂线的斜率为：

$$k' = -\frac{1}{k} = \frac{\sqrt{a^2 - x_1^2\cos^2(\theta/2)}}{x_1\cos^2(\theta/2)} \tag{4-10}$$

过椭圆上 $B$ 点的垂线方程为：

$$k' = \frac{y + \sqrt{a^2 - x_1^2\cos^2(\theta/2)}}{x + x_1} \tag{4-11}$$

垂线方程式 (4-11) 在 $Y$ 轴上的截距为：

$$y_3 = \sqrt{a^2 - x_1^2\cos^2(\theta/2)}\left(\frac{1}{\cos^2(\theta/2)} - 1\right) \tag{4-12}$$

在直角三角形 $OAC$ 中（见图 4-3(b)），由勾股定律可得以下关系：

$$(\rho + x_1)^2 + (a + y_3)^2 = (\rho + a + y_3)^2 \tag{4-13}$$

$$\rho = \frac{x_1^2}{2(a + y_3 - x_1)}$$

$$= \frac{x_1^2}{2\left[(a - x_1) + \sqrt{a^2 - x_1^2\cos^2(\theta/2)}\left(\dfrac{1}{\cos^2(\theta/2)} - 1\right)\right]}$$

$$= \frac{x_1}{2\left[\left(\dfrac{a}{x_1} - 1\right) + \sqrt{\left(\dfrac{a}{x_1}\right)^2 - \cos^2(\theta/2)}\left(\dfrac{1}{\cos^2(\theta/2)} - 1\right)\right]} \tag{4-14}$$

在烧结初期，$x_1 \ll a$，因此式（4-14）变为：

$$\rho = \frac{x_1}{2\left[\dfrac{a}{x_1} + \dfrac{a}{x_1}\left(\dfrac{1}{\cos^2(\theta/2)} - 1\right)\right]} = \frac{x_1}{2a/[\,x_1\cos^2(\theta/2)\,]} = \frac{x_1^2\cos^2(\theta/2)}{2a}$$

$$(4\text{-}15)$$

## 4.3 不同扩散机制作用下的烧结颈颈长方程

常规纤维烧结毡的制备方法为：首先根据设计好的孔隙率叠制毛毡；然后真空或者气氛保护烧结使纤维搭接处形成冶金焊接点从而形成一个整体结构，保持一定的孔隙度和孔径形状；最后用压机将烧结好的样品压制到设计的厚度。在无外加压力情况下，系统表面自由能的降低是纤维烧结过程进行的驱动力。纤维烧结颈颈长的根本原因是在颈部附近出现了空位浓度梯度驱动下的由"源"流向"阱"的空位流动。空位浓度梯度的产生在于作用在弯曲烧结颈颈部的本征Laplace拉应力有效降低了颈部凹表面区域空位的形成能，从而使颈部凹表面区域的空位平衡浓度远大于纤维中心区域的平衡空位浓度。因为有空位浓度差的存在，在适当距离的空位源与纤维中心区域的空位阱之间就会建立起空位梯度的空位流动，同时反向流动的原子扩散至烧结颈的颈部表面，从而导致烧结颈的长大。

因此，金属纤维烧结颈颈长方程的建立均是基于空位浓度梯度驱动下的扩散机制，并未考虑外界压力的影响。下面将介绍体积扩散、表面扩散、晶界扩散、Nabarro-Herring 体积扩散蠕变以及塑性流动机制作用下烧结颈颈长方程的推导过程，其中的菲克扩散方程及库伯方程均参考粉末烧结颈颈长方程的推导过程。

### 4.3.1 基于体积扩散机制的烧结颈颈长方程

#### 4.3.1.1 未发生体积收缩

由菲克扩散第一定律可知，单位时间内颈部空位数量的变化率为[21]：

$$J = D_v' \nabla C_v = D_v' \Delta C_v/\rho \tag{4-16}$$

式中　$J$——单位时间内通过单位面积从烧结颈表面到纤维骨架表面的空位数量；

　　　$D_v'$——空位的自扩散系数；

　　　$\nabla C_v$——烧结颈表面与纤维骨架表面的空位浓度梯度；

　　　$\Delta C_v$——烧结颈表面与纤维骨架表面的空位浓度差，其推导过程详见文献[21]，在此不再赘述。

单位时间内颈部空位体积的变化率 $dV/dt$ 为：

$$\frac{\mathrm{d}V}{\mathrm{d}t} = J_v A \Omega \tag{4-17}$$

将式（4-16）代入式（4-17）中可得：

$$\frac{\mathrm{d}V}{\mathrm{d}t} = \frac{A \Omega D_v' \Delta C_v}{\rho} \tag{4-18}$$

其中

$$D_v' = \frac{D_v}{C_v^0 \Omega} \tag{4-19}$$

$$\frac{\Delta C_v}{\rho} = C_v^0 \frac{\gamma \Omega}{kT\rho^2} \tag{4-20}$$

$$A = (2\pi x)(2\rho) = \frac{2\pi x^3 \cos^2(\theta/2)}{a} \tag{4-21}$$

$$V = \pi x^2 \rho = \frac{\pi x^4 \cos^2(\theta/2)}{2a} \tag{4-22}$$

$$\mathrm{d}V = \frac{2\pi x^3 \cos^2(\theta/2)}{a} \mathrm{d}x \tag{4-23}$$

式中 $A$——烧结颈颈部的表面积；

$\quad\Omega$——原子体积；

$\quad D_v$——空位扩散系数；

$\quad C_v^0$——平衡状态下的空位浓度；

$\quad\gamma$——表面能；

$\quad T$——绝对温度；

$\quad k$——玻耳兹曼常数。

将式（4-19）~式（4-23）代入式（4-18）可得：

$$x^5 = \frac{20a^2\gamma\Omega D_v t}{kT\cos^4(\theta/2)} \tag{4-24}$$

因此，式(4-24)是体积扩散机制作用下，未发生体积收缩时的烧结颈颈长方程。

### 4.3.1.2 发生体积收缩

在体积扩散机制作用下，发生体积收缩时的烧结颈颈长方程为：

$$x^5 = \frac{80a^2\gamma\Omega D_v t}{kT\cos^4(\theta/2)} \tag{4-25}$$

其推导过程与上述推导过程类似，在此不再赘述。

## 4.3.2 基于表面扩散机制的烧结颈颈长方程

由菲克扩散第一定律可知，单位时间内颈部空位数量的变化率为[21]：

$$J = D'_s \nabla C_v = D'_s \Delta C_v / \rho \tag{4-26}$$

式中 $D'_s$——空位的表面扩散系数。

单位时间内颈部空位体积的变化率 $dV/dt$ 为：

$$\frac{dV}{dt} = 2AJ\Omega \tag{4-27}$$

将式（4-26）代入式（4-27）中可得：

$$\frac{dV}{dt} = \frac{2A\Omega D'_s \Delta C_v}{\rho} \tag{4-28}$$

其中

$$D'_s = \frac{D_s}{C_v^0 \Omega} \tag{4-29}$$

$$\frac{\Delta C_v}{\rho} = C_v^0 \frac{\gamma\Omega}{kT\rho^2} \tag{4-30}$$

$$A = (2\pi x)\delta_s \tag{4-31}$$

$$V = \pi x^2 \rho = \frac{\pi x^4 \cos^2(\theta/2)}{2a} \tag{4-32}$$

$$dV = \frac{2\pi x^3 \cos^2(\theta/2)}{a} dx \tag{4-33}$$

式中 $\delta_s$——有效的表面厚度；

$D_s$——表面扩散系数。

将式（4-29）~式（4-33）代入式（4-28）可得：

$$x^7 = \frac{56a^3 \gamma\Omega\delta_s D_s t}{kT \cos^6(\theta/2)} \tag{4-34}$$

因此，式（4-34）是表面扩散机制作用下的烧结颈颈长方程。

### 4.3.3 基于晶界扩散机制的烧结颈颈长方程

由库伯扩散定律可知，单位时间内颈部空位数量的变化率为：

$$J = 4\pi D'_b \Delta C_v \tag{4-35}$$

式中 $J$——单位时间通过单位面积从烧结颈表面到晶界的空位数量；

$D'_b$——空位的晶界扩散系数；

$\Delta C_v$——烧结颈表面与晶界处的空位浓度差。

单位时间内颈部空位体积的变化率 $dV/dt$ 为[22]：

$$\frac{dV}{dt} = J\Omega\delta_b \tag{4-36}$$

将式（4-35）代入式（4-36）中可得：

$$\frac{dV}{dt} = 4\pi D_b' \Delta C_v \Omega \delta_b \tag{4-37}$$

其中

$$D_b' = \frac{D_b}{C_v^0 \Omega} \tag{4-38}$$

$$\Delta C_v = C_v^0 \frac{\gamma \Omega}{kT\rho} \tag{4-39}$$

$$V = \pi x^2 \rho = \frac{\pi x^4 \cos^2(\theta/2)}{4a} \tag{4-40}$$

$$dV = \frac{\pi x^3 \cos^2(\theta/2)}{a}dx \tag{4-41}$$

式中 $\delta_b$——有效的晶界厚度；

$D_b$——晶界扩散系数。

将式（4-38）~式（4-41）代入式（4-37）可得：

$$x^6 = \frac{96a^2 \gamma \Omega \delta_b D_b t}{kT \cos^4(\theta/2)} \tag{4-42}$$

因此，式（4-42）是晶界扩散机制作用下的烧结颈颈长方程。

### 4.3.4 基于 Nabarro-Herring 体积扩散蠕变机制的烧结颈颈长方程

1948 年，F. R. N. Nabarro 指出[23]，在剪切应力作用下，多晶体材料中晶粒内的自扩散会造成材料的屈服。造成屈服的原因是，受正压应力的晶界与受拉应力的晶界之间出现了原子的扩散流动，原子由受正压应力的晶界通过晶粒内部流向受正拉应力的晶界。

C. Herring 认为[24]，多晶固体材料之所以有上述行为，是因为其具有扩散黏度，他以图 4-4 的晶粒内扩散流的示意图为例，进行了应力-应变关系的计算，得到了蠕变速率方程，也称为 Nabarro-Herring 体积扩散蠕变方程，如下所示：

$$\frac{d\varepsilon}{dt} = \frac{8D_v \Omega}{kTG^2}\sigma \tag{4-43}$$

式中 $\dfrac{d\varepsilon}{dt}$——蠕变速率；

$\sigma$——剪切应力；

$D_v$——体积扩散系数；

$G$——晶粒尺寸。

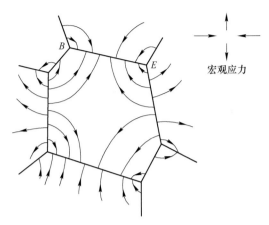

图 4-4 在切应力作用下多晶固体中晶粒内部物质扩散方向的示意图

式（4-43）说明，扩散蠕变速率与晶粒尺寸的平方成反比，与应力的一次方成正比，其激活能与体积扩散激活能相同。银、金、铜和铜锑合金的高温低应力蠕变都曾观察到这样的规律。因此，作者在利用烧结图方法研究金属纤维烧结点形成与长大机制时也将烧结体积扩散蠕变机制考虑在内，首先来推导 Nabarro-Herring 体积扩散蠕变机制作用下金属纤维烧结颈形成与长大的动力学方程。

利用图 4-3 所建立的纤维烧结的简化几何模型，定义颈部区域的切应变为：

$$\varepsilon = \frac{h}{a} \tag{4-44}$$

式中　$h$——两根纤维对心运动距离的一半。

对于未施加外力的情况下，纤维烧结颈发生 Nabarro-Herring 体积扩散蠕变的驱动力只有在表面张力存在时由曲率半径造成的本征 Laplace 应力 $\sigma$，其表达式为：

$$\sigma = -\frac{\gamma}{\rho} \tag{4-45}$$

由于烧结颈曲率半径 $\rho$ 与对心运动距离 $h$ 具有相同的数量级，因此假定 $\rho = h$，则式（4-45）变为：

$$\sigma = -\frac{\gamma}{h} \tag{4-46}$$

对于发生体积收缩时的情况有：

$$\rho = \frac{x^2 \cos^2(\theta/2)}{4a} \tag{4-47}$$

将式（4-44）、式（4-46）以及式（4-47）代入式（4-43）可得 Nabarro-Herring 体积扩散蠕变机制作用下的烧结颈颈长方程：

$$x^4 = \frac{256a^3\gamma\Omega D_{\mathrm{v}}t}{kTG^2\cos^4(\theta/2)} \tag{4-48}$$

### 4.3.5　基于塑性流动机制的烧结颈颈长方程

基于 Lenel 蠕变-塑性流动理论[25]，结合金属纤维烧结结点的几何模型（见图 4-3）可以建立塑性流动机制作用下的烧结颈形成与长大动力学方程，如式（4-49）所示：

$$\frac{x^2}{a^2} = 4\boldsymbol{b}\omega n_0\alpha\bar{L}\exp(-E/kT)t/\cos^2(\theta/2) + C_0 \tag{4-49}$$

式中　$\boldsymbol{b}$——布氏矢量；

$\omega$——频率因子；

$n_0$——单位体积中的原子数；

$\alpha$——常数，$\alpha<1$；

$\bar{L}$——位错运动的平均距离；

$E$——萌生位错所需的能量；

$C_0$——无量纲常数，其值为压制造成的初始接触区宽度与纤维半径之比的平方。

## 4.4　金属纤维的烧结图

用烧结图分析主导扩散机制是 M. F. Ashby 的重要工作之一[14,15]。烧结图不仅形象地展示了不同材质的粉末在不同保温时间和不同烧结温度下物质迁移的主导机制，而且可以看到这些机制的演变发展过程，对实际烧结工艺的设计具有一定的指导意义。

烧结图的第一篇报告是关于不加压固相烧结过程的分析。将烧结初期不同颈长速率方程两两配对组成联立方程组，方程组的解代表了两种机制对烧结颈的形成与长大的贡献是相等的。将全部解连成线，即可以在 $\ln(x/a)$-$T/T_{\mathrm{m}}$（$x$ 为颈半径，$a$ 为纤维半径）的图上绘制烧结处于不同扩散机制的状态区。

### 4.4.1　不锈钢纤维烧结图的建立及验证

基于已推导出的体积扩散（式（4-25））、表面扩散（式（4-34））、晶界扩散（式（4-42））以及 Nabarro-Herring 体积扩散蠕变（式（4-48））4 种机制作用下烧结颈颈长方程，并结合 316L 不锈钢的物理参数（见表 4-3，其中表面扩散系数 $\delta_{\mathrm{s}}D_{0\mathrm{s}}$、表面扩散激活能 $Q_{\mathrm{s}}$ 均采用 Fe 原子在 $\gamma$-Fe 中扩散的相应数值[26]，而体积

扩散系数 $D_{0V}$、体积扩散激活能 $Q_V$ 以及晶界扩散系数 $\delta_b D_{0b}$、晶界扩散激活能 $Q_b$ 采用的均为 Fe 原子在 Fe-17% Cr-12% Ni（质量分数）奥氏体合金中扩散的相应数值[27]），绘制出 316L 不锈钢纤维的烧结图[20]。

表 4-3  316L 不锈钢的物理参数

| 物理参数 | 数　值 |
| --- | --- |
| 原子体积 $\Omega/m^3$ | $1.21 \times 10^{-29}$ |
| 熔点 $T_m/K$ | 1680 |
| 表面能 $\gamma/J \cdot m^{-2}$ | 2.15（700~1100℃）[26] |
| 体积扩散系数指前因子 $D_{0V}/m^2 \cdot s^{-1}$ | $3.60 \times 10^{-5}$（600~1300℃）[27] |
| 体积扩散激活能 $Q_V/kJ \cdot mol^{-1}$ | 280（600~1300℃）[27] |
| 晶界扩散系数指前因子 $\delta_b D_{0b}/m^3 \cdot s^{-1}$ | $5.30 \times 10^{-13}$（600~1050℃）[27] |
| 晶界扩散激活能 $Q_b/kJ \cdot mol^{-1}$ | 177（600~1050℃）[27] |
| 表面扩散系数指前因子 $\delta_s D_{0s}/m^3 \cdot s^{-1}$ | $1.10 \times 10^{-10}$（600~1050℃）[26] |
| 表面扩散激活能 $Q_s/kJ \cdot mol^{-1}$ | 220（700~1100℃）[26] |

由于烧结颈颈长方程与纤维夹角有关，因此图 4-5 给出了具有典型纤维夹角（0°、30°、45°、60°、90°）的不锈钢纤维的烧结图。图中黑色粗线是表面扩散与晶界扩散机制的分界线，在此分界线上表面扩散与晶界扩散机制对烧结颈的形成与长大的贡献是相等的。黑色细线是等时间线，给出了在给定时间下烧结颈的尺寸。由图 4-5 可知，316L 不锈钢纤维在较低温度烧结时，烧结颈形成与长大的主导机制是晶界扩散机制，而在较高温度烧结时的主导机制是表面扩散机制。由于体积扩散激活能（280kJ）远高于表面扩散激活能（220kJ）和晶界扩散激活能（177kJ），因此 Nabarro-Herring 体积扩散蠕变机制以及体积扩散机制在 316L 不锈钢纤维烧结过程中均不是主导扩散机制。由图 4-5 还可以看出，纤维夹角对扩散机制影响较小，只对烧结颈的尺寸有影响。

表 4-4 给出了在特定烧结温度下（1000~1300℃）形成一定尺寸的烧结颈（烧结颈半径/纤维半径（$x/a$）为 0.4）时，不同扩散机制所需要的时间（纤维半径 $a$ 为 14 μm，纤维夹角为 0°）。由表 4-4 可知，相同的烧结温度下，达到相同的烧结颈尺寸时，体积扩散机制所需时间最长，而表面扩散机制所需时间最短。如，1300℃烧结时，0°夹角的纤维形成的烧结颈相对尺寸达到 0.4 时，表面扩散机制仅需 0.05h，体积扩散机制则需 4.49h；1000℃烧结时，表面扩散机制

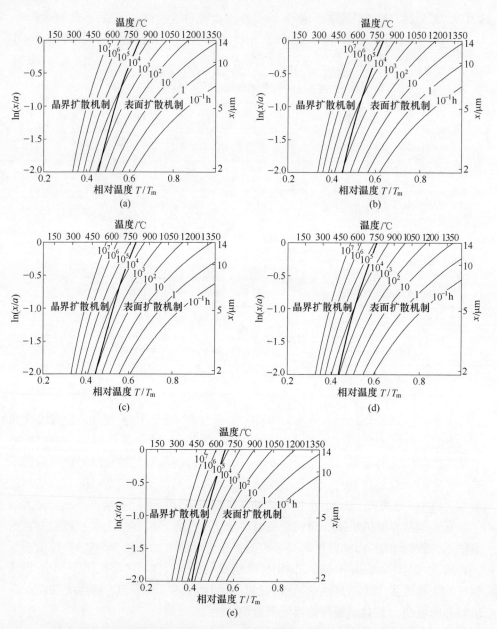

图 4-5 纤维夹角分别为 0°、30°、45°、60° 和 90° 的 316L 不锈钢纤维的
烧结图 (纤维半径 $a$ 为 14μm)

(a) $\theta = 0°$; (b) $\theta = 30°$; (c) $\theta = 45°$; (d) $\theta = 60°$; (e) $\theta = 90°$

仅需 2.04h, 而体积扩散则需 564.10h。这是 316L 不锈钢纤维在 1000 ~ 1300℃ 烧结时表面扩散机制是主导机制更加直观有力的证据。

表 4-4 4 种扩散机制作用下，316L 不锈钢纤维在不同烧结温度下
形成一定尺寸的烧结颈 $(x/a = 0.4)$ 所需的时间

| 烧结温度 /℃ | 扩散机制/h | | | |
|---|---|---|---|---|
| | 表面扩散 | 晶界扩散 | Nabarro-Herring 体积扩散蠕变 | 体积扩散 |
| 1000 | 2.04 | 10.62 | 143.90 | 564.10 |
| 1100 | 0.48 | 3.39 | 22.60 | 88.60 |
| 1200 | 0.14 | 1.27 | 4.59 | 17.98 |
| 1300 | 0.05 | 0.54 | 1.15 | 4.49 |

注：纤维半径 $a$ 为 14μm，纤维夹角为 0°。

为了验证所建立的 316L 不锈钢纤维烧结图的准确性，利用随炉升降温烧结技术制备 316L 不锈钢纤维多孔材料（纤维半径 $a = 14$μm），烧结温度为 1300℃，保温时间分别为 30min、60min 和 120min，烧结工艺示意图如图 4-6 所示。

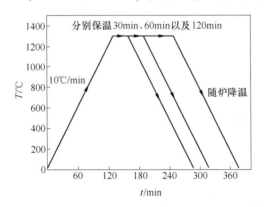

图 4-6 316L 不锈钢纤维随炉升降温烧结的工艺示意图

利用同步辐射 X 射线层析表征技术（SR-CT）和 VGStudio Max 软件重构 316L 不锈钢纤维多孔材料的空间结构图，通过空间结构图测量出烧结颈的尺寸，结果如图 4-7 所示。每种烧结工艺下的结点尺寸按照纤维夹角进行归类，每隔 5° 是一类，不是 5°整数倍的角度按照四舍五入的原则归入相应的角度。图 4-7 中，曲线自上至下分别代表基于表面扩散机制、晶界扩散机制、Nabarro-Herring 体积扩散蠕变机制和体积扩散机制主导作用下形成的烧结结点尺寸的计算值。由图 4-7 可以看出，一定烧结工艺下，在纤维夹角相同的情况下，烧结颈尺寸的分散性比较大，这是由纤维之间的初始接触状态不同所致。同时，虽然烧结颈尺寸分散性较大，但大部分分散在表面扩散机制作用下形成的烧结结点尺寸的上下，说明烧结温度为 1300℃，保温时间为 30min、60min 以及 120min 3 种烧结工艺下表面扩散机制是烧结结点形成与长大的主导机制，这与所建立的 316L 不锈钢纤维

烧结图（见图4-5）预测的烧结机制完全吻合，从而用实验数据证明了所建立的316L不锈钢纤维烧结图的准确性。

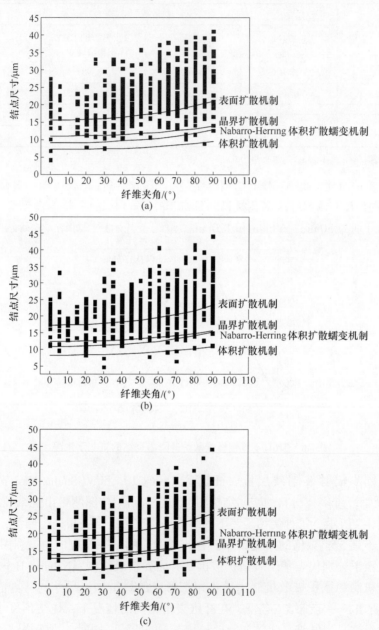

图 4-7 φ28μm 的 316L 不锈钢纤维多孔材料采用随炉升降温烧结技术经 1300℃不同
保温时间烧结时形成的结点尺寸

（a）30min；（b）60min；（c）120min

### 4.4.2 铜纤维烧结图的建立及验证

基于已推导出的体积扩散（式（4-25））、表面扩散（式（4-34））、晶界扩散（式（4-42））以及 Nabarro-Herring 体积扩散蠕变（式（4-48））4 种机制作用下烧结颈颈长方程，并结合纯铜的物理参数（见表 4-5），绘制出 4 种典型纤维夹角（分别为 0°、30°、60° 以及 90°）的铜纤维的烧结图，如图 4-8 所示。

表 4-5  铜的物理参数

| 物 理 参 数 | 数 值 |
| --- | --- |
| 原子体积 $\Omega/m^3$ | $1.18\times10^{-29}$ |
| 熔点 $T_m/K$ | 1356 |
| 表面能 $\gamma/J\cdot m^{-2}$ | $1.72^{[28]}$ |
| 体积扩散系数指前因子 $D_{0V}/m^2\cdot s^{-1}$ | $6.20\times10^{-5[29]}$ |
| 体积扩散激活能 $Q_V/kJ\cdot mol^{-1}$ | $207^{[29]}$ |
| 晶界扩散系数指前因子 $\delta_b D_{0b}/m^3\cdot s^{-1}$ | $5.12\times10^{-15[30]}$ |
| 晶界扩散激活能 $Q_b/kJ\cdot mol^{-1}$ | $105^{[30]}$ |
| 表面扩散系数指前因子 $\delta_s D_{0s}/m^3\cdot s^{-1}$ | $6.00\times10^{-10[31]}$ |
| 表面扩散激活能 $Q_s/kJ\cdot mol^{-1}$ | $205^{[31]}$ |

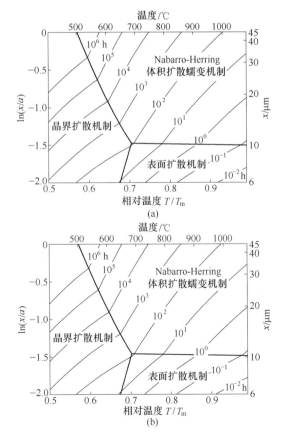

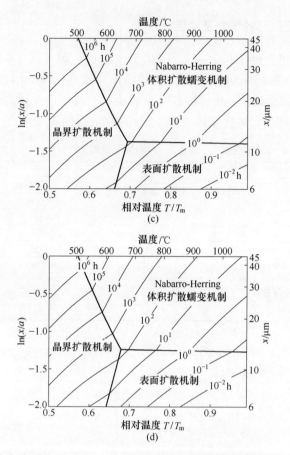

图 4-8 纤维夹角分别为 0°、30°、60° 和 90° 的铜纤维烧结图 (纤维半径 $a$ 为 45μm)

(a) $\theta=0°$; (b) $\theta=30°$; (c) $\theta=60°$; (d) $\theta=90°$

图 4-8 中三条黑色粗线分别是晶界扩散与表面扩散机制的分界线、晶界扩散与 Nabarro-Herring 体积扩散蠕变机制的分界线以及表面扩散与 Nabarro-Herring 体积扩散蠕变机制的分界线，在分界线上两种扩散机制对烧结颈的形成与长大的贡献是相等的，三条黑色粗线的交点表示三种扩散机制对烧结颈的形成与长大的贡献是等同的。黑色细线是等时间线，给出了在给定时间下烧结颈的尺寸。由图 4-8 可知，铜纤维在较低温度烧结时的主导机制是晶界扩散机制，而在较高温度较短时间烧结时的主导机制是表面扩散机制，在较高温度较长时间烧结时的主导机制是 Nabarro-Herring 体积扩散蠕变机制，而在整个烧结过程中体积扩散都不是主导扩散机制。

根据所建立的烧结图，作者计算了在特定烧结温度下（950～1030℃）形成一定尺寸的烧结颈（$x/a=0.4$）时，不同扩散机制所需要的时间（纤维半径 $a$ 为 45μm，纤维夹角为 0°），结果见表 4-6。从表中可以看出，相同的烧结温度下，达到相同的烧结颈尺寸时，晶界扩散机制所需时间最长，而 Nabarro-Herring 体积扩散蠕变机制所需时间最短。如，1030℃烧结时，0°夹角的纤维形成的烧结颈相对尺寸达到 0.4 时，Nabarro-Herring 体积扩散蠕变机制仅需 1.42h，而晶界扩散机制需 136.12h；950℃烧结时，Nabarro-Herring 体积扩散蠕变机制仅需 4.65h，而晶界扩散机制则需 240.84h。这是铜纤维在 950~1030℃烧结时 Nabarro-Herring 体积扩散蠕变机制是主导机制更加直观有力的证据。

**表 4-6  4 种扩散机制作用下，铜纤维在不同烧结温度下形成一定尺寸的烧结颈（$x/a=0.4$）所需的时间**

| 烧结温度 /℃ | 扩散机制/h | | | |
| --- | --- | --- | --- | --- |
| | Nabarro-Herring 体积扩散蠕变 | 表面扩散 | 体积扩散 | 晶界扩散 |
| 950 | 4.65 | 26.30 | 30.12 | 240.84 |
| 1000 | 2.17 | 12.40 | 14.09 | 167.11 |
| 1030 | 1.42 | 8.13 | 9.20 | 136.12 |

注：纤维半径 $a$ 为 45μm，纤维夹角为 0°。

为了验证所建立的铜纤维烧结图的准确性，利用随炉升降温烧结技术制备铜纤维多孔材料（纤维半径 $a=45μm$），烧结温度为 1030℃，保温时间分别为 30min、60min 和 180min，烧结工艺示意图如图 4-9 所示。

利用 SR-CT 技术和 VGStudio Max 软件重构铜纤维多孔材料的空间结构图，通过空间结构图测量出烧结颈的尺寸。图 4-10 所示是烧结温度为 1030℃，保温时间为 30min（见图 4-10（a）、（b））、60min（见图 4-10（c）、（d））以及 180min（见图 4-10（e）、（f））3 种烧结工艺下利用 SR-CT 技术和 VGStudio Max 软件得到的铜纤维烧结结点的剖面图。每种烧结工艺下的结点尺寸按照纤维

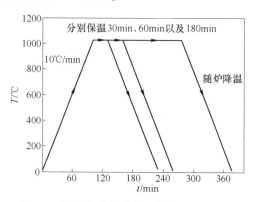

图 4-9  铜纤维随炉升降温烧结工艺示意图

夹角进行归类，每隔 5°是一类，不是 5°整数倍的角度按照四舍五入的原则归入相应的角度。图 4-11 所示曲线自上至下分别代表基于 Nabarro-Herring 体积扩散蠕变机制、表面扩散机制、体积扩散机制和晶界扩散机制主导作用下形成的烧结结点尺寸的计算值。由图 4-11 可以看出，一定烧结工艺下，在纤维夹角相同的情况下，烧结颈尺寸的分散性比较大，这是由纤维之间的初始接触状态不同所致。

同时，虽然烧结颈尺寸分散性较大，但大部分分散在 Nabarro-Herring 体积扩散蠕变机制作用下形成的烧结结点尺寸的上下，说明烧结温度为 1030℃，保温时间为30min、60min 以及 180min 3 种烧结工艺下 Nabarro-Herring 体积扩散蠕变机制是烧结点形成与长大的主导机制，这与所建立的铜纤维烧结图（见图4-8）预测的烧结机制完全吻合，从而用实验数据证明了所建立的铜纤维烧结图的准确性。

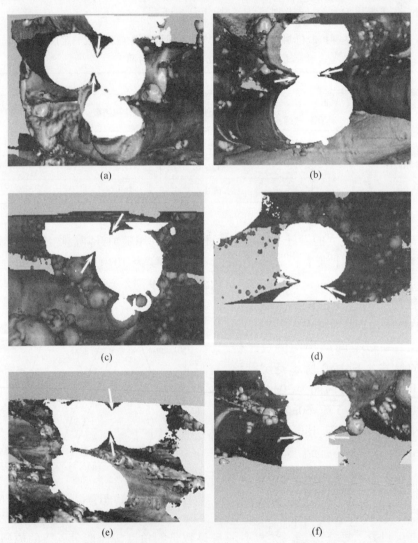

图 4-10　烧结温度为 1030℃，保温时间为 30min((a)和(b))、60min((c)和(d))以及
180min((e)和(f))3 种烧结工艺下利用 SR-CT 技术和
VGStudio Max 软件得到的铜纤维烧结结点的剖面图
(铜纤维半径 $a$ 为 45μm，纤维夹角分别为 0°((a)、(c)、(e))和 60°((b)、(d)、(f)))

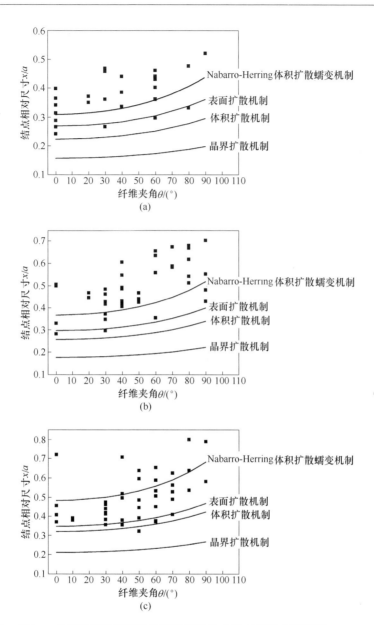

图 4-11　$\phi$90$\mu$m 的铜纤维采用随炉升降温烧结技术经 1030℃分别保温 30min、60min 和
180min 时所形成的烧结结点的相对尺寸

（a）1030℃ 30min；（b）1030℃ 60min；（c）1030℃ 180min

　　综上所述，在无外加压力作用的随炉升降温烧结状态下，316L 不锈钢纤维
多孔材料以及铜纤维多孔材料烧结时烧结结点的形成与长大机制均为以空位沿表
面、晶界或者在体积内部扩散为主导的烧结机制，扩散速度较慢。如铜纤维的烧

结温度 $T = 0.96T_m$，而保温时间长达两个小时，高温长时间烧结又会造成晶粒的异常长大，致使金属纤维多孔材料的耐腐蚀性能、抗折叠性能等服役性能明显下降。因此创新金属纤维的烧结方法，在保证形成高强度烧结结点的同时又能避免形成粗大的竹节状晶粒是亟待解决的技术难题。在 4.5 节中我们将阐述利用大变形量金属纤维中储存的大量位错作为空位扩散的快速通道来解决上述技术难题。

## 4.5　快速升降温烧结结点的形成机制

### 4.5.1　快速升降温烧结技术

与传统金属粉末相比，一方面，由于拉拔态金属纤维独特的外部几何特性及内部富含大量的变形储能（拉拔态纤维在制备过程中经过多道次拉拔后，其内部出现大量位错，见图 3-31），烧结过程中烧结结点的形成机制更为复杂；另一方面，处于松装状态的金属纤维因搭桥现象严重造成纤维之间真实接触机会大幅度减小，导致金属纤维的烧结十分困难，随炉升降温烧结技术很难形成足够的结点以保证合适的物理化学性能，而高温烧结后金属纤维晶粒粗大且呈竹节状分布，致使其耐腐蚀性能、抗折叠性能等显著下降，失效易发生在粗大竹节状晶粒的晶界处（腐蚀失效如图 4-12 箭头所示），严重制约了金属纤维多孔材料服役性能的提高和现代工业生产的规模应用。因此如何保证在形成高强度烧结结点的同时又能避免形成粗大的竹节状晶粒是金属纤维多孔材料烧结过程中的难点。

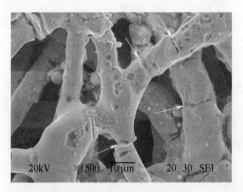

图 4-12　φ8μm 的烧结不锈钢纤维多孔材料在 30%（质量分数）硫酸中腐蚀 48h 后的 SEM 图像

王建忠等人[32]发明了一种既能避免纤维骨架晶粒异常长大又能促进烧结结点发育与长大的烧结方法，简称为"快速升降温烧结技术"，有效解决了金属纤维烧结的难题。快速升降温烧结技术的具体工艺步骤为：将具有一定形状和尺寸的金属纤维毛毡置于两块致密金属板之间制备成复合结构，然后将复合结构放入石英玻璃管中进行真空封装，之后将石英玻璃管直接推入温度已经达到设定烧结温度的烧结炉的高温区，保温一定时间后将石英玻璃管直接从烧结炉中取出在空气中冷却到室温，其样品制备过程示意图如图 4-13 所示，烧结工艺示意图如图 4-14 所示。快速升降温烧结技术可有效避免升温过程中纤维骨架晶粒的长大，同时阻止纤维内部大量位错因相互对消而减少，充分利用大量位错在烧结时作为空位扩散快速通道的作用，从而对烧结结点的形成与长大过程产生积极的影响，可以有效促进烧结结点的形成与长大。本节主要讨论快速升降温烧结 316L 不锈钢纤维多孔材料烧结结点的形成过程与机制。

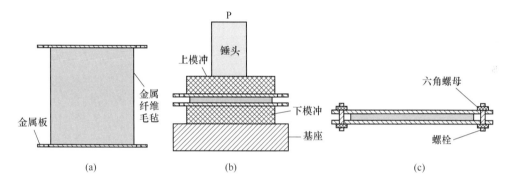

图 4-13　快速升降温烧结试样制备过程示意图

（a）一定厚度的金属纤维毛毡（预压制前）；（b）用压机将纤维毛毡压缩至设计厚度；
（c）用夹具将纤维毛毡进行紧固，以保持设计的厚度

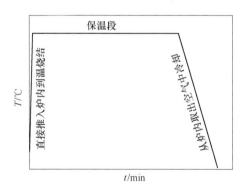

图 4-14　316L 不锈钢纤维快速升降温烧结工艺示意图

### 4.5.2　快速升降温烧结 316L 不锈钢纤维烧结图的建立

晶体中存在如表面、晶界、位错等缺陷，这些地方的原子排列不是完全规则的，原子的扩散系数比完整点阵的高，这些地方称为高扩散速率通道[33]。通过实验测定，在完整点阵的自扩散系数 $D_V$，沿位错扩散的自扩散系数 $D_d$，沿晶界

扩散的扩散系数 $D_b$ 以及沿表面扩散的扩散系数 $D_s$ 的大小顺序如式 (4-50) 所示，因此原子沿位错、晶界以及表面等快速扩散通道的扩散速率比在完整点阵的扩散速率大几个数量级。

$$D_V \ll D_d \leq D_b \leq D_s \tag{4-50}$$

当多晶固体中存在位错时，其表观扩散系数会有大幅度的提高，其计算公式如下所示：

$$D_{app} = D_V + \pi r^2 \rho_d D_d \tag{4-51}$$

式中　$D_{app}$——表观扩散系数；

　　　$D_V$——体积扩散系数；

　　　$r$——位错环的半径，一般取 0.5nm；

　　　$\rho_d$——位错密度；

　　　$D_d$——位错扩散系数。

一般加工态金属中的位错密度在 $10^{14} \sim 10^{16} \, m^{-2}$，取位错密度 $\rho_d = 10^{16} \, m^{-2}$，当 $T = 0.5 T_m$ 时有 $D_d / D_V = 10^{6[33]}$，代入式 (4-51) 可得 $D_{app} / D_V = 7.85 \times 10^3$，表观扩散系数 $D_{app}$ 是体积扩散系数 $D_V$ 的上千倍。因此，在研究快速升降温烧结过程中烧结结点的形成与长大机制时，考虑位错作为原子的快速扩散通道对表观扩散系数的影响，而且位错启动是在整个纤维骨架内部同时启动，故将 4.2.2 节中推导出的 Nabarro-Herring 体积扩散蠕变机制作用下的烧结颈颈长方程 (式 (4-48)) 中的体积扩散系数 $D_V$ 换成表观扩散系数 $D_{app}$ (式 (4-51))。因此，在快速升降温烧结过程中，可以推导出如下在位错扩散机制作用下的烧结颈颈长方程：

$$x^4 = \frac{256 a^3 \gamma \Omega D_{app} t}{kTG^2 \cos^4(\theta/2)} \tag{4-52}$$

快速升降温烧结的温度为 $920 \sim 1200 ℃$，在这个温度范围内有 $D_V \ll D_d$，因此有：

$$D_{app} = \pi r^2 \rho_d D_d = \pi r^2 \rho_d D_{0d} \exp\left(\frac{-Q_d}{RT}\right) \tag{4-53}$$

取位错密度 $\rho_d = 10^{16} \, m^{-2}$，文献中知[34]：$D_{0d} = 0.5 \, m^2/s$，$Q_d = 240 kJ$，将 $\rho_d$、$D_{0d}$ 以及 $Q_d$ 等物理参数代入式 (4-52) 和式 (4-53) 中即可得到不同烧结工艺下烧结结点的尺寸，图 4-16 ~ 图 4-19 中的位错扩散机制主导下形成的烧结结点尺寸曲线均是基于此计算得到的。

基于已推导出的体积扩散 (式 (4-25))、表面扩散 (式 (4-34))、晶界扩散 (式 (4-42)) 以及位错扩散 (式 (4-52)) 4 种不同扩散机制作用下烧结颈的颈长方程，并结合 316L 不锈钢的物理参数 (见表 4-3) 以及式 (4-53) 的物理参量，绘制出快速升降温烧结 316L 不锈钢纤维的烧结图。由于纤维夹角对扩散机制基本无影响，因此此处只给出了两种典型纤维夹角 (0° 与 90°) 的烧结图，如

图 4-15 所示。

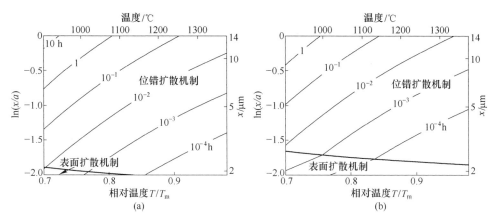

图 4-15　快速升降温烧结 316L 不锈钢纤维的烧结图（纤维半径 $a$ 为 14μm）

（a）$\theta=0°$；（b）$\theta=90°$

图 4-15 中的黑色粗线是表面扩散与位错扩散机制的分界线，在分界线上这两种扩散机制对烧结颈的形成与长大的贡献是相等的。黑色细线是等时间线，给出了在给定时间下烧结颈的尺寸。由图 4-15 可知，在较低温度和较短时间烧结时，烧结结点的形成与长大的主导机制为表面扩散机制；而在较高温度或较长时间烧结时的主导机制是位错扩散机制。

根据所建立的烧结图，作者计算出特定烧结温度下（920~1200℃）形成一定尺寸的烧结颈（$x/a=0.4$）时，不同扩散机制所需要的时间（纤维半径 $a$ 为 14 μm，纤维夹角为 0°），结果见表 4-7。从表中可以看出，相同的烧结温度下，达到相同的烧结颈尺寸时，体积扩散机制所需时间最长，而位错扩散机制所需时

表 4-7　4 种扩散机制作用下，316L 不锈钢纤维在不同烧结温度下形成一定尺寸的烧结颈（$x/a$ 为 0.4）所需的时间

| 烧结温度 /℃ | 扩散机制/h | | | |
|---|---|---|---|---|
| | 位错扩散 | 表面扩散 | 晶界扩散 | 体积扩散 |
| 920 | 0.40 | 7.70 | 30.55 | 3115.93 |
| 1000 | 0.09 | 2.04 | 10.62 | 564.10 |
| 1100 | 0.02 | 0.48 | 3.39 | 88.60 |
| 1200 | 0.005 | 0.14 | 1.27 | 17.98 |

注：纤维半径 $a$ 为 14μm，纤维夹角为 0°。

间最短。如，920℃烧结时，0°夹角的纤维形成的烧结颈相对尺寸达到 0.4 时，位错扩散机制仅需 0.4h，而体积扩散机制则需 3115.93h；1200℃烧结时，位错扩散机制仅需 0.005h，即 0.3min，而体积扩散机制则需 17.98h。这是 316L 不锈钢纤维在 920～1200℃快速升降温烧结时位错扩散机制是主导机制更加直观有力的证据。

### 4.5.3 快速升降温烧结 316L 不锈钢纤维烧结图的验证

为了验证所建立的快速升降温烧结 316L 不锈钢纤维烧结图（见图 4-15）的准确性，利用 SR-CT 技术与 VGStudio Max 软件重构出快速升降温烧结 316L 不锈钢纤维多孔材料的空间结构图，通过空间结构图测量出烧结颈的尺寸。图 4-16～图4-19 分别为采用快速升降温烧结技术在 920～1200℃烧结温度下不同保温时间内烧结 316L 不锈钢纤维所形成的烧结结点的尺寸（纤维半径 $a = 45\mu m$）。每种烧结工艺下的结点尺寸按照纤维夹角进行归类，每隔 5° 是一类，不是 5° 整数倍的角度按照四舍五入的原则归入相应的角度。

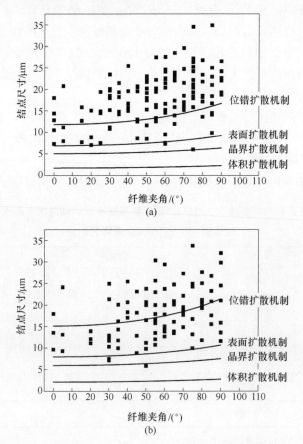

(a)

(b)

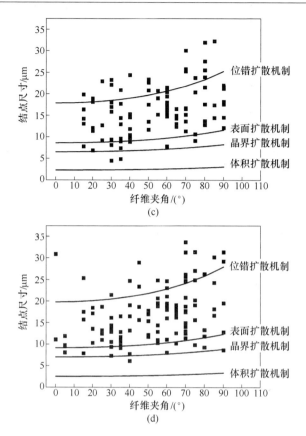

图 4-16　φ28μm 的 316L 不锈钢采用快速升降温烧结技术经 920℃不同保温时间
烧结时形成的烧结结点尺寸

（a）15min；（b）40min；（c）80min；（d）120min

　　图 4-16 所示是 920℃烧结时形成的烧结结点的尺寸（纤维半径 $a=14\mu m$）。
每种烧结工艺下统计的烧结结点数量为 100～120 个。图中曲线自上至下分别代
表基于位错扩散机制、表面扩散机制、晶界扩散机制以及体积扩散机制作用下形
成的烧结结点尺寸。由图可知，保温时间由 15min 增加到 120min 时，烧结结点
的尺寸主要集中在 5～35μm 之间。当烧结工艺和纤维之间的夹角均相同时，结
点尺寸并非完全一样，而且有些差异较大，这是由于原始纤维骨架表面形貌呈犁
沟状（见图 2-9），纤维之间的接触状态存在较大差异所致。由图 4-16 还可以看
出，当保温时间为 15min、40min 以及 80min 时烧结结点的尺寸基本上都分散在
位错扩散机制作用下的烧结结点尺寸的上下，说明在此 3 种烧结工艺下位错扩散
机制是烧结结点形成与长大的主导机制；当保温时间延长至 120min 时，绝大部
分烧结结点的尺寸位于位错扩散机制与表面扩散机制之间，说明随着保温时间的
延长，位错密度逐渐减少，位错作为原子的快速扩散通道对表观扩散系数的影响

显著减弱，其他扩散机制如表面扩散机制对烧结结点形成与长大的贡献在加强。

图 4-17 所示为 1000℃烧结时形成的烧结结点的尺寸（纤维半径 $a = 14\mu m$）。每种烧结工艺下统计的烧结结点数量为 90~140 个。从图中可看出，保温时间从 2min 增加到 5min 时（见图 4-17(a)~(b)），烧结结点尺寸主要集中在 5 ~ 30μm 之间；保温时间超过 20min 时（见图 4-17(c)~(f)），结点尺寸主要集中在 5~ 40μm 之间。由图 4-17 还可以看出，当保温时间为 2min、5min、20min、40min 以及 80min 时，烧结结点的尺寸基本上都分散在位错扩散机制作用下的烧结结点尺寸的上下，说明在此 5 种烧结工艺下位错扩散机制是烧结结点形成与长大的主导机制；当保温时间延长至 120min 时，绝大部分烧结结点的尺寸位于位错扩散机制与表面扩散机制之间，同样说明随着保温时间的延长位错密度逐渐减少，位错作为原子的快速扩散通道对表观扩散系数的影响显著减弱，其他扩散机制如表面扩散机制对烧结结点形成与长大的贡献在加强。由图 4-17 还可以看出，不论保温时间如何改变，烧结结点尺寸均呈正态分布（见图 4-17 (g)）。

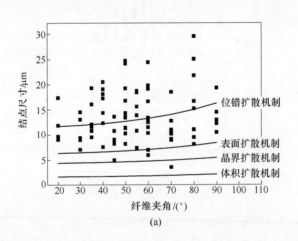

(a)

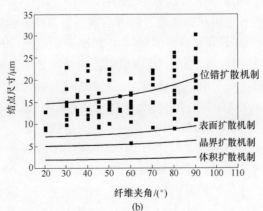

(b)

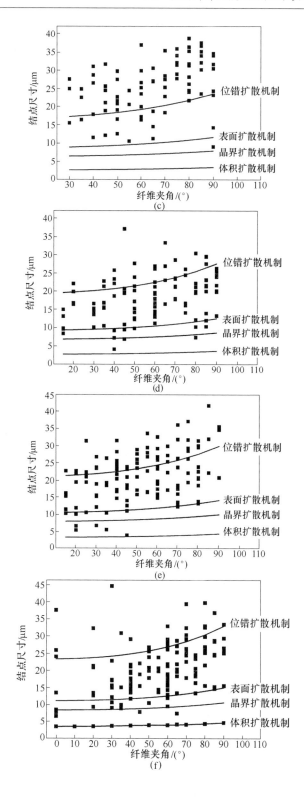

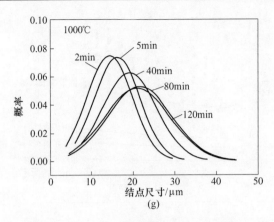

图 4-17    φ28μm 的 316L 不锈钢采用快速升降温烧结技术经 1000℃不同
保温时间烧结时形成的烧结结点尺寸及其分布图

(a) 2min；(b) 5min；(c) 20min；(d) 40min；(e) 80min；

(f) 120min；(g) 结点尺寸正态分布图

图 4-18 所示是 1100℃时形成的烧结结点的尺寸（纤维半径 $a = 14μm$）。每种
烧结工艺下统计的烧结结点数量为 110~130 个。由图可知，保温时间从 5min 增
加到 20min 时，烧结结点的尺寸主要集中在 5 ~ 35μm 之间。由图 4-18 还可以看
出，当保温时间在 5min 时烧结结点的尺寸基本上都分散在位错扩散机制作用下
的烧结结点尺寸的上下，说明在此烧结工艺下位错扩散机制是烧结结点形成与
长大的主导机制；当保温时间延长至 10min 时，位于位错扩散机制与表面扩散
机制之间的烧结结点的数量在增加；当保温时间再延长至 20min 时，绝大部分
烧结结点的尺寸位于位错扩散机制与表面扩散机制之间，同样说明随着保温时
间的延长位错密度逐渐减少，位错作为原子的快速扩散通道对表观扩散系数的
影响显著减弱，其他扩散机制如表面扩散机制对烧结结点形成与长大的贡献在
加强。

图 4-19 所示是 1200℃烧结时形成的烧结结点的尺寸（纤维半径 $a = 14μm$）。
每种烧结工艺下统计的烧结结点数量为 210~240 个。由图 4-19 可以看出，当保
温时间为 5min 和 10min 时，绝大部分烧结结点的尺寸位于位错扩散机制与表面
扩散机制之间（保温时间为 5min 时，在高温且有外加压力的情况下，塑性流动
机制有可能成为烧结结点长大的主导机制，这一部分的讨论工作将有后续的报
道）；当保温时间延长至 20min 时，烧结结点的尺寸基本上都分散在表面扩散机
制作用下的烧结结点尺寸的上下，说明在此烧结工艺下表面扩散机制是烧结结点
形成与长大的主导机制。分析结果说明随着烧结温度的升高以及保温时间的延
长，位错密度逐渐减少，因此位错作为原子的快速扩散通道对表观扩散系数的影
响一直在减弱甚至消失，其他扩散机制如表面扩散机制对烧结结点形成与长大的

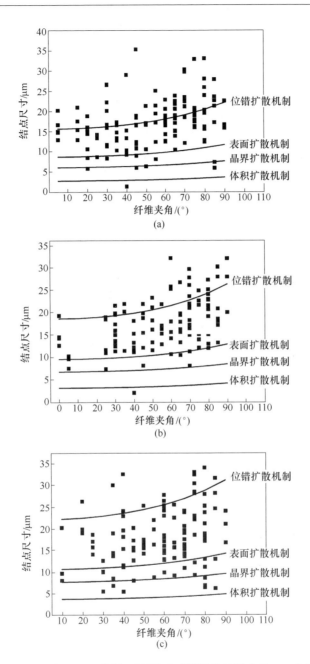

图 4-18 φ28μm 的 316L 不锈钢采用快速升降温烧结技术经 1100℃不同保温
时间烧结时形成的烧结结点尺寸

（a）5min；（b）10min；（c）20min

贡献在加强。

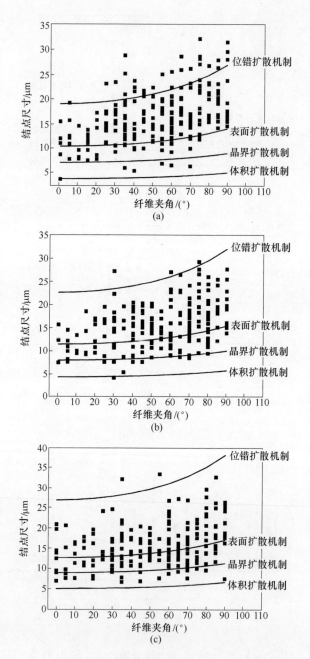

图 4-19　$\phi28\mu m$ 的 316L 不锈钢采用快速升降温烧结技术经 1200℃
不同保温时间烧结时形成的烧结结点尺寸

（a）5min；（b）10min；（c）20min

由图 4-16~图 4-19 的结果可以看出，随着烧结时间的延长或者烧结温度的升高，位错密度逐渐减少，位错作为原子的快速扩散通道对表观扩散系数的影响一直在减弱甚至消失，而表面扩散机制对烧结结点形成与长大的贡献在加强。当烧结温度为1200℃，保温时间为20min时，表面扩散机制已经取代位错扩散机制成为烧结结点长大的主导机制，这与4.4.1节中随炉升降温烧结316L不锈钢纤维结点长大机制的结论是一致的。

### 4.5.4 纤维骨架晶粒尺寸与烧结结点的协同控制

烧结是制备金属纤维多孔材料的关键工序，它不仅决定了烧结结点的数量和尺寸，而且也决定了每根纤维骨架的微观组织。例如，不锈钢纤维在1200℃烧结2h后，纤维骨架已呈完的竹节状晶粒结构，如图4-20所示。采用低温烧结可以避免形成竹节状的晶粒结构，但是难以形成高强度的烧结结点。因此，为了制备高质量且高性能的金属纤维烧结毡，既要避免或减少出现竹节状的晶粒结构，又要保证形成足够数量的高强度烧结结点。4.5.3节中讨论了快速升降温烧结316L不锈钢纤维多孔材料烧结结点形成与长大的规律与机制，结果发现快速升降温烧结可以有效促进烧结结点的发育，降低烧结温度，为解决金属纤维的烧结难题提供了可能。本节主要研究快速升降温烧结316L不锈钢纤维微观组织随烧结工艺的演变规律，结合4.5.3节中烧结结点尺寸的变化规律来寻求快速升降温烧结的最佳工艺，以实现在形成高强度烧结结点的同时又能避免形成粗大的竹节状晶粒，最终达到纤维骨架晶粒尺寸与烧结结点的协同控制。

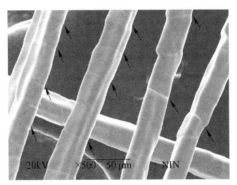

图 4-20  不锈钢纤维烧结毡的竹节状晶粒结构

(纤维直径为28μm，烧结工艺为1200℃保温2h，箭头所指为竹节状晶粒的晶界)

王建忠等人[35]采用快速升降温烧结技术对φ28μm的316L不锈钢纤维进行烧结（烧结工艺详见表4-8），利用金相显微镜观察纤维骨架微观组织，结合国标《定量金相测定方法》（GB/T 15749—2008）测试了纤维骨架的轴向晶粒尺寸。图4-21所示是纤维骨架轴向平均晶粒尺寸与烧结温度、保温时间的关系，该原始纤维的平均晶粒尺寸约为45nm。由图可知，当烧结温度低于1000℃时，随着保温时间的增加，平均晶粒尺寸增加较缓慢；当烧结温度超过1100℃时，随着保温时间的增加，平均晶粒尺寸增加较快。保温时间相同时，随着烧结温度的升高，轴向晶粒也呈快速长大趋势。由于原始纤维内部的晶粒尺寸为纳米尺度，因此烧结过程中晶粒呈现快速长大趋势，尤其是高温烧结时更加明显。如烧结温度为1200℃时，保温仅120s，晶粒尺寸已经接近22μm；烧结温度为1300℃时，保温仅120s，晶粒尺寸已经超过30μm。烧结温度对晶粒尺寸的影响远大于保温时间的影响。

表4-8　316L不锈钢纤维的快速升降温烧结工艺

| 烧结温度/℃ | 保温时间/s | | | | |
| --- | --- | --- | --- | --- | --- |
| 900 | 300 | 600 | 1200 | 1800 | — |
| 920 | 300 | 600 | 900 | 1200 | 2400 |
| 1000 | 120 | 300 | 600 | 1200 | — |
| 1100 | 120 | 300 | 600 | 1200 | — |
| 1200 | 120 | 300 | 600 | 1200 | — |
| 1300 | 120 | 300 | 600 | 1200 | — |

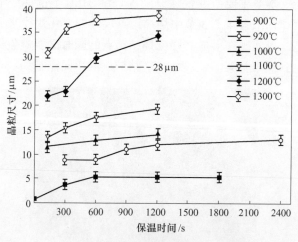

图4-21　φ28μm 316L不锈钢纤维骨架的平均晶粒尺寸（沿轴向）
与烧结温度和保温时间的关系

由于采用的金属纤维直径为28μm，因此晶粒尺寸超过28μm（图4-21中虚线所示）认为已经形成完整的竹节状晶粒结构。因此，形成完整的竹节状晶粒结构的临界烧结工艺为：烧结温度为1200℃，保温时间为500s（见图4-21）。由此说明，在1200℃进行短时间烧结有望避免形成几乎完全的竹节状晶粒结构，但是需要通过观察纤维骨架的微观组织进一步确定最佳烧结工艺。

图4-22所示是纤维骨架经不同工艺烧结后的轴向微观组织，图4-23所示为

图 4-22 对应的纤维骨架烧结后的径向微观组织。由图 4-22 和图 4-23 可以得出：

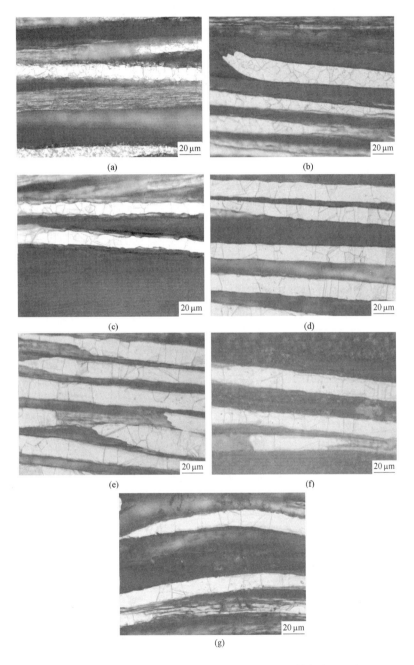

图 4-22 φ28μm 316L 不锈钢纤维骨架烧结后的轴向微观组织

(a) 900℃，1800s；(b) 920℃，2400s；(c) 1000℃，1200s；(d) 1100℃，1200s；

(e) 1200℃，300s；(f) 1200℃，600s；(g) 1300℃，120s

（1）经 900℃，1800s（见图 4-22(a)、图 4-23(a)）或 920℃，2400s（见图 4-22(b)、图 4-23(b)）烧结后，其轴向和径向的微观组织均呈粗大的晶粒（约为纤维直径的 1/3），但均未出现竹节状晶粒。

（2）经 1000℃或 1100℃，1200s（见图 4-22(c)、(d)）烧结后，其轴向微观组织局部区域呈混合晶粒，即部分出现竹节状晶粒；而其径向微观组织仅包含 3~4 个晶粒（见图 4-23(c)、(d)）；整个纤维骨架的微观组织非常接近竹节状晶粒。

（3）经 1200℃，300s（见图 4-22(e)）烧结后，纤维骨架轴向微观组织几乎全部呈竹节状晶粒；这一点可以从图 4-23(e) 得到证实，部分纤维径向微观组织仅含有一个晶粒。

（4）经 1200℃，600s（见图 4-22(f)）或 1300℃，120s（见图 4-22(g)）烧结后，纤维骨架轴向微观组织全部为竹节状晶粒；纤维骨架径向微观组织仅仅包含 1 或 2 个晶粒（见图 4-23(f)、(g)）。

图 4-22 和图 4-23 中观察到的微观组织变化规律与图 4-21 中的晶粒尺寸变化规律相吻合。然而，图 4-22 和图 4-23 也揭示了金属纤维经 1000℃，1200s 烧结后可获得近乎完全的竹节状晶粒。由此看来，避免形成竹节状晶粒的烧结温度应不超过 1000℃，且保温时间不超过 1200s。

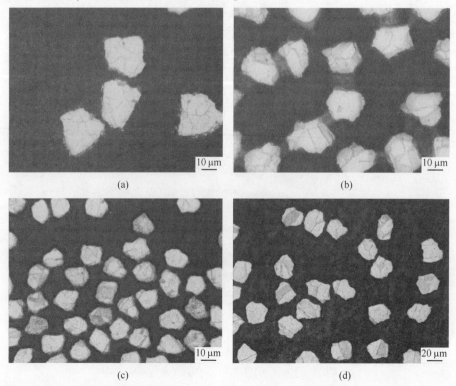

(a)                                    (b)

(c)                                    (d)

图 4-23　φ28μm 316L 不锈钢纤维骨架烧结后的径向微观组织

(a) 900℃, 1800s; (b) 920℃, 2400s; (c) 1000℃, 1200s; (d) 1100℃, 1200s;

(e) 1200℃, 300s; (f) 1200℃, 600s; (g) 1300℃, 120s

　　制备高强度且高韧性的金属纤维烧结毡的第一步是避免形成竹节状晶粒，而另两个关键参数是烧结结点的数量和尺寸。作者采用 SR-CT 技术分析了结点数量及尺寸的变化规律。图 4-24 所示是不同烧结工艺制备的烧结结点形貌。图 4-25 所示是烧结结点数量与烧结工艺的关系，结点数量是从 200 张切片图中统计的，统计试样的体积为 $1.5×10^7 μm^3$。由图 4-25 可知，烧结温度为 1000℃（见图 4-25 (a)）和 1100℃（见图 4-25(b)）时，结点数量在一个很窄的范围内变化，约为 15 个，而与保温时间基本没有关系。烧结工艺为 920℃、900s（见图 4-25(a)）和 1200℃、1200s（见图 4-25(b)）时，结点数量基本相同，也约为 15 个。烧结结点的数量主要与纤维之间的接触点有关。虽然烧结过程中由于纤维的变形或弯曲可能出现新的接触点，但是纤维之间的接触点主要是在样品制备过程中形成的，因此结点数量基本相同，而与烧结工艺关系不大。

(a)　　　　　　　　　　　　(b)

(c)　　　　　　　　　　　　(d)

图 4-24　$\phi 28\mu m$ 316L 不锈钢纤维烧结结点形貌

（a）1000℃，300s；（b）1000℃，1200s；（c）1100℃，300s；（d）1100℃，1200s

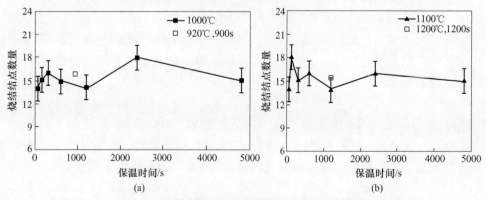

(a)　　　　　　　　　　　　(b)

图 4-25　$\phi 28\mu m$ 316L 不锈钢纤维形成的烧结结点数量与烧结工艺的关系

（统计的试样体积为 $1.5\times 10^{7}\mu m^{3}$）

　　表 4-9 是不同工艺制备的烧结结点半径变化情况。由表可知，提高烧结温度或延长保温时间，结点半径逐渐增大。由于结点数量几乎一样（见图 4-25），因此结点半径对烧结毡的力学性能将起决定性作用。总体而言，一个高强度的烧结结点半径应该大于纤维半径的 1/4。对于直径为 28μm 的 316L 不锈钢纤维而言，烧结结点的半径应大于 3.5μm。根据表 4-9，烧结工艺为 1000℃、300s 时，结点半径为 3.56μm，刚刚超过高强度结点半径的临界值，而且经此工艺烧结的纤维骨架并未形成竹节状晶粒。因此，1000℃、300s 的工艺条件可以定义为制备高强度且高韧性金属纤维烧结毡的最佳烧结工艺的临界值下限。

表 4-9　φ28μm 316L 不锈钢纤维经不同烧结工艺制备的烧结结点半径

| 烧结温度/℃ | 颈半径/μm | | |
| --- | --- | --- | --- |
| | 保温 300s | 保温 600s | 保温 1200s |
| 1000（纤维夹角为 60°） | 3.56±0.18 | 4.05±0.1 | 4.53±0.38 |
| 1100（纤维夹角为 65°） | 4.26±0.17 | 4.92±0.19 | 5.46±0.23 |
| 1200（纤维夹角为 85°） | 4.86±0.16 | 5.36±0.15 | 6.01±0.15 |

　　图 4-26 所示是不同烧结工艺制备的金属纤维烧结毡的拉伸应力-应变曲线。拉伸试样的选择是基于图 4-22 和图 4-23 中的微观组织。由图 4-26 可知，烧结工艺为 1000℃、900s 时（曲线 2），烧结毡的拉伸强度最高（20.7MPa），其应变率也较高（7.3%）。根据表 4-9 可知，金属纤维毛毡在 1000℃保温 900s 后，烧结颈半径已经超过 4.05μm，即形成了高强度的烧结结点，而其保温时间还没有超过临界值 1200s。因此，该工艺制备的烧结毡具有最佳的拉伸性能。相比之下，920℃（图 4-26 中的曲线 1）烧结时，虽然没有形成竹节状晶粒（见图 4-22、图 4-23），但是根据表 4-9 可以推断此时的结点强度较低，因此其拉伸性能较差。对于曲线 3（见图 4-26），根据表 4-9 可以推测 1000℃保温 1800s 制备的结点强度高于 1000℃保温 900s 的结点强度，但是 1000℃保温 1800s 较 1000℃保温 1200s（见图 4-22(c)、图 4-23(c)）形成更多的或几乎全部的竹节状晶粒，因此 1000℃保温 1800s 制备的烧结毡的拉伸性能低于 1000℃保温 900s 的拉伸性能。采用随炉升降温烧结工艺时（图 4-26 中的曲线 4），可以推断其烧结结点的强度远高于表 4-8 中所有快速升降温烧结工艺下的结点强度，但是其纤维骨架已经全部转变为竹节状晶粒，因此其拉伸强度低于 1000℃保温 900s 的拉伸强度约 50%。因此，制备高强度且高韧性的 316L 不锈钢纤维烧结毡的最佳工艺为 1000℃保温 900s。

　　综上所述，相对于随炉升降温烧结工艺而言，采用快速升降温烧结技术不仅可以制备出高强度且高韧性的金属纤维多孔材料，而且还可以节省烧结时间，降低能耗[35]。

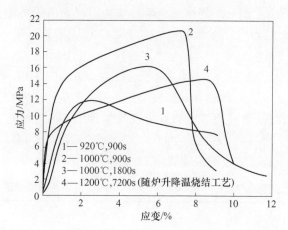

图 4-26 不锈钢纤维烧结毡的拉伸应力-应变曲线

# 参 考 文 献

[1] Pranatis A L, Seigle L. Powder Metallurgy [M]. New York: Interscience, 1961.

[2] Balshin M Y, Rybalchenko M K. Some questions of fiber metallurgy [J]. Poroshkovaya Metall., 1964, 3: 16.

[3] Kostornov A G, Akhmedov M K. Sintering of highly porous materials made of fibers of the titanium alloy VT6 obtained by high-speed solidification of the melt [J]. Poroshkovaya Metall., 1993, 36 (9, 10): 110.

[4] Kostornov A G, Fedorchenko I M, Shevchuk M S, et al. Sintering of metal fiber materials [J]. Poroshkovaya Metall., 1972, 109 (1): 41.

[5] Kostornov A G, Fedorova N E, Chernyshev L I. Sintering behavior of porous parts from metal fibers [J]. Poroshkovaya Metall., 1981, 227 (11): 21.

[6] Kostornov A G, Galstyan L G. Sintering kinetics of porous fiber solids [J]. Poroshkovaya Metall., 1984, 254 (2): 41.

[7] Kostornov A G, Kirichenko O V, Brodikovskii N P, et al. High-porous materials of carbon steel fibers and their mechanical properties [J]. Poroshkovaya Metall., 2008, 47 (3, 4): 21.

[8] Kostornov A G, Kirichenko O V, Brodikovskii N P, et al. High-porous materials made from alloy steel fibers: production, structure, and mechanical properties [J]. Poroshkovaya Metall., 2008, 47 (5, 6): 39.

[9] Frenkel J. The viscous flow in crystal bodies [J]. J. Phys., 1945, 9: 385.

[10] Frenkel J. On the surface creep of particles in crystals and natural roughness of the crystal faces [J]. Ibid, 1945, 9: 392.

[11] Kuczynski G C. Self-diffusion in sintering of metallic particles [J]. Trans. Metall. Soc. AIME, 1949, 185: 169.

[12] Coble R L. Sintering crystalline solids: I. Intermediate and final state diffusion models [J]. J. Appl. Phys., 1961, 32: 787.

［13］ Kuczynski G C. Statistical theory of sintering ［J］. Z. Metallk. , 1976, 67：606.

［14］ Ashby M F. A first report on sintering diagrams ［J］. Acta metal. , 1974, 22：275.

［15］ Swinkels F B, Ashby M F. A second report on sintering diagrams ［J］. Acta Metal. , 1981, 29：259.

［16］ Frenkel J. Viscous flow of crystalline bodies under the action of surface tension ［J］. Physics, 1945, 9：385.

［17］ Kingery W D, Berg M. Study of the initial stanges of sintering solids by viscous flow, evaporation-condensation, and self-diffusion ［J］. J. Appl. Phys. , 1955, 26：1205.

［18］ Johnson D L, Cutler L B. New method of obtaining diffusion coefficients from sintering data ［J］. J. Appl. Phys. , 1969, 40：192.

［19］ Wilson T L, Shewmon P G. The role of interfacial diffusion in the sintering of copper ［J］. Trans. Metall. Soc. AIME, 1966, 236：48.

［20］ Li A J, Ma J, Wang J Z, et al. Sintering diagram for 316L stainless steel fibers ［J］. Powder Technol. 2016, 288：109.

［21］ 黄培云. 粉末冶金原理 ［M］. 北京：冶金工业出版社, 1997.

［22］ Coble R L. Initial sintering of alumina and hematite ［J］. J. Am. Ceram. Soc. , 1958, 41：55.

［23］ Nabarro F R N. Report of a conference on the strength of solids ［J］. Physics Review, 1948, 73：926.

［24］ Herring C. Diffusion viscosity of a polycrystalline solid ［J］. J. Appl. Phys. , 1950, 21：437.

［25］ 果世驹. 粉末烧结理论 ［M］. 北京：冶金工业出版社, 1998.

［26］ Blakely J M, Mykura H. Studies of vacuum annealed iron surfaces ［J］. Acta Metall. , 1963, 11：399.

［27］ Perkins R A, Padgett R A, Tunali N K. Tracer diffusion of Fe and Cr in Fe-17wt Pct Cr-12 wt Pct Ni austenitic alloy ［J］. Metall. Trans. , 1973, 4：2535.

［28］ Jones H. The surface energy of solids metals ［J］. Met. Sci. J. , 1971, 5：15.

［29］ Peterson N L. Diffusion in metals ［J］. Solid St. Phys. , 1969, 22：409.

［30］ Austin A E, Richard N A, Wood Van E. Surface and grain-boundary diffusion of gold-copper ［J］. J. Appl. Phys. , 1966, 37 (10)：3650.

［31］ Choi J Y, Shewmon P G. Effect of orientation on the surface self-diffusion of copper ［J］. Trans. Metall. Soc. AIME. , 1962, 224：589.

［32］ 王建忠, 马军, 李爱君, 等. 一种防止金属纤维多孔材料晶粒异常长大的烧结方法：中国, 201510547883. 2 ［P］. 2015-12-02.

［33］ 余永宁. 金属学原理 ［M］. 北京：冶金工业出版社, 2013.

［34］ Mehrer M, Lubbehusen M. Diffusion in metals & alloys ［C］. //Kedves F J, Beke D L. Defect and diffusion forum. Liechtenstein：Sci. Tech. Publ. , 1990：66~69.

［35］ Wang J Z, Tang H P, Ma Q, et al. Fabrication of high strength and ductile stainless steel fiber felts by singtering ［J］. JOM, 2016, 68 (3)：890~898.

# 5 金属纤维及纤维多孔材料的力学性能

金属纤维多孔材料是一类非常重要的结构功能一体化材料，力学性能是影响纤维多孔材料规模应用的关键指标。金属纤维多孔材料承受载荷作用时，纤维骨架和烧结结点的强度均起着非常重要的作用。而烧结是影响纤维骨架、结点强度及纤维多孔材料力学性能的关键因素。

金属纤维在集束拉拔制备过程中经历了大量的塑性变形，其内部储存了大量的变形储能。随炉升温及烧结过程中，金属纤维内部的变形储能会逐渐释放掉，而且纤维将经历回复、再结晶，甚至出现晶粒异常长大过程，从而影响纤维的微观组织，最终影响纤维多孔材料的力学性能。

本章主要讨论单纤维及纤维多孔材料的力学性能。

## 5.1　金属纤维的拉伸性能

为了分析不锈钢纤维对其纤维多孔材料的拉伸性能的影响规律，本节主要讨论拉拔态单纤维及单纤维经随炉升降温烧结和快速升降温烧结处理后的拉伸性能的变化规律。在制备不锈钢纤维多孔材料的烧结过程中，随炉搭载不锈钢纤维进行烧结处理。每种工艺抽取 5~10 根长度为 50mm 的单纤维，采用中华人民共和国纺织行业标准 FZ/T 98009—2011《电子单纤维强力仪》测试单纤维的拉伸性能，拉伸时纤维的夹持长度为 20mm。

### 5.1.1　拉拔态金属纤维的拉伸性能

图 5-1 所示是拉拔态 $\phi28\mu m$ 316L 不锈钢纤维的拉伸应力应变曲线，应变速率分别为 $0.8\times10^{-3}s^{-1}$ 和 $8.0\times10^{-3}s^{-1}$。可以看出，应力随着应变的增加呈线性增加，达到最大值后迅速降低，并未出现明显的屈服点。应力应变曲线分为两个阶段，弹性变形阶段和断裂阶段，这有别于不锈钢块体的拉伸应力应变曲线（其拉伸应力应变曲线分为 3 个阶段，即弹性变形阶段、塑性屈服阶段和断裂阶段，且存在明显的屈服点）。从图 5-1（a）可以看出，所测试的 9 根拉拔态纤维的应力应变曲线分散性较大，这是由于拉拔法所制备的纤维发生不均匀变形，且纤维表面出现条纹沟槽、凹凸形貌（见图 2-9）所致。从图 5-1（b）可以看出，当应变速率提高一个数量级时（相对于图 5-1（a）而言），所测试的 4 根纤维的应力应

变曲线分散性显著降低，这可能是由于应变速率提高，纤维的细微变形无法显现出来。应变速率对应力应变曲线的变化趋势没有影响。

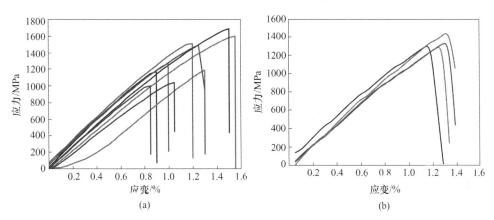

图 5-1　$\phi 28\mu m$ 拉拔态 316L 不锈钢纤维的拉伸应力应变曲线

(a) 应变速率为 $0.8 \times 10^{-3}\,\mathrm{s}^{-1}$；(b) 应变速率为 $8.0 \times 10^{-3}\,\mathrm{s}^{-1}$

从图 5-1 还可以看出，不锈钢纤维的断裂强度均超过 1000MPa，最高可达 1700MPa，显著高于不锈钢丝的断裂强度（700~850MPa）[1]，这是由于不锈钢纤维的晶粒尺寸为纳米级所致，如图 5-2 所示。不锈钢纤维的伸长率仅为 0.8%~1.55%，由此说明拉拔态不锈钢纤维的塑性较差，拉伸过程中基本呈脆性断裂，这也可以从图 5-3 中的微观断口形貌得到证实。由图 5-3 可以看出，拉拔态不锈钢纤维经拉伸后，其直径未发生显著变化，且断口附近几乎未产生颈缩现象，断口较平直且与拉伸方向呈 45° 角。基于第三强度理论（又称最大剪应力理论），即材料发生屈服是由最大切应力引起的。单向拉伸时，材料沿斜截面发生滑移而

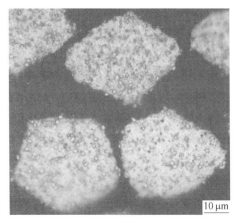

图 5-2　$\phi 28\mu m$ 拉拔态 316L 不锈钢
纤维的径向金相组织

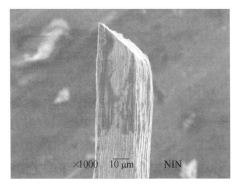

图 5-3　$\phi 28\mu m$ 拉拔态 316L 不锈钢纤维的
拉伸微观断口形貌（应变速率为 $0.8 \times 10^{-3}\,\mathrm{s}^{-1}$）

出现明显的屈服现象，此时试件在横截面上的正应力即为材料的屈服极限 $\sigma_s$，而试件在斜截面上的最大剪应力（即 45°斜截面上的剪应力）等于横截面上正应力的一半，即最大剪应力方向与拉伸方向呈 45°角，因此拉拔态纤维的断口与拉伸方向呈 45°角[2]。

### 5.1.2　烧结温度下处理后的金属纤维的拉伸性能

#### 5.1.2.1　随炉升降温烧结处理后的单纤维的拉伸性能

图 5-4 所示是 $\phi28\mu m$ 316L 不锈钢纤维经随炉升降温烧结处理后的拉伸应力应变曲线。由图可知：应力应变曲线分为 3 个阶段，弹性变形阶段、塑性变形阶段和断裂阶段，这与拉拔态不锈钢纤维的拉伸应力应变曲线存在明显差异（见图 5-1），这是由于不锈钢纤维经烧结处理后，其内部晶粒显著长大，使得纤维的断裂强度降低，而其塑性增加所致。但是，单纤维的拉伸应力应变曲线还是有别于不锈钢块体的拉伸应力应变曲线，前者未出现明显的屈服点，而后者有明显的

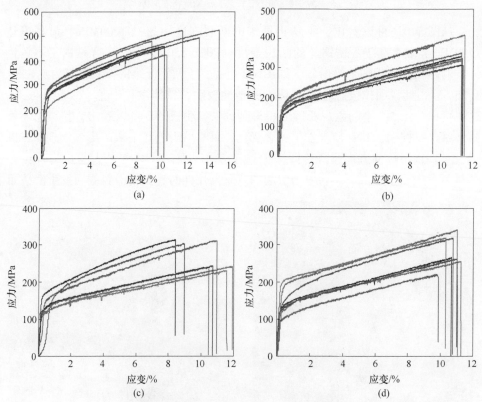

图 5-4　$\phi28\mu m$ 316L 不锈钢纤维经不同工艺处理后的
拉伸应力应变曲线（应变速率为 $1.6 \times 10^{-3} s^{-1}$）

（a）1000℃保温 10min；（b）1200℃保温 5min；（c）1200℃保温 2h；（d）1200℃保温 6h

屈服点。烧结处理后，单纤维的拉伸应力应变曲线均呈明显的双线性特征，即在弹性变形阶段和塑性变形阶段内，应力与应变呈线性关系，且弹性变形阶段曲线的斜率远大于塑性变形阶段曲线的斜率。

由图 5-4 还可以看出，316L 不锈钢纤维经 1000℃保温 10min 处理后（见图 5-4(a)），其拉伸应力应变曲线分散性较大，这是由于处理温度较低或保温时间较短时，纤维表面的凹凸形貌大部分已消失，但条纹沟槽形貌仍然存在（见图 5-5(a)）所致。处理温度升高或保温时间延长，纤维的拉伸应力应变曲线的分散性减小，尤其是 1200℃保温 6h 处理后（见图 5-4(d)），应力应变曲线基本趋于一致。纤维经高温或长时间处理后，由拉拔法导致纤维之间产生的形貌和宏观尺寸的差异逐渐缩小，以致最后基本消失，所以其力学性能之间的差异显著降低。

由图 5-4 还可以看出，316L 不锈钢纤维经烧结处理后，其断裂强度较拉拔态纤维的断裂强度显著降低，而伸长率显著提高（见图 5-1）。这是由于不锈钢纤维在随炉升降温烧结处理过程中，其内部晶粒显著长大且变形储能显著降低所致。

图 5-5 所示是图 5-4 中对应烧结工艺处理后的 316L 不锈钢纤维的微观断口形貌。可以看出，1000℃保温 10min 处理后，由于晶粒未显著长大，晶界限制了晶粒

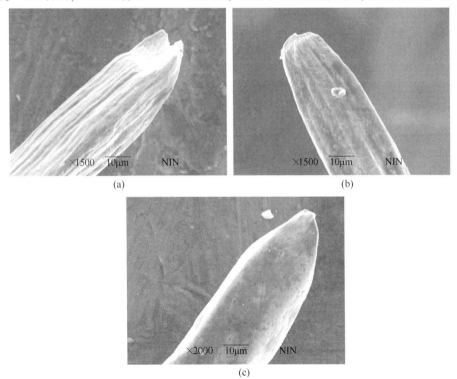

图 5-5 $\phi 28\mu m$ 316L 不锈钢纤维经不同工艺处理后的拉伸微观断口形貌（应变速率为 $1.6 \times 10^{-3} s^{-1}$）

(a) 1000℃，10min；(b) 1200℃，5min；(c) 1200℃，6h

内部位错的滑移，因此断口附近未出现明显的颈缩现象（见图 5-5(a)）。提高处理温度或延长保温时间，不锈钢纤维表面因集束拉拔产生的条纹沟槽逐渐消失，表面逐渐变得光滑，断口附近出现明显的颈缩现象（见图 5-5(b)、(c)）。这也是导致纤维的拉伸应力应变曲线分散性较小（见图 5-4(d)）的主要原因。

表 5-1 是 $\phi28\mu m$ 316L 不锈钢纤维经不同工艺处理后的拉伸性能（应变速率为 $1.6 \times 10^{-3}s^{-1}$）。可以看出，提高处理温度或延长保温时间（1 ~ 3 号试样），纤维的断裂强度逐渐降低，而其伸长率相差不大。当处理温度为 1200℃，保温时间由 20min 延长到 6h 时，纤维的断裂强度变化不明显，为 280~320MPa，伸长率为 9.4%~13.2%。由表 5-1 还可以看出，处理温度对断裂强度的影响远大于保温时间的影响。

表 5-1　$\phi28\mu m$ 316L 不锈钢纤维经随炉升降温工艺处理后的拉伸性能

| 试样编号 | 处理工艺 | 断裂强度/MPa | 伸长率/% |
|---|---|---|---|
| 1 | 1000℃，10min | 470.0±40 | 11.4±2.0 |
| 2 | 1200℃，5min | 360.0±50 | 12.4±3.5 |
| 3 | 1200℃，20min | 280.0±50 | 12.3±3.9 |
| 4 | 1200℃，1h | 320.0±40 | 13.2±3.2 |
| 5 | 1200℃，2h | 290.0±50 | 11.3±3.7 |
| 6 | 1200℃，4h | 310.0±51 | 9.4±3.1 |
| 7 | 1200℃，6h | 290.0±50 | 10.9±3.6 |

图 5-6 所示是表 5-1 中对应工艺处理后的 316L 不锈钢纤维骨架的轴向金相组织。由图可知，1000℃保温 10min 时（见图 5-6(a)），纤维内部的晶粒较细小，约 12.5μm（见图 4-21），但是远大于拉拔态纤维的晶粒尺寸（约 45nm[3]，见图 5-2），仍未形成竹节状晶粒，所以纤维的断裂强度较拉拔态纤维的断裂强度低（见图 5-1），但高于经其他工艺处理后的断裂强度（见表 5-1）。1200℃保温 5min 处理后（见图 5-6(b)），纤维内部的晶粒显著长大，约 23μm（见图 4-21），且竹节状晶粒已经占主导地位，所以其断裂强度较 1000℃保温 10min 处理后的低，伸长率进一步提高（见表 5-1）。继续延长保温时间（见图 5-6(c)~(e)），纤维内部的晶粒持续长大，但长大趋势逐渐减弱，所以纤维的断裂强度和伸长率相差不多（见表 5-1）。

### 5.1.2.2　快速升降温烧结处理后的单纤维的拉伸性能

图 5-7 所示是 $\phi28\mu m$ 316L 不锈钢纤维采用快速升降温烧结工艺处理后的拉伸应力应变曲线，应变速率为 $1.6 \times 10^{-3}s^{-1}$，处理温度为 1000℃，保温时间为 1~20min。由图可知，应力应变曲线也分为 3 个阶段，弹性变形阶段、塑性变形阶段和断裂阶段。烧结处理后，单纤维的拉伸应力应变曲线也均呈明显的双线性特

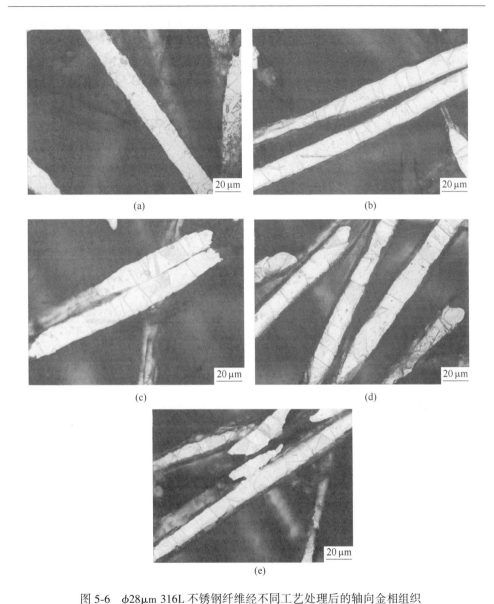

图 5-6 φ28μm 316L 不锈钢纤维经不同工艺处理后的轴向金相组织

(a) 1000℃，10min；(b) 1200℃，5min；(c) 1200℃，20min；(d) 1200℃，2h；(e) 1200℃，4h

征，即在弹性变形阶段和塑性变形阶段内，应力与应变呈线性关系，且弹性变形阶段曲线的斜率远大于塑性变形阶段曲线的斜率。应力应变曲线的变化趋势与图 5-4 类似。但与拉拔态不锈钢纤维的拉伸应力应变曲线存在明显差异（见图 5-1）。经快速升降温烧结工艺处理后，单纤维的拉伸应力应变曲线也有别于不锈钢块体的拉伸应力应变曲线，前者未出现明显的屈服点，而后者有明显的屈服点。

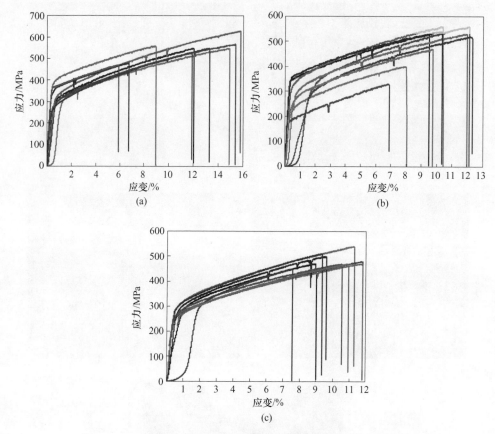

图 5-7 φ28μm 316L 不锈钢纤维经快速升降温烧结工艺处理后的
拉伸应力应变曲线（应变速率为 $1.6 \times 10^{-3} s^{-1}$）

(a) 1000℃, 1min；(b) 1000℃, 10min；(c) 1000℃, 20min

由图 5-7 还可以看出，316L 不锈钢纤维经 1000℃保温 1min 短时处理后（见图 5-7(a)），纤维的应力应变曲线表现出与拉拔态纤维的应力应变曲线一样（见图 5-1），分散性很大，说明 1min 的短时处理对纤维表面的条纹沟槽形貌影响不大。延长保温时间，纤维内部的晶粒逐渐长大（见图 4-21），表面趋于光滑，应力应变曲线趋于一致（见图 5-7(c)）。

此外，316L 不锈钢纤维经烧结处理后，其断裂强度较拉拔态纤维的断裂强度显著降低，而伸长率显著提高（见图 5-1）。1000℃保温 1min 短时处理后（见图 5-7(a)），纤维的断裂强度最高，延长保温时间，断裂强度逐渐降低（见图 5-7(b)、(c)）。这是由不锈钢纤维的内部晶粒显著长大且变形储能显著降低所致。

图 5-8 所示是图 5-7 中对应工艺处理后的 316L 不锈钢纤维的拉伸微观断口形

貌。由图可知，1000℃保温 1min 处理后（见图 5-8(a)），纤维骨架略微出现颈缩现象，断口形貌较平坦，但其表面条纹沟槽仍然存在，这也是应力应变曲线分散性较大的主要原因（见图 5-7）；延长保温时间（见图 5-8(b)、(c)），纤维骨架的颈缩现象趋于明显，且颈缩起始于晶粒内部而非晶界处，这是由于晶界相对于晶粒是强化相，晶界不易变形所致。

图 5-8　φ28μm 316L 不锈钢纤维经快速升降温烧结工艺处理后的拉伸微观断口形貌
（应变速率为 1.6 ×10$^{-3}$s$^{-1}$，箭头所指为晶粒的晶界）
(a) 1000℃，1min；(b) 1000℃，10min；(c) 1000℃，20min

表 5-2 是 φ28μm 316L 不锈钢纤维经快速升降温烧结处理后的拉伸性能（应变速率为 1.6 ×10$^{-3}$s$^{-1}$）。可以看出，1000℃保温 1min 处理后，纤维的断裂强度最高，这也从应力应变曲线中得到了证实（见图 5-7(a)）。延长保温时间，纤维的断裂强度变化不明显，为 490~523 MPa，伸长率为 9.3%~10.6%。由 4.5.4 节分析可知，延长保温时间，纤维骨架晶粒逐渐长大，但长大的趋势逐渐减小，因此其断裂强度和伸长率变化不显著。

表 5-2　$\phi$28μm 316L 不锈钢纤维经快速升降温烧结处理后的拉伸性能

| 处理工艺 | 断裂强度/MPa | 伸长率/% |
|---|---|---|
| 1000℃，1min | 543.3±48 | 11.6±3.7 |
| 1000℃，2min | 523.0±57 | 10.1±3.3 |
| 1000℃，5min | 503.0±53 | 10.2±2.2 |
| 1000℃，10min | 490.0±76 | 9.3±2.8 |
| 1000℃，15min | 522.5±48 | 10.6±3.3 |
| 1000℃，20min | 492.0±35 | 10.6±2.0 |

## 5.2　金属纤维多孔材料的力学性能

### 5.2.1　拉伸性能

迄今为止，只有为数不多的研究学者针对金属纤维多孔材料的拉伸性能进行了初步的研究。俄罗斯 A. G. Kostornov 教授研究了金属纤维多孔材料室温下的拉伸性能[4]（加载速率为 10~25mm/min），结果表明，孔隙率越高，多孔材料的比例极限越小且呈非线性变化；当加载应力超过材料的比例极限时，多孔材料开始卸载，即出现了弹性卸载阶段；卸载完成后，残余塑性变形量等于总应力分量与弹性应力分量之差；再次加载时，拉伸曲线几乎与卸载曲线一致，从而完成一次加载—卸载循环，如图 5-9 所示。这一特殊现象主要与金属纤维多孔材料的结构有关。金属纤维多孔材料的孔隙率越高，初期失效前的总变形量越大。A. G. Kostornov 教授还探讨了 Ni-Cr 合金纤维多孔材料在室温和高温（600~1100℃）下的拉伸性能[5]，研究表明，当载荷超过材料的抗拉强度时，材料局部发生断裂，随后载荷发生重新分布，并未出现材料的瞬间破坏；拉伸过程中，多孔材料发生大量的弹塑性变形，具有较高的韧性；随着孔隙率的增加，多孔材料的伸长率逐渐降低，但其伸长率远高于相同孔隙率的金属粉末多孔材料；室温下，多孔材料的抗拉强度为 150MPa，当温度从 600℃升高到 1100℃时，其抗拉强度从约 65MPa 下降到约 30MPa。P. Ducheyne 等人[6]利用直径为 50μm 和 100μm 的 AISI 316L 不锈钢纤维制备了较低孔隙率的多孔材料，并对其拉伸性能进行了研究。T. W. Clyne 等人[7]以熔抽法加工的 $\phi$100μm 的不锈钢纤维为原料，制备了孔隙率为 75%~95% 的多孔材料，但其抗拉强度基本上在 1MPa 以下，烧结结点处具有相对较高的断裂强度。通过拉伸性能的比较，A. E. Markaki 等人[8]发现相同孔隙率下，金属纤维多孔材料比铝基泡沫多孔材料的强度更高，韧性更好，这是由于金属纤维多孔材料在制备过程中的孔缺陷远少于金属泡沫材料。铜纤维多孔材料在单向拉伸过程中均先经历短暂的弹性变形阶段后迅速进入塑性变形阶段，但是在整个变形过程中没有出现明显的屈服阶段。从微观结构分析，由于铜纤维多孔材料具有三维网状的多孔结构，使其在应变增大的条件下应力在纤维骨架结构的传递变得缓慢，当应力达到一定程度时多孔材料便迅速发生断裂破坏[9]。

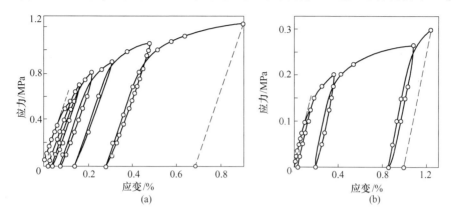

图 5-9　金属纤维多孔材料拉伸过程中的弹性卸载曲线

(a) 孔隙率为 25%；(b) 孔隙率为 66%

西北有色金属研究院以 316L 不锈钢纤维为原料，制备了不同孔结构的金属纤维多孔材料，系统开展了金属纤维多孔材料的拉伸性能研究，拉伸方向均沿面内方向。图 5-10 所示是不锈钢纤维多孔材料承受拉伸载荷时的宏观变形过程，其中图 5-10(a) 为试样未承受拉伸载荷作用时的状态；图 5-10(b) 为试样发生了塑性变形，试件伸长；应力继续加大时，试件继续变形伸长，结点剥离或者金属纤维骨架发生断裂破坏，裂纹迅速扩展至表面（见图 5-10(c)），随后完全断裂（见图 5-10(d)）。拉伸过程中，随着拉伸应力的逐渐增加，纤维骨架逐渐被拉长并发生塑性变形，纤维多孔材料的孔结构发生变化，而烧结结点是阻碍孔结构变形的主要因素。当结点尺寸较小或强度较低时，结点处也会发生断裂。

图 5-10　金属纤维多孔材料的宏观拉伸过程

图 5-11 所示是 316L 不锈钢纤维多孔材料典型的拉伸应力应变曲线[10]。由图可知：其拉伸断裂过程与泡沫金属材料的拉伸断裂过程类似，主要分为 3 个阶段：弹性变形阶段、塑性变形阶段和断裂阶段。弹性变形阶段，仅有小的

弹性变形发生，应力随着应变的增加呈线性增加，满足胡克定律；塑性变形阶段，随着应力的不断增大，多孔材料内部的不锈钢纤维将绕着结点沿着拉伸方向发生一定程度上的塑性偏转；断裂阶段，应力增大到多孔材料的许用应力时，多孔材料发生断裂。由图 5-11 还可以看出，金属纤维多孔材料不像致密体那样发生瞬间断裂，先发生局部断裂，然后扩展，最后发生断裂。金属纤维多孔材料的拉伸性能有别于致密金属材料，主要原因在于孔的影响，如孔隙率、孔形状、孔径及其分布等。由于金属纤维多孔材料中的孔呈不规则形状，在载荷作用下，其尖端处易产生应力集中而萌生裂纹；另外，由于孔隙的存在，显著降低了载荷作用面积。

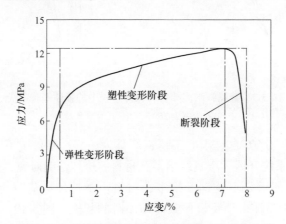

图 5-11  不锈钢纤维多孔材料的拉伸应力应变曲线
（纤维直径为 12μm，孔隙率为 85%，烧结工艺为 1200℃保温 2h）

金属纤维多孔材料的拉伸性能受多种因素的影响，以下讨论孔隙率、烧结工艺及纤维直径对其影响规律。作者采用西北有色金属研究院制定的标准《烧结金属多孔材料  拉伸性能的测定》（YS/T 1133—2016）测试了金属纤维多孔材料的拉伸性能。

### 5.2.1.1  孔隙率的影响

图 5-12 所示是采用纤维直径为 28μm，烧结工艺为 1200℃保温 4h 制备的不同孔隙率的 316L 不锈钢纤维多孔材料的拉伸应力应变曲线（加载速度为 1.5mm/min），每种孔隙率测试了 3 个样品。由图可知：应力应变曲线的重复性较好，且均分为 3 个阶段；孔隙率越小，纤维多孔材料的抗拉强度越高，伸长率越大。随着孔隙率从 90% 减小到 70% 时，伸长率从约 8% 提高到约 25%，而抗拉强度从约 9MPa 提高到 40MPa。

图 5-13 所示是图 5-12 中部分试样的宏观断口形貌。孔隙率为 89.0% 时（见图 5-13(a)），断口呈锯齿状，且具有明显的层状剥离和断裂特征。当孔隙率为

71.3%时（见图5-13(c)），情况有所改善，主要表现为断口较平齐，而且层间剥离现象不明显。随着孔隙率的降低，金属纤维和烧结结点的数量增加，纤维多孔材料的强度增加。

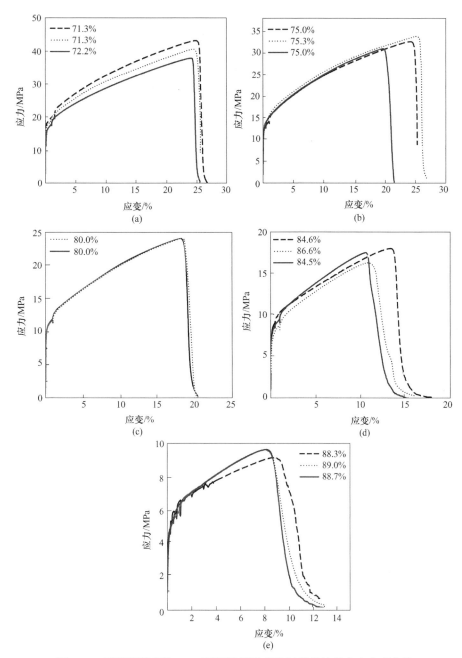

图5-12 不同孔隙率的316L不锈钢纤维多孔材料的拉伸应力应变曲线

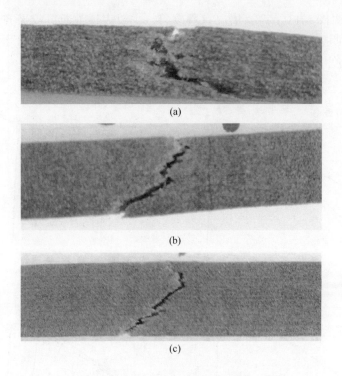

图 5-13 不锈钢纤维多孔材料的宏观断口形貌

(a) 孔隙率为 89.0%；(b) 孔隙率为 80.0%；(c) 孔隙率为 71.3%

### 5.2.1.2 烧结工艺的影响

烧结工艺主要包括烧结温度和保温时间，本节主要讨论二者对金属纤维多孔材料的拉伸性能的影响。

A 烧结温度的影响

图 5-14 所示是采用纤维直径为 12μm，保温时间为 2h，不同烧结温度制备的孔隙率为 85% 的 316L 不锈钢纤维多孔材料的拉伸应力应变曲线。由图可知：应力应变曲线也分为 3 个阶段，但并未出现明显的屈服点，这有别于致密不锈钢材料的拉伸应力-应变曲线。烧结温度为 1100℃ 或 1150℃ 时，应力应变曲线基本重合，即材料的抗拉强度和伸长率基本一样；烧结温度由 1150℃ 升高到 1200℃ 时，应力应变曲线向上移动，即抗拉强度增加，而伸长率仅增加约 1%；继续升高温度到 1250℃ 时，应力应变曲线继续向上移动，即材料的抗拉强度和伸长率均增大，但是增幅明显减小。总体来看，烧结温度由 1100℃ 升高到 1250℃ 时，纤维多孔材料的伸长率由 7.5% 增加到 9.5%。

图 5-15 所示是图 5-14 中纤维多孔材料的抗拉强度与烧结温度的关系。由图可知：整条曲线可分为两个阶段，第一阶段的烧结温度为 1100~1150℃，此时抗

拉强度随烧结温度的提高增加较缓慢。烧结温度提高50℃，抗拉强度仅增加0.5MPa。这可能是由于烧结温度较低时，烧结结点的强度较低所致。第二阶段的烧结温度为1150~1250℃，此时抗拉强度随烧结温度的提高而显著增加。其主要原因可能是升高烧结温度，烧结结点的强度显著增加，使得纤维多孔材料的抗拉强度提高。

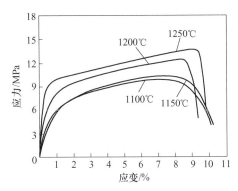

图5-14　不同烧结温度制备的316L不锈钢纤维多孔材料的拉伸应力应变曲线

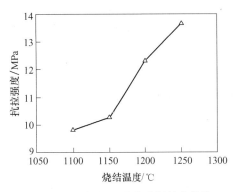

图5-15　不锈钢纤维多孔材料的抗拉强度与烧结温度的关系

图5-16所示是图5-14中对应工艺制备的316L不锈钢纤维多孔材料的拉伸微观断口形貌。由图可知：断口附近均发生了颈缩，烧结温度为1250℃的断口颈缩现象更明显；1250℃烧结时的烧结结点强度高于1150℃烧结时的烧结结点强度，这也证实了高温烧结后，纤维多孔材料的抗拉强度和伸长率均较高。同时，颈缩均起始于晶粒内部而非晶界处。

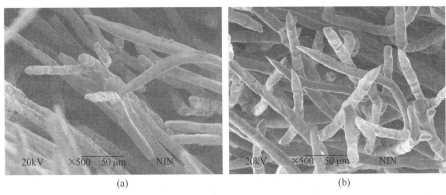

(a)　　　　　　　　　　　　　　(b)

图5-16　不锈钢纤维多孔材料的拉伸微观断口形貌

(a) 1150℃；(b) 1250℃

**B　保温时间的影响**

图5-17所示是采用纤维直径为12μm，烧结温度为1200℃，不同保温时间制

备的孔隙率为 85% 的 316L 不锈钢纤维多孔材料的拉伸应力应变曲线。由图可知：烧结温度相同时，虽然保温时间不同，但是应力应变曲线几乎完全重合，即材料的抗拉强度和伸长率基本一样。由此可以推断，保温时间对纤维多孔材料的拉伸性能的影响较小。

图 5-18 所示是图 5-17 中纤维多孔材料的抗拉强度与保温时间的关系。可以看出，保温时间由 1h 增加到 3h 时，纤维多孔材料的抗拉强度增幅不明显，为 12~13.5MPa。延长保温时间，可有效地促进烧结结点的长大，但是保温时间过长，则有可能加剧纤维内部晶粒的二次再结晶而产生粗化现象，不利于纤维多孔材料拉伸性能的提高。因此，实际生产中，制备 316L 不锈钢纤维多孔材料时，保温时间选取 1h 即可。

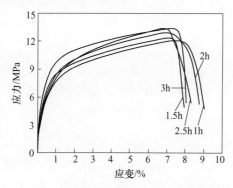

图 5-17　不同保温时间制备的 316L 不锈钢
纤维多孔材料的拉伸应力应变曲线

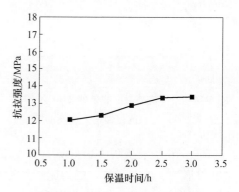

图 5-18　不锈钢纤维多孔材料的
抗拉强度与保温时间的关系

图 5-19 所示是图 5-17 中对应工艺制备的 316L 不锈钢纤维多孔材料的拉伸微观断口形貌。可以看出，断口附近均发生了颈缩现象，但保温时间不同时，颈缩现象变化不明显，这进一步证实了保温时间对纤维多孔材料的拉伸性能影响较小。

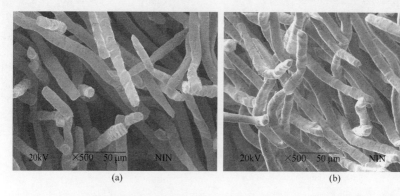

图 5-19　不同保温时间制备的 316L 不锈钢纤维多孔材料的微观断口形貌
(a) 1.5h；(b) 2.5h

图 5-20 所示是采用随炉升降温烧结工艺制备的 316L 不锈钢纤维多孔材料的拉伸应力应变曲线，纤维直径为 28μm，烧结温度为 1200℃，保温时间为 5min ~ 6h，试样尺寸为 130mm×10mm×10mm（长×宽×高），加载速率为 1.5mm/min。纤维毛毡的制备过程为：（1）将纤维毛毡制备成一定尺寸的长方体；（2）将长方体置于两块不锈钢板之间；（3）采用油压机将其压缩至设计高度；（4）利用六角螺栓对不锈钢板的 4 个角进行紧固。由图 5-20 可知，应力应变曲线均具有双线性特征，与图 5-4 类似。烧结温度相同时，延长保温时间，纤维多孔材料的抗拉强度和伸长率变化不明显。纤维多孔材料的伸长率为 13% ~ 17%，显示出良好的塑性。

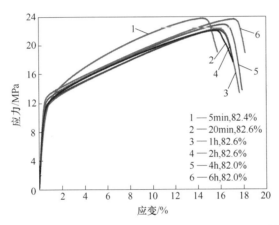

图 5-20　随炉升降温烧结工艺制备的 316L 不锈钢纤维
多孔材料的拉伸应力应变曲线

表 5-3 是图 5-20 中对应烧结工艺制备的烧结结点相对尺寸。可以看出，烧结结点的相对尺寸分布范围很大，这是由于金属纤维呈不规则多边形且纤维之间的初始接触状态不同所致。尽管如此，延长保温时间，结点的相对尺寸从 0.68 增长到 0.99。延长保温时间，金属纤维的断裂强度略微降低（见表 5-1），而结点相对尺寸逐渐增大，但当保温时间超过 2h 后，结点的相对尺寸变化不明显（见表 5-3），而且与此对应的纤维多孔材料的断裂强度和伸长率变化都很小（见图 5-20）。由此说明，结点尺寸的增加有利于金属纤维多孔材料在拉伸过程中内部应力场的均匀分布，提高强度。

表 5-3　不同烧结工艺制备的烧结结点相对尺寸

| 烧结工艺 | 烧结结点相对尺寸（$x/a$） |
| --- | --- |
| 1200℃，5min | 0.68±0.21 |
| 1200℃，20min | 0.68±0.23 |
| 1200℃，1h | 0.74±0.29 |

续表 5-3

| 烧结工艺 | 烧结结点相对尺寸 $(x/a)$ |
|---|---|
| 1200℃，2h | 0.94±0.25 |
| 1200℃，4h | 0.99±0.33 |
| 1200℃，6h | 0.88±0.2 |

注：纤维直径为 28μm，纤维之间的夹角为 90°。

图 5-21 所示是图 5-20 中部分对应试样的拉伸宏观断口形貌。可以看出，烧结工艺为 1200℃保温 5min 和 1200℃保温 20min 制备试样的断口长度明显大于烧结工艺为 1200℃保温 4h、1200℃保温 6h 制备试样的断口长度。保温时间超过 4h 时，从试样的宏观断口上基本看不到分层现象。

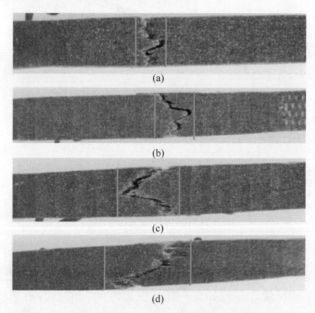

(a)

(b)

(c)

(d)

图 5-21　纤维直径为 28μm，不同烧结工艺制备的 316L
不锈钢纤维多孔材料的拉伸宏观断口形貌

(a) 1200℃，6h；(b) 1200℃，4h；(c) 1200℃，20min；(d) 1200℃，5min

### 5.2.1.3　纤维直径的影响

图 5-22 所示是采用 4 种直径的纤维制备的孔隙率为 85%的 316L 不锈钢纤维多孔材料（烧结工艺为 1200℃保温 2h）的拉伸应力应变曲线，其中图 5-22(a) 为完整的应力应变曲线，图 5-22(b) 为应变不大于 4.0%的应力应变曲线。由图可知，应力应变曲线也分为 3 个阶段。孔隙率相同时，随着纤维直径的减小，材料的弹性变形阶段略有增加，弹性模量也略微增大（见图 5-22(b)）；虽然纤维直径不同，但是材料的伸长率基本一样（见图 5-22(a)），可以推断纤维直径对

材料的伸长率影响较小。

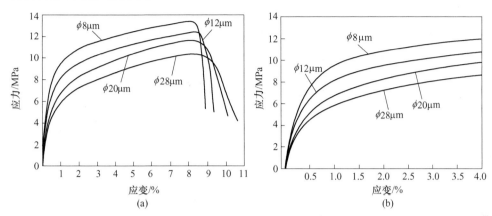

图 5-22 不同直径的纤维制备的 316L 不锈钢纤维多孔材料的
拉伸应力应变曲线（图中的数字表示纤维直径）

图 5-23 所示是图 5-22 中对应直径的纤维制备的 316L 不锈钢纤维多孔材料的抗拉强度与纤维直径的关系。由图可知，孔隙率相同时，直径越小，材料的抗拉强度越高。随着纤维直径的增加，材料的抗拉强度呈线性下降。这主要是因为直径越小，纤维的表面能越高，纤维之间越容易形成烧结结点，且结点发育的越好；直径越小，单位体积内的纤维数量越多，形成的烧结结点数量越多；直径越小，所制备的纤维多孔材料的孔径越小（见图

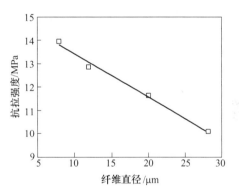

图 5-23 不锈钢纤维多孔材料的
抗拉强度与纤维直径的关系

5-24），从而使得纤维多孔材料具有更高的抗拉强度。

图 5-24 所示是图 5-22 中对应直径的纤维制备的 316L 不锈钢纤维多孔材料的断口形貌。由图可知：断口均出现颈缩现象，但颈缩程度与纤维直径之间的关系不明显，这也证实了纤维直径对纤维多孔材料的伸长率影响较小。

### 5.2.2 压缩性能

压缩性能是金属纤维多孔材料能否在冲击防护领域得到广泛应用的一个关键指标。华南理工大学对铜纤维多孔材料的压缩性能的研究表明[9,11]，铜纤维多孔材料在压缩过程中均先经历了短暂的弹性变形阶段后迅速进入密实变形阶段，变形过程中没有明显的屈服平台出现，其原因是压缩加载方向为厚度方向（即 z

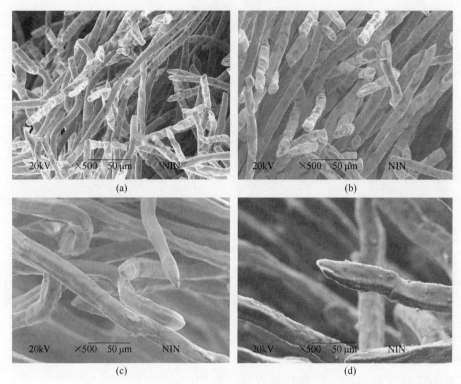

图 5-24   不同直径纤维制备的 316L 不锈钢纤维多孔材料的拉伸微观断口形貌

(a) $\phi 8\mu m$；(b) $\phi 12\mu m$；(c) $\phi 20\mu m$；(d) $\phi 28\mu m$

方向)。研究还发现，升高烧结温度或延长保温时间，铜纤维多孔材料的屈服强度降低，这可能是纤维骨架晶粒粗化所致。

金属纤维多孔材料是一类各向异性材料，因此其 $x$ 方向或 $y$ 方向（即面内方向，$x$ 方向和 $y$ 方向是各向同性材料）和厚度方向（$z$ 方向）的压缩行为迥然不同，两个方向的压力加载示意图如图 5-25 所示。

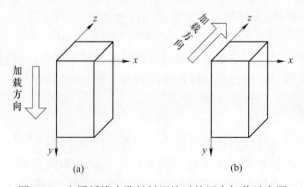

图 5-25   金属纤维多孔材料压缩时的压力加载示意图

(a) 加载方向为 $y$ 方向；(b) 加载方向为 $z$ 方向

下面以加载方向为 $y$ 方向为例，分析金属纤维多孔材料在 $y$ 方向的压缩变形过程，结果如图 5-26 所示。图 5-26(a) 为未施加载荷时的试样。随着施加载荷的增加，$x$-$y$ 平面内未出现裂纹，而是先出现屈曲（见图 5-26(b)），随后出现褶皱（见图 5-26(c)~(g)），并迅速致密化。压缩过程中，两个侧面（$y$-$z$ 面）之间的距离变化很小。由此说明，沿 $y$ 方向压缩时，变形以滑移为主且主要发生在 $x$-$y$ 平面内；$x$-$y$ 平面内的变形不均匀，最终出现滑移失稳导致纤维多孔材料失效。

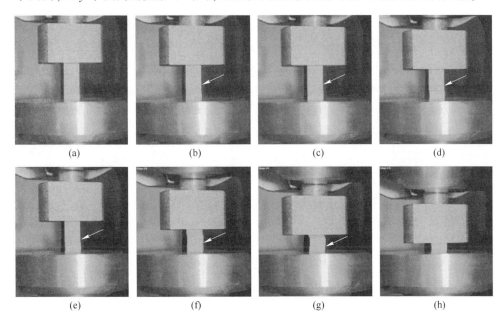

图 5-26 金属纤维多孔材料在 $y$ 方向的压缩变形过程（箭头所指为屈曲或褶皱区域）

金属纤维多孔材料在 $z$ 方向的压缩变形过程如图 5-27 所示。可以看出，压缩过程中，纤维多孔材料未出现明显的屈曲现象，其厚度逐渐降低，孔隙率逐渐减小。

图 5-28 所示是金属纤维多孔材料在 $y$ 方向和 $z$ 方向加载时的压缩应力应变曲线。由图可知，加载方向为 $y$ 方向时（见图 5-28(a)），应力应变曲线大致分为 3 个阶段：在应变较低时的线性弹性区、屈服平台区和应力急剧增大时的致密化区。Gibson-Ashby 理论认为泡沫金属多孔材料的压缩过程由 3 个阶段组成：弹性区、平台区和致密化区，金属纤维多孔材料的压缩过程与该理论相吻合。线性弹性区，应力迅速增大，应变缓慢增加。当应变增加到一定数值时，压缩应力达到多孔材料的屈服强度 $\sigma_s$ 后便进入较长的屈服平台区，整体表现为应力增加很少而应变却迅速增大。长而平的屈服平台区使得金属纤维多孔材料具有较高的能量吸收能力。当压缩应力迅速增大，应力应变曲线进入致密化区，此时纤维骨架互相接触，孔洞被压实。加载方向为 $z$ 方向时（见图 5-28(b)），应力应变曲线大致也分为 3 个阶段，但是 3 个阶段的界限没有 $y$ 方向加载时的明显，图 5-28(b)

中的线性弹性区的斜率较小，而平台区和致密化区的应力随应变的增大而提高的幅度较 $y$ 方向加载时的大。由图 5-28 还可以看出，$y$ 方向加载时的屈服平台区更宽，而 $z$ 方向加载时的屈服平台区相对较窄，但更陡峭。

图 5-27 金属纤维多孔材料在 $z$ 方向的压缩变形过程

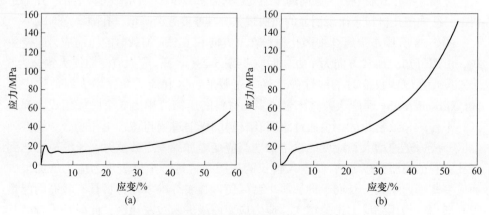

图 5-28 金属纤维多孔材料在不同加载方向的压缩应力应变曲线

（a）加载方向为 $y$ 方向；（b）加载方向为 $z$ 方向

金属纤维多孔材料的能量吸收能力取决于屈服平台区的面积，即[12]

$$W = \int_0^{\varepsilon_{\mathrm{m}}} \sigma(\varepsilon)\,\mathrm{d}\varepsilon \tag{5-1}$$

式中　$W$——纤维多孔材料吸收的能量；

　　　$\varepsilon_{\mathrm{m}}$——屈服平台区的最大应变；

　　$\sigma(\varepsilon)$——应力，是应变的函数。

而能量吸收效率由式（5-2）确定：

$$I = \frac{W}{\sigma_{\mathrm{m}}\varepsilon_{\mathrm{m}}} = \frac{1}{\sigma_{\mathrm{m}}\varepsilon_{\mathrm{m}}}\int_0^{\varepsilon_{\mathrm{m}}} \sigma(\varepsilon)\,\mathrm{d}\varepsilon \tag{5-2}$$

式中　$\sigma_{\mathrm{m}}$——最大应变 $\varepsilon_{\mathrm{m}}$ 对应的应力。

一般选取 $\varepsilon_{\mathrm{m}}$ = 0.50 来计算金属多孔材料所吸收的能量 $W$[13]。

多孔材料的压缩屈服强度越高（但是应变要小），屈服平台区越长，即压缩应力应变曲线下的面积越大，多孔材料的能量吸收能力越强。理想吸能材料的压缩应力应变曲线示意图如图 5-29 所示，即吸能材料在很小的应变下达到一个较大的屈服应力后进入一个很长的平台区，这一阶段孔壁发生屈服，孔结构发生变形，可以吸收大量的冲击能量。

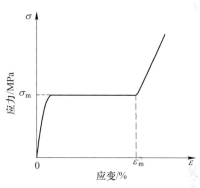

图 5-29　理想吸能材料的压缩应力应变曲线示意图

表 5-4 列出了西北有色金属研究院采用纤维直径为 12μm 的 316L 不锈钢纤维制备的不同孔隙率的纤维多孔材料的能量吸收能力[14]。由表可知，孔隙率是影响纤维多孔材料能量吸收值的重要因素之一。随着孔隙率的增大，材料的能量吸收值和能量吸收效率均逐渐降低。

表 5-4　不同孔隙率的 316L 不锈钢纤维多孔材料的能量吸收能力

| 孔隙率/% | 能量吸收值/MJ·m³ | 能量吸收效率/% |
|---|---|---|
| 64.5 | 25.75 | 33.75 |
| 69.2 | 16.30 | 37.34 |
| 78.0 | 14.68 | 20.93 |
| 82.3 | 7.17 | 19.13 |

金属纤维多孔材料的压缩性能受多种因素的影响，以下讨论材料的孔隙率与纤维直径对其影响规律。作者采用西北有色金属研究院制定的标准《烧结金属多孔材料　压缩性能的测定》（YS/T 1132—2016）测试了金属纤维多孔材料在 $y$ 方

向加载时的压缩性能。

### 5.2.2.1 孔隙率的影响

图 5-30 所示是采用直径为 12μm 的集束拉拔 316L 不锈钢纤维制备的不同孔隙率纤维多孔材料的压缩应力应变曲线，其中图 5-30(b)是图 5-30(a)中应变为 0~0.15 之间的放大图[15~17]。由图 5-30 (a) 可知，应力应变曲线均分为 3 个阶段，与图 5-28(a)类似。孔隙率越高，曲线的屈服平台区越长，但是其应力值越低，应力应变曲线下的面积越小，即材料的能量吸收值越低。当材料进入致密化区后，曲线的斜率基本一样，而受孔隙率的影响较小。由图 5-30(b)可知，随着孔隙率的降低，材料的弹性模量和屈服强度逐渐增大，这是由于孔隙率越低，单位面积内的纤维数量越多，材料的有效承载面积越大。

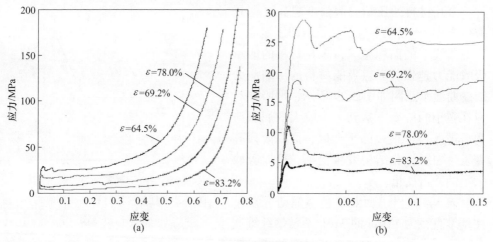

图 5-30　不同孔隙率的 316L 不锈钢纤维多孔材料的压缩应力应变曲线
(a) 完整的应力应变曲线；(b) 图 5-30(a)的局部放大图

图 5-31 所示是采用直径为 100μm 的切削 410 不锈钢纤维制备的不同孔隙率纤维多孔材料的压缩应力应变曲线，其中图 5-31(b)是图 5-31(a)中应变为 0~0.1 之间的放大图[15]。由图 5-31(a)可知，当材料的孔隙率低于 90% 时，应力应变曲线也均分为 3 个阶段，与图 5-28(a)、5-30(a)类似。当材料的孔隙率高于 90% 时，应力应变曲线几乎与 x 轴重合，材料几乎没有能量吸收能力，这是由于材料的孔隙率太高所致。由图 5-31(b)可知，随着孔隙率的降低，材料的弹性模量略微增大，而材料的屈服强度显著增加。

由图 5-30 和图 5-31 还可以看出，当材料的孔隙率几乎相同时 (83.2% 和 82.8%)，直径为 12μm 的集束拉拔纤维制备的多孔材料的应力应变曲线较直径为 100μm 的切削纤维制备的多孔材料的应力应变曲线低 (见图 5-30(a)、图 5-31(a))，前者的屈服强度仅约为 5MPa (见图 5-30(b))，而后者的屈服强度约为

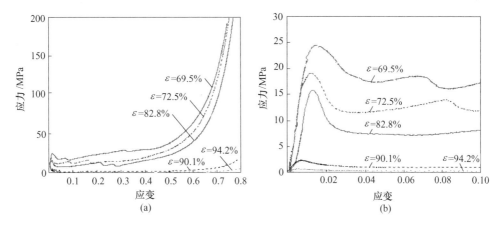

图 5-31 不同孔隙率的 410 不锈钢纤维多孔材料的压缩应力应变曲线

（a）完整的应力应变曲线；（b）图 5-31（a）的局部放大图

16MPa（见图 5-31（b））。这可能是由于纤维直径及纤维形貌不同所致。

图 5-32 所示是以直径为 28μm 的集束拉拔 316L 不锈钢纤维为原料，采用随炉升降温烧结工艺制备的纤维多孔材料的压缩应力应变曲线，烧结温度为 1200℃，保温时间为 4h，试样尺寸（长×宽×高）为 10mm × 10mm ×20mm，加载速率为 1.5mm/min。由图可知，应力应变曲线均分为 3 个阶段，与图 5-28（a）、图 5-30（a）、图 5-31（a）类似；应力应变曲线重复性较好，说明所制备试样的孔隙率较均匀。随着孔隙率的增大，材料的屈服强度逐渐减小。当孔隙率接近 89% 时，屈服强度约为 3.0MPa（见图 5-32（e））。当孔隙率低于 74.8% 时（图 5-32（a）、（b）），应力应变曲线的屈服平台区较平缓，且应力值较稳定。当孔隙率高于 79.1% 时（图 5-32（c）~（e）），应力应变曲线的屈服平台区出现波动，且孔隙率越高，波动现象越明显，这可能是由于材料的孔隙率较高，烧结结点数量较少，纤维骨架越容易失稳所致。

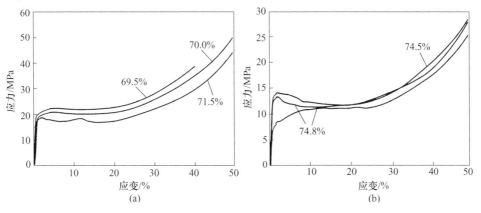

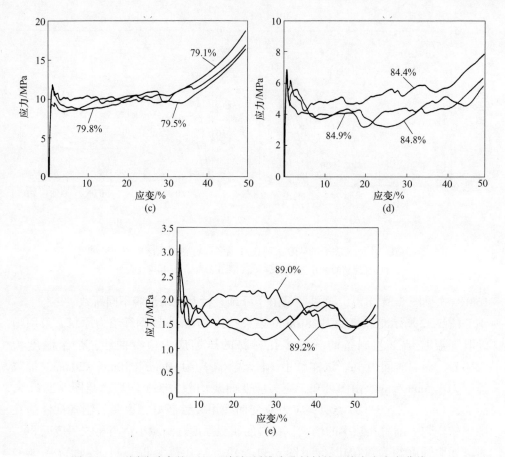

图 5-32 不同孔隙率的 316L 不锈钢纤维多孔材料的压缩应力应变曲线

图 5-33 所示是图 5-32 中应变小于 4% 的应力应变曲线局部放大图。由图可知，当孔隙率从 71.5% 增大到 89.2% 时，线性弹性区的斜率逐渐减小，即材料的弹性模量逐渐降低。当孔隙率小于 75% 时，应力超过屈服强度后，随着应变的增加，曲线趋于平缓，应力趋于稳定；当孔隙率超过 75% 时，应力超过屈服强度后，随着应变的增加，应力均降低，然后趋于平缓，即应力要经过一个明显的下降阶段才进入屈服平台区。由此说明，材料的孔隙率较低时，其整体刚度较高，不易发生屈曲失稳。

C. M. Zou 等人[18]采用真空高温烧结工艺制备了孔隙率为 35% ~ 84%、孔径为 150~600μm 的钛纤维多孔材料。研究表明，随着孔隙率的增加，多孔材料的压缩屈服强度和弹性模量均降低，其取值范围分别为 100 ~ 200MPa 和 3.5 ~ 4.2GPa。由于钛纤维多孔材料具有交织状的多孔结构，使得骨组织和体液传输更为便利。P. Liu 等人制备了孔隙率为 33.90% ~ 56.27%，孔径为 25~1300μm 的多孔钢丝网。研究表明，钢丝网在压缩过程中表现出与其他多孔材料一样的弹

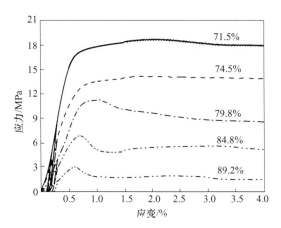

图 5-33 不同孔隙率的 316L 不锈钢纤维多孔材料的
压缩应力应变曲线局部放大图

塑性行为。随着孔隙率增大，多孔钢丝网的屈服强度和弹性模量均降低。当孔隙率从 33.90% 增加到 56.27% 时，其屈服强度从 46.9MPa 降低到 14.8MPa，其弹性模量从 1.42GPa 降低到 0.42GPa[19]。

### 5.2.2.2 纤维直径的影响

图 5-34 所示是采用 3 种直径的 316L 不锈钢纤维制备的多孔材料的压缩应力应变曲线，多孔材料的孔隙率为 62.2%，烧结工艺为 1200℃ 保温 2h，其中图 5-34(b) 是图 5-34(a) 中应变为 0 ~ 10% 之间的局部放大图。由图 5-34(a) 可知，应力应变曲线也分为 3 个阶段。纤维直径为 12μm 的多孔材料的能量吸收值最高，纤维直径为 8μm 的多孔材料的能量吸收值略低于纤维直径为 12μm 的能量吸收值，而纤维直径为 20μm 的多孔材料的能量吸收值最低。由图 5-34(b) 可知，应力超过屈服强度后，随着应变的增加，应力均降低；之后随着应变的继续增加，应力趋于平缓。纤维直径为 8μm 和 12μm 时，所制备的多孔材料的屈服强度基本一样，约为 34MPa，而纤维直径为 20μm 的多孔材料的屈服强度最低，约为 25MPa。这可能与纤维直径有关。

另外，孔的形状对金属纤维多孔材料的压缩性能也会产生重要影响。数值模拟结果表明，相对于球形孔来说，六边形和正方形孔会更早出现塑性变形[20]。

### 5.2.3 剪切性能

剪切性能是金属纤维多孔材料力学性能的一个重要组成部分。华南理工大学研究了孔隙率和烧结工艺对铜纤维多孔材料剪切强度的影响[21]。结果表明，随着孔隙率的增大，材料的剪切强度逐渐降低，主要原因是孔隙率越低，有效剪切面积越大，剪切强度越高。烧结温度越高，剪切强度越大，这是由于高的烧结温

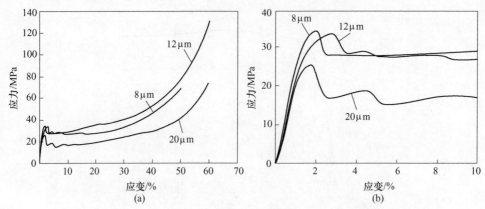

图 5-34 不同直径的 316L 不锈钢纤维制备的多孔材料的压缩应力应变曲线

(a) 完整的应力应变曲线；(b) 图 5-34(a)的局部放大图

度加速了物质的扩散，纤维之间的黏结面积增大所致；延长保温时间，剪切强度增大，但保温时间过长，剪切强度可能会降低，这可能是由于保温时间过长导致晶粒粗化所致。赵天飞等人[22]采用光学非接触式测量系统表征了不锈钢纤维多孔材料在 x-y 平面内的剪切变形过程中的应变分布。结果表明，试样在应变达到5%时出现明显的应变集中，最大切应变集中于试样中部，而在试样边缘几乎没有发生变形。通过分析最大切应变区的褶皱方向可以推断此区域在与剪切方向呈45°角的两个方向分别受到拉伸应力和压缩应力。

金属纤维多孔材料典型的剪切应力应变曲线如图 5-35 所示。由图可知，曲线大致分为 3 个阶段：应变很低情况下的线性弹性阶段、塑性变形阶段和应力破坏阶段。

作者采用《烧结金属多孔材料 剪切强度的测定》(YS/T 1009—2014) 标准测试了金属纤维多孔材料的剪切性能，载荷施加方向为面内方向（图 5-25(a) 所示的 y 方向），并分析了材料孔隙率、纤维直径和复烧工艺对其影响规律。

### 5.2.3.1 孔隙率的影响

图 5-36 所示是采用纤维直径为 100μm 的 410 不锈钢切削纤维制备的不同孔隙率的多孔材料的

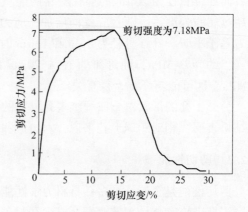

图 5-35 金属纤维多孔材料的剪切应力应变曲线

(纤维直径为 8μm，孔隙率为 68%，

烧结工艺为 1050℃保温 2h)

剪切应力应变曲线，烧结工艺为1100℃保温2h。由图可知，在较小的应力下，纤维多孔材料即发生了塑性变形；弹性阶段和塑性变形阶段不明显。随着孔隙率的增大，材料的剪切强度和卸载模量均逐渐减小（见表5-5）。孔隙率为73.5%时，其卸载模量为0.19GPa，剪切强度达到了2.15MPa；孔隙率大于86%时，剪切强度和卸载模量均很低。随着材料孔隙率的增加，单位体积内的纤维数量逐渐减少，烧结结点的数量逐渐减少，纤维多孔材料的承载面积逐渐降低，容易发生变形直至破坏[23]。

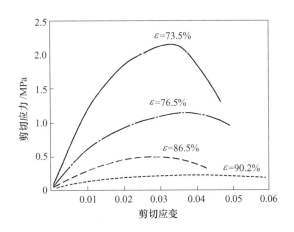

图 5-36　不锈钢切削纤维制备的不同孔隙率的纤维
多孔材料的剪切应力应变曲线

表 5-5　不同孔隙率的 410 不锈钢纤维多孔材料的剪切性能

| 孔隙率/% | 剪切强度/MPa | 卸载模量/GPa |
| --- | --- | --- |
| 73.5 | 2.15 | 0.19 |
| 76.5 | 1.16 | 0.10 |
| 86.5 | 0.51 | 0.04 |
| 90.2 | 0.21 | 0.02 |

图 5-37 所示是图 5-36 中对应的 410 不锈钢纤维多孔材料的剪切断口宏观形貌，图 5-37(a) 是测试过程中出现的裂纹，图 5-37(b) 是剪切断口。由图可知，裂纹方向平行于受力方向并呈直线，裂纹出现于纤维层之间，呈现层间断裂（见图 5-37(a)）；剪切断口平齐，金属纤维松散并有少量纤维被拔出（见图 5-37(b)）。

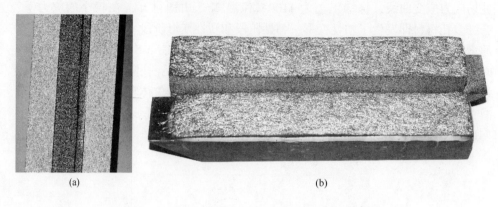

(a)　　　　　　　　　　　　　　　　(b)

图 5-37　不锈钢纤维多孔材料的剪切宏观断口形貌

(a) 剪切裂纹；(b) 断口形貌

图 5-38 所示是图 5-36 中对应的 410 不锈钢纤维多孔材料的剪切微观断口形貌。可以看出，断口处纤维凌乱、卷曲、松散，有被拉拔的痕迹。

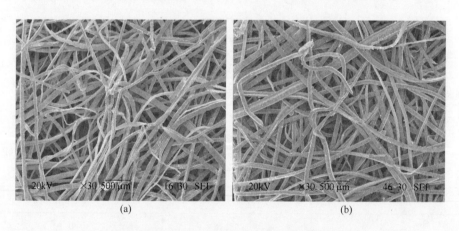

(a)　　　　　　　　　　　　　　　　(b)

图 5-38　不同孔隙率的 410 不锈钢纤维多孔材料的剪切微观断口形貌

(a) 孔隙率为 90.2%；(b) 孔隙率为 86.5%

#### 5.2.3.2　纤维直径的影响

图 5-39 所示是孔隙率为 76%、不同直径纤维制备的 410 不锈钢纤维多孔材料的剪切应力应变曲线[15]，烧结工艺为 1100℃保温 2h。由图可知，纤维直径越粗，线性弹性阶段越短且斜率越小（即弹性模量越低），剪切强度越低（见表 5-6）。金属纤维多孔材料的剪切性能在很大程度上依赖于材料内部纤维之间的结点数量和强度。随着纤维直径的增大，多孔材料单位面积内的结点数量逐渐减少；烧结工艺相同时，纤维直径越粗，烧结结点的强度越低，从而导致纤维多孔材料的剪切强度越低。

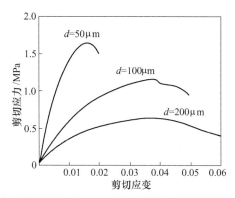

图 5-39  不同直径纤维制备的 410 不锈钢纤维多孔材料的剪切应力应变曲线

**表 5-6  不同直径纤维制备的 410 不锈钢纤维多孔材料的剪切性能**

| 纤维直径/μm | 剪切强度/MPa | 卸载模量/GPa |
| --- | --- | --- |
| 50 | 1.65 | 0.25 |
| 100 | 1.12 | 0.07 |
| 200 | 0.64 | 0.05 |

### 5.2.3.3  复烧工艺的影响

图 5-40 所示是纤维直径为 8μm、孔隙率为 86.5% 的 316L 不锈钢纤维多孔材料在复烧前后的剪切应力应变曲线[15]，复烧前的烧结工艺为 1050℃保温 2h，复烧工艺为 1210℃保温 1.5h。由图可知，纤维多孔材料经复烧后，应力应变曲线显著向 $y$ 轴方向移动；材料的弹性模量和剪切强度均显著提高。复烧后，材料的剪切屈服强度由原来的 0.16MPa 提高到 1.5MPa，剪切模量由 0.08GPa 提高到 1.38GPa。这主要是由于纤维多孔材料经复烧后，烧结结点发育的更好、结点强度进一步提高所致。

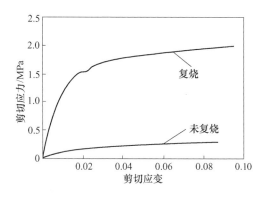

图 5-40  316L 不锈钢纤维多孔材料复烧前后的剪切应力应变曲线

## 5.3　金属纤维多孔材料的力学性能与相对密度的本构关系

金属纤维多孔材料的力学性能是影响其广泛应用的关键，建立力学性能与相对密度的本构关系对于透彻理解其力学行为，指导纤维多孔材料的设计和制备具有重要意义。以下讨论均为沿纤维多孔材料面内方向拉伸、压缩或剪切时的本构关系。

### 5.3.1　拉伸性能与相对密度的本构关系

A. E. Markaki 等人[24,25]将金属纤维多孔材料的微观变形简化为许多单根金属纤维变形的叠加，且单根金属纤维作为悬臂梁处理，计算了微观结构参量对宏观力学性能的影响，建立了金属纤维多孔材料的弹性模量与结构参数的本构关系，见式（5-3）：

$$\frac{E^*}{E} = \frac{3\rho_r}{8\left(\dfrac{L}{d_f}\right)^2}y(\theta) \tag{5-3}$$

式中　$E^*$——纤维多孔材料的弹性模量；

　　　$E$——多孔材料对应致密材料的弹性模量；

　　　$\rho_r$——纤维多孔材料的相对密度；

　　　$L$——烧结结点之间的距离；

　　　$d_f$——纤维直径；

　　　$\theta$——纤维与受力之间方向的夹角；

　　　$y(\theta)$——函数。

研究发现，纤维直径相同时，烧结结点之间的纤维骨架的平均相对长度（$L/d_f$）越小，纤维骨架与受力方向的夹角（$\theta$）越小，相对密度（$\rho_r$）越大，则纤维多孔材料的弹性模量与屈服强度越高。此变化趋势与实验结果的变化趋势一致，但是预测值与实测值相差较大。A. E. Markaki 等人预测金属纤维多孔材料的弹性模量和相对密度成正比，而 M. F. Ashby 等人预测泡沫铝的弹性模量和相对密度的平方成正比[26]。为了保证计算所用的结构参数能代表金属纤维多孔材料的真实结构，D. Tsarouchas 采用 nano-CT 技术重构了金属纤维多孔材料的空间结构，并提取了结点间纤维骨架的平均长度、纤维空间取向分布等特征参数，然而弹性模量的计算值与实测值相差近 50%，由此说明采用解析法难以准确预测金属纤维多孔材料的力学性能[27]。

M. Z. Jin 等人根据金属纤维毡平铺层内的各向同性特点建立了 2D 有限元模型[28]，采用铁木辛哥杆模型模拟纤维杆，并假定纤维之间为硬性连接，选取的代表性体积单元含 146 个不规则单胞，对金属纤维毡的弹性模量和屈服强度的模拟结果表明，计算值与实测值在部分孔隙率范围内吻合良好，其弹性模量、屈服强度与相对密度的关系见式（5-4）、式（5-5）：

$$\frac{E^*}{E} = 0.259\rho_r \tag{5-4}$$

$$\frac{\sigma_s^*}{\sigma_s} = 0.163\rho_r \tag{5-5}$$

式中　$\sigma_s^*$——单轴拉伸时，纤维多孔材料的屈服强度；

　　　$\sigma_s$——单轴拉伸时，多孔材料对应致密材料的屈服强度。

由式（5-4）、式（5-5）可以看出，金属纤维多孔材料的屈服强度、弹性模量与相对密度近似成正比，而泡沫材料的对应关系为更高的指数关系[26]，这意味着在较高的孔隙率下（大于 70%），金属纤维多孔材料的力学性能将远高于泡沫材料。

作者采用直径为 12μm 的 316L 不锈钢纤维制备了不同相对密度（$\rho_r$）的纤维多孔材料，其抗拉强度、屈服强度和弹性模量与相对密度的关系如图 5-41 所示。由图可知，随着相对密度的降低，材料的抗拉强度、屈服强度和弹性模量均逐渐减小，近似呈线性关系，可分别用式（5-6）~式（5-8）表示：

$$\frac{\sigma_b^*}{\sigma_b} = 0.42\rho_r \tag{5-6}$$

$$\frac{\sigma_s^*}{\sigma_s} = 0.21\rho_r \tag{5-7}$$

$$\frac{E^*}{E} = 0.09\rho_r \tag{5-8}$$

式中　$\sigma_b^*$——纤维多孔材料的抗拉强度；

　　　$\sigma_b$——多孔材料对应致密材料的抗拉强度。

为了验证上述关系式的准确性，作者采用直径为 28μm 的 316L 不锈钢纤维制备了不同相对密度（$\rho_r$）的纤维多孔材料，其抗拉强度、屈服强度和弹性模量与相对密度的关系如图 5-42 所示，可分别用式（5-9）~式（5-11）表示：

$$\frac{\sigma_b^*}{\sigma_b} = 0.57\rho_r \tag{5-9}$$

$$\frac{\sigma_s^*}{\sigma_s} = 0.62\rho_r \tag{5-10}$$

$$\frac{E^*}{E} = 0.29\rho_r \tag{5-11}$$

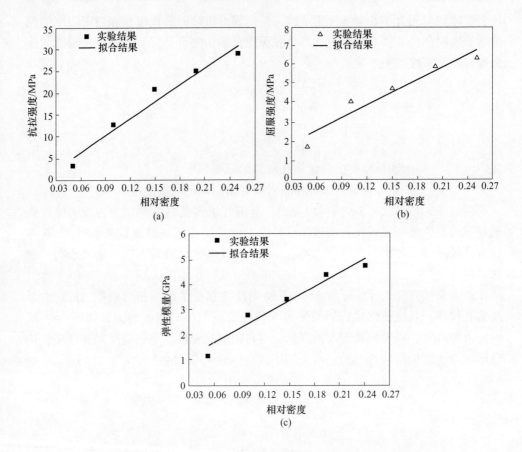

图 5-41   纤维直径为 12μm 的 316L 不锈钢纤维多孔材料的抗拉强度（a）、
屈服强度（b）及弹性模量（c）与相对密度的关系

由以上分析可知，对于金属纤维多孔材料而言，其抗拉强度、屈服强度、弹性模量与多孔材料的相对密度之间满足线性关系，可统一由式（5-12）表示：

$$\frac{\sigma_b^*(\sigma_s^*,\ E^*)}{\sigma_b(\sigma_s,\ E)} = a\rho_r \tag{5-12}$$

式中   $a$ ——与纤维直径有关的常数。

### 5.3.2   压缩性能与相对密度的本构关系

L. J. Gibson 和 M. F. Ashby 以各向同性多孔泡沫材料为研究对象，研究了泡沫材料的压缩性能，得出了非常经典的 Gibson-Ashby 模型，见式（5-13）[29]：

$$\frac{\sigma_{pl}^*}{\sigma_{ys}} = C\rho_r^{\frac{3}{2}} \tag{5-13}$$

式中   $\sigma_{pl}^*$ ——多孔材料的塑性破坏应力；

$\sigma_{ys}$——多孔材料对应致密材料的屈服应力；

$C$——由实验决定的常数，与孔的几何形状有关，其取值范围为
0.25~0.35。

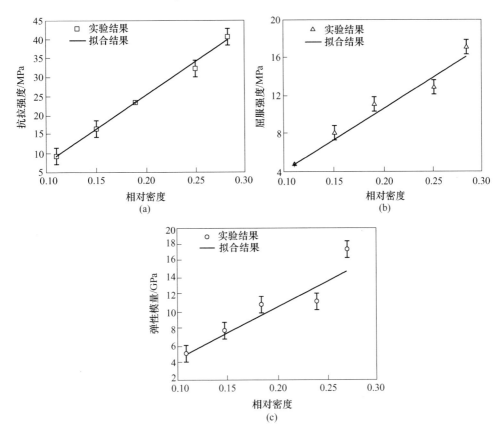

图 5-42　纤维直径为 28μm 的 316L 不锈钢纤维多孔材料的抗拉强度（a）、
屈服强度（b）及弹性模量（c）与相对密度的关系

J. C. Qiao 等人[30]借助 Gibson-Ashby 模型，得出了不锈钢纤维多孔材料的相对塑性破坏应力与材料相对密度的关系式：

$$\frac{\sigma_{pl}^*}{\sigma_{ys}} = 0.3\rho_r^{\frac{3}{2}} \tag{5-14}$$

由式（5-14）可以得出，当采用不同直径的金属纤维制备相同孔隙率的纤维多孔材料时，其 $\sigma_{pl}^*$ 应该是相等的，而这与实验结果不符。同时，式（5-14）是建立在各向同性的多孔泡沫材料基础上，而金属纤维多孔材料是一类各向异性多孔材料，因此用式（5-14）描述金属纤维多孔材料的相对应力与相对密度之间的关系还存在一定偏差。

作者依据图 5-32 中的实验数据，绘制了 316L 不锈钢纤维多孔材料的压缩屈服强度（$\sigma_{ys}^*$）和弹性模量（$E^*$）与材料相对密度（$\rho_r$）之间的关系曲线，如图 5-43 所示。可以看出，随着多孔材料相对密度的降低，压缩屈服强度和弹性模量逐渐降低，二者近似呈线性关系，可分别由式（5-15）、式（5-16）表示：

$$\frac{\sigma_{ys}^*}{\sigma_{ys}} = 0.83\rho_r \tag{5-15}$$

$$\frac{E^*}{E} = 0.11\rho_r \tag{5-16}$$

由式（5-15）和式（5-16）可知，金属纤维多孔材料的压缩屈服强度和弹性模量与其相对密度均满足线性关系。

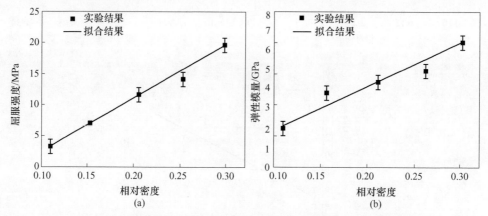

图 5-43 以图 5-32 中的实验数据绘制的 316L 不锈钢纤维多孔材料的
压缩屈服强度（a）、弹性模量（b）与相对密度的关系

除了上面介绍的金属纤维多孔材料的拉伸性能、压缩性能与微观结构的本构关系外，赵天飞等人[22]利用有限元方法建立了金属纤维多孔材料的 x-y 平面的剪切模量与多孔材料相对密度（$\rho_r$）的关系（式（5-17）），并与实验值（式（5-18））进行了对比，发现二者吻合很好，且呈线性关系。

$$\frac{G^*}{G} = 0.26\rho_r \tag{5-17}$$

$$\frac{G^*}{G} = 0.226\rho_r \tag{5-18}$$

式中 $G^*$——纤维多孔材料的剪切模量；

$G$——多孔材料对应的致密金属材料的剪切模量。

由式（5-12）、式（5-15）~式（5-18）可知，金属纤维多孔材料的力学性能（拉伸性能、压缩性能、剪切性能）与其相对密度均满足线性关系，可统一由式（5-19）表示：

$$\frac{\sigma_b^*(\sigma_s^*,\ \sigma_{ys}^*,\ E^*,\ G^*)}{\sigma_b(\sigma_s,\ \sigma_{ys},\ E,\ G)} = k\rho_r \qquad (5\text{-}19)$$

式中 $k$ ——与纤维直径有关的常数。

式（5-19）是由集束拉拔不锈钢纤维制备的多孔材料得出的，而切削不锈钢纤维制备的多孔材料也存在类似的线性关系。故可以推测：铜纤维、铝纤维等纤维多孔材料的力学性能与其相对密度也满足式（5-19）的关系式。

将式（5-13）、式（5-19）作示意图，如图5-44所示（假设 $\rho_r$ 前的系数相等，即 $C = k$）。可以看出，材料的相对密度相同时，金属纤维多孔材料的相对强度或相对模量高于金属泡沫材料的相对强度或相对模量。

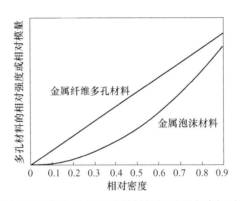

图 5-44　金属纤维多孔材料与金属泡沫材料的相对强度或相对模量差别示意图

## 参 考 文 献

［1］宋如轩，宋建国．金属丝编织网工艺学［M］．北京：中国标准出版社，2007.

［2］黄重国，任学平．金属塑性成型力学原理［M］．北京：冶金工业出版社，2008.

［3］Wang J Z, Tang H P, Qian M, et al. Fabrication of high strength and ductile stainless steel fiber felts by sintering［J］. JOM, 2016, 68 (3): 890~898.

［4］Kostornov A G, Galstyan L G. Behavior and failure characteristics of porous fibrous materials during tension［J］. Poroshkovaya Metallurgiya, 1984, 23 (7): 83~86.

［5］Kostornov A G, Shevchuk M S, Gorb M L. Strength properties of high-porosity metal fiber materials［J］. Soviet Powder Metallurgy & Metal Ceramics, 1972, 11 (4): 326~329.

［6］Ducheyne P, Aernoudt E, Meester P D. The mechanical behaviour of porous austenitic stainless steel fibre structures［J］. J. Mater. Sci., 1978, 13 (12): 2650~2658.

［7］Clyne T W, Markaki A E, Tan J C. Mechanical and magnetic properties of metal fibre networks with and without a polymeric matrix［J］. Composites Science and Technology, 2005, 65 (15, 16): 2492~2499.

［8］ Markaki A E. Production of a highly porous material by liquid phase sintering of short ferritic stainless steel fibres and a preliminary study of its mechanical behavior ［J］. Composites Science and Technology, 2003, 63 (16): 2345~2351.

［9］ 周伟. 多孔金属纤维烧结板制造及在制氢微反应器中的作用机理 ［D］. 广州: 华南理工大学, 2010.

［10］ 刘怀礼, 王建忠, 汤慧萍. 不锈钢纤维多孔材料拉伸性能研究 ［J］. 稀有金属材料与工程, 2014, 43 (8): 2023~2026.

［11］ Zhou W, Tang Y, Liu B, et al. Compressive properties of porous metal fiber sintered sheet produced by solid-state sintering process ［J］. Materials & Design. 2012, 35: 414~418.

［12］ Lehmhus D, Banhart J. Properties of heat-treated aluminium foams ［J］. Materials Science & Engineering A, 2003, 349 (1, 2): 98~110.

［13］ Standardization I of Mechanical testing of metals - Ductility testing - Compression test for porous and cellular metals ［S］. Switzerland: International Organization for Standardization, 2011.

［14］ Qiao J C, Xi Z P, Tang H P, et al. Compressive property and energy absorption of porous sintered fiber metals ［J］. Materials Transaction, 2008, 49 (12): 2919~2921.

［15］ 王建永. 烧结金属纤维多孔材料力学性能研究 ［D］. 西安: 西北工业大学, 2008.

［16］ 乔吉超, 奚正平, 汤慧萍, 等. 金属纤维多孔材料的压缩行为 ［J］. 稀有金属材料与工程, 2008, 37 (12): 2173~2176.

［17］ 王建永, 汤慧萍, 朱纪磊, 等. 孔隙度对烧结不锈钢纤维多孔压缩性能的影响 ［J］. 粉末冶金技术, 2009, 27 (5): 323~326.

［18］ Zou C M, Zhang E L, Li M W. Preparation, microstructure and mechanical properties of porous titanium sintered by Ti fibres ［J］. J. Mater. Sci. Mater. Med. , 2008, 19 (1): 401~405.

［19］ Liu P, He G, Wu L H. Fabrication of sintered steel wire mesh and its compressive properties ［J］. Materials Science & Engineering A, 2008, 489 (1, 2): 21~28.

［20］ 刘世锋, 刘全明, 汤慧萍, 等. 钛纤维多孔材料压缩性能的有限元分析 ［J］. 材料导报, 2014, 28 (10): 122~125.

［21］ Zhou W, Tang Y, Hui K S, et al. Experimental study on shear properties of porous metal fiber sintered sheet ［J］. Materials Science & Engineering A, 2012, 544: 33~37.

［22］ Zhao T F, Chen C Q. The shear properties and deformation mechanisms of porous metal fiber sintered sheets ［J］. Mechanics of Materials, 2014, 70: 33~40.

［23］ 王建永, 汤慧萍, 朱纪磊, 等. 孔隙度对烧结不锈钢纤维多孔材料剪切性能的影响 ［J］. 功能材料, 2010, 41 (S3): 565~567.

［24］ Markaki A E, Clyne T W. Mechanics of thin ultra-light stainless steel sandwich sheet material Part Ⅰ. Stiffness ［J］. Acta Materialia, 2003, 51 (5): 1341~1350.

［25］ Markaki A E, Clyne T W. Mechanics of thin ultra-light stainless steel sandwich sheet material Part Ⅱ. Resistance to delamination ［J］. Acta Materialia, 2003, 51 (5): 1351~1357.

［26］ Gibson L J, Ashby M F. Cellular solid: structure and properties ［M］. Cambridge: Cambridge University Press, 1997.

[27] Tsarouchas D, Markaki A E. Extraction of fibre network architecture by X-ray tomography and prediction of elastic properties using an affine analytical model [J]. Acta Materialia, 2011, 59: 6989~7002.

[28] Jin M Z, Chen C Q, Lu T J. The mechanical behavior of porous metal fiber sintered sheets [J]. Mech. Phys. Solids, 2013, 61 (1): 161~174.

[29] Ashby M F, Evans A G, Fleck N A. Metal foams: a design guide [M]. Worburn: Butterworth-Heinemann, 2000.

[30] Qiao J C, Xi Z P, Tang H P, et al. Influence of porosity on quasi-static compressive properties of porous metal media fabricated by stainless steel fibers [J]. Materials & Design, 2009, 30: 2737~2740.

# 6　金属纤维多孔材料的声学性能

噪声污染是继水污染、空气污染之后的第三大污染，它不仅严重危害人的听觉系统、心血管系统和神经系统，而且还会加速建筑物、机械结构的老化，影响设备及仪表的精度和使用寿命。因此，吸声降噪逐渐成为一个有关高科技、环境以及人类协调发展急需解决的难题。控制噪声的方法主要有主动降噪法、被动降噪法和有源降噪法。主动降噪法通过改变结构的形状达到降噪目的；被动降噪法是根据噪声的产生机理和传播方式采用吸声、消声、隔声、减振和隔振的方法来抑制噪声的产生或传播；有源降噪法主要针对排气噪声进行处理，通过在排气管道的某个环节引入有源消声技术，从而达到降低排气噪声的目的[1]。

目前，常采用被动降噪法来控制噪声，常用的多孔吸声材料及其特点见表 6-1。

表 6-1　多孔吸声材料的种类及其特点

| 种　类 | | | 优　点 | 缺　点 |
| --- | --- | --- | --- | --- |
| 纤维类 | 有机纤维 | 棉絮、稻草、棕丝、麻丝等 | 廉价、吸声性能好 | 防火、防腐、防潮等性能较差 |
| | 无机纤维 | 玻璃丝、矿渣棉、岩棉等 | 不燃、防蛀、耐热、耐腐蚀、抗冻、较廉价 | 纤维性脆易折断，对皮肤有刺激，且污染环境 |
| | 金属纤维 | 铁铬铝合金纤维、不锈钢纤维、铝纤维等 | 强度高、耐冲击、易加工、耐高温、抗恶劣工作环境、不含有机黏结剂，可回收利用，稳定的吸声性能等 | 制作工艺复杂，成本较高 |
| 泡沫类 | | 脲醛泡沫塑料、泡沫橡胶等 | 密度小、导热系数小、质地软 | 易老化、耐火性差，有污染 |
| 颗粒类 | | 矿渣水泥、多孔陶土砖等 | 保温、防潮、不燃、耐热、耐腐蚀、抗冻 | 材料较笨重，吸声效果一般 |

金属纤维多孔材料内部纤维呈杂乱无章排列，具有大量连通的孔隙，此独特的孔结构使其具有优异的吸声性能，可用于高温、承载、振动等特殊的吸声场所，是一类具有良好发展前途的吸声材料[2]，受到人们极大关注。

本章主要讨论金属纤维多孔材料及其复合结构的声学性能。

# 6.1　吸声机理

图 6-1 所示是多孔吸声材料的孔结构示意图，其特征是材料由表及里具有大量的互相贯通的微孔，且具有适当的透气性[3,4]。多孔吸声材料的微孔与材料表面贯通，使声波易于进入微孔内，无贯通微孔仅有凹凸表面的材料不具有良好的吸声性能。

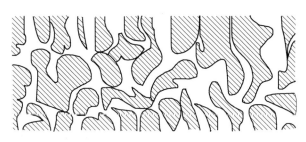

图 6-1　多孔吸声材料的孔结构示意图

当声波入射到物体表面时，部分或全部声能被物体吸收并转化为其他形式的能量，称为吸声。常用吸声系数 $\alpha$ 来描述材料或结构的吸声能力，$\alpha$ 越大，吸声性能越好。吸声系数可表示为材料吸收的声能与入射到材料表面的总声能之比：

$$\alpha = \frac{E_a}{E_i} = \frac{E_i - E_r}{E_i} = 1 - r \tag{6-1}$$

式中　$E_i$——入射声能；

　　　$E_a$——材料或结构吸收的声能；

　　　$E_r$——材料或结构反射的声能；

　　　$r$——反射系数。

在背衬为刚性壁情况下，当入射声波被完全反射时，$\alpha=0$，表示材料无吸声能力；当入射声波被完全吸收时，$\alpha=1$，表示材料具有很强的吸声能力。$\alpha$ 越大，材料的吸声性能越好，当 $\alpha>0.8$ 时，该材料为强吸声材料或称为高效吸声材料。

根据惠更斯原理[5]，声波在材料表面及内部的传播可简述为：声源的振动引起波动，波动的传播是由于介质中质点间的相互作用所致。在连续介质中，任何一点的振动都将引起邻近质点的振动。当声波入射到多孔材料表面时，主要是两种机理引起声波衰减：首先，由于声波产生的振动引起小孔或间隙内的空气运动，造成与孔壁的摩擦，紧靠孔壁表面的空气受孔壁的影响不易动起来，因摩擦和黏滞力的作用使相当一部分声能转化为热能，使声波发生衰减；其次，小孔中的空气和孔壁之间的热交换引起热损失，也使声波发生衰减。

通常，多孔材料在高频时具有良好的吸声性能，而在低频时的吸声性能很差。主要原因为：低频时，声波波长较长，声能较低，碰撞到孔壁时易发生反射、折射。如果发生弹性碰撞，则声能损失小，吸声系数低。高频时，声波波长较短，声能较高，声波进入材料内部后与孔壁发生剧烈碰撞，因其振幅大，有可能发生非弹性碰撞，声能损失较大，加之反射或折射后的声波仍具有较高的能量，与孔壁发生多次非弹性碰撞，声波衰减较快。同时，声波经过多次反射、折射后，可使孔隙间空气质点的振动速度加快，空气与孔壁的热交换也加快，使声能很快转化成热能散发到环境中去[6]，使得多孔材料具有良好的高频吸声性能。

# 6.2　声学性能检测设备

## 6.2.1　检测设备

目前，主要采用丹麦 B&K（Brüel & Kjær）公司生产的 4206 型声学阻抗管检测多孔材料的声学性能，其测试标准为 ISO 10534-2：1998（Acoustics—Determination of Sound Absorption Coefficient and Impedance in Impedance Tubes—Part 2：Transfer-Function Method）和 ASTM E 1050—98 标准（Standard Test Method for Impedance and Absorption of Acoustical Materials Using A Tube, Two Microphones and A Digital Frequency Analysis System）。测试频率范围为 50 ~ 6400 Hz；隔声性能尚无检测标准。

声学阻抗管主要由双麦克风、内测量管、数据采集系统、功率放大器、传声器等（型号的选取可根据实际需要进行搭配）组成。测试管分为大管（直径为100mm）、中管（直径为63.5mm）和小管（直径为29mm）。根据测量的频率范围选择测试管，具体为：

（1）大管：50 ~ 1600Hz。

（2）中管：100 ~ 3200Hz。

（3）小管：500 ~ 6400Hz。

大管和小管适用于 ISO 10534-2 标准，中管适用于美国 ASTM E 1050—98标准。

西北有色金属研究院金属多孔材料国家重点实验室拥有的声学测试平台如图 6-2 所示，该测试平台可以检测材料的吸声系数和隔声量。

## 6.2.2　吸声系数计算公式

图 6-2 所示的声学性能测试平台主要采用双传声器传递函数法计算材料的吸声系数，推导过程如式（6-2）~式（6-4）所示。

测量的传递函数 $H_{12}$ 为：

图 6-2 声学性能测试平台（4206 型 B&K 管）

$$H_{12} = \frac{p_2}{p_1} = \frac{e^{jkh} + Re^{-jkh}}{e^{jk(h+s)} + Re^{-jk(h+s)}} \tag{6-2}$$

反射系数 $R$ 为：

$$R = \frac{H_{12} - e^{-jks}}{e^{jks} - H_{12}}e^{j2k(h+s)} = \frac{H_{12} - H_i}{H_r - H_{12}}e^{j2k(h+s)} \tag{6-3}$$

吸声系数 $\alpha$ 为：

$$\alpha = 1 - |R|^2 \tag{6-4}$$

式中　$H_{12}$——两个传声器之间的频率响应函数；

　　　$H_i$——入射分量的频率响应函数；

　　　$H_r$——反射分量的频率响应函数；

　　　$k$——波数；

　　　$h$——传声器到样品的距离；

　　　$s$——两个传声器之间的距离。

# 6.3　孔结构特性对材料吸声性能的影响

金属纤维多孔材料的孔结构由孔隙、纤维骨架和烧结结点 3 个要素构成，本节将系统讨论三要素对多孔材料吸声性能的影响规律。

### 6.3.1　孔隙率的影响[7~14]

孔隙率的定义详见第 2 章 2.1 节介绍，在此不再赘述。

声阻抗率是声波传播过程中一个非常重要的概念，即声场中某位置的声压与该位置质点振动速度的比值，可表示为式（6-5）：

$$Z_S = \frac{p}{v} \tag{6-5}$$

式中　$Z_S$——声阻抗率；

　　　$p$——质点声压；

$v$ ——质点振动速度。

对于平面波而言，其声阻抗率为：

$$Z_S = \rho_0 c_0 \tag{6-6}$$

式中　$\rho_0$ ——材料的密度；

$c_0$ ——声波在材料中的传播速度[15]。

其中孔隙率和声阻抗率的关系可表示为式（6-8）：

$$\rho_0 = 1 - \varepsilon \tag{6-7}$$

$$Z_S = (1 - \varepsilon)c_0 \tag{6-8}$$

由式（6-6）可知，$\rho_0 c_0$ 是传播介质的固有常数，它不随声波频率的改变而改变。两种介质的声阻抗率相同时，材料的吸声系数为 1，即全部吸收。通过改变材料的孔隙率，可以改变材料的声阻抗率，从而改变材料的吸声性能。

图 6-3 所示是纤维直径为 8μm、材料厚度为 10mm 的金属纤维多孔材料的孔隙率对其吸声系数的影响曲线。由图可知，当孔隙率为 70%时，吸声性能较低，仅为 0.2~0.3之间。随着孔隙率的增加，材料内部的孔隙增加，材料在全频范围内的吸声系数显著提高；随着孔隙率的增加，高频吸声系数逐渐增加，而低频吸声系数先增加后减小。由此说明，作为吸声材料使用时，金

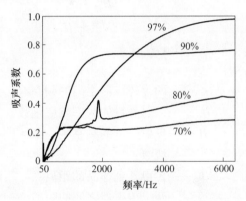

图 6-3　孔隙率对纤维多孔材料吸声系数的影响

属纤维多孔材料的孔隙率应为 70%~97%。实际应用时，可根据声波频率选择合适孔隙率的多孔材料。

材料的声阻抗率和其孔隙率息息相关。孔隙率太高，材料过于稀疏，其声阻抗率较低，进入材料内部的声波不易与纤维骨架发生多次反复碰撞，且部分声波可发生透射，声能损耗较少，使材料的吸声性能下降；孔隙率太低，材料过于密实，其声阻抗率较高，声波在材料表面易发生反射，而不易进入材料内部，吸声性能也会下降[16]。

以纤维直径为 8μm 的不锈钢纤维多孔材料为例，在不同厚度条件下，材料的孔隙率存在最佳值，如图 6-4 所示。

（1）材料厚度为 1~3mm。在此厚度范围内，孔隙率为 80%~85%，多孔材料具有较高的吸声性能，其平均吸声系数为 0.30~0.40。

（2）材料厚度为 3~10mm。在此厚度范围内，孔隙率为 85%~90%，多孔材料具有较高的吸声性能，其平均吸声系数为 0.40~0.55。

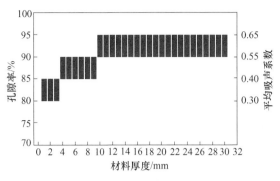

图 6-4　最佳孔隙率值的选取

（3）材料厚度为 10 ~ 30mm。在此厚度范围内，孔隙率为 90% ~ 95%，多孔材料具有较高的吸声性能，其平均吸声系数为 0.55 ~ 0.65。

由图 6-4 还可以看出，随着材料厚度的增加，最佳孔隙率值逐渐升高。

## 6.3.2　纤维直径的影响

纤维的直径可以改变孔壁大小，也可以改变多孔材料内部的孔隙数量，从而影响多孔材料的吸声性能。图 6-5 所示是不同直径的纤维制备的多孔材料的微观结构。

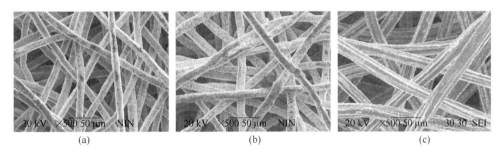

(a)　　　　　　　　　　(b)　　　　　　　　　　(c)

图 6-5　不同直径的纤维制备的金属纤维多孔材料的 SEM 图
（a）$\phi$8μm；（b）$\phi$12μm；（c）$\phi$20μm

图 6-6 所示是纤维直径对多孔材料吸声系数的影响曲线。

（1）材料厚度为 1 ~ 3mm。由图 6-6（a）~（c）可知，当孔隙率一定时，纤维直径越细，多孔材料的吸声性能越好。当材料厚度不大于 3mm 时，厚度值是纤维直径的几十到几百倍，利用细丝径纤维制备的多孔材料内部的微孔数量较多，且孔径小、曲折度大，有利于声波在材料内部发生多次反射耗散声能；利用粗丝径纤维制备的多孔材料内部的微孔数量较少，且孔径较大、曲折度小，声波在材料内部消耗的声能较少，使得吸声系数有所降低。因此，当材料厚度为 1 ~ 3mm 时，宜选择直径为 8μm 的纤维制备多孔材料。

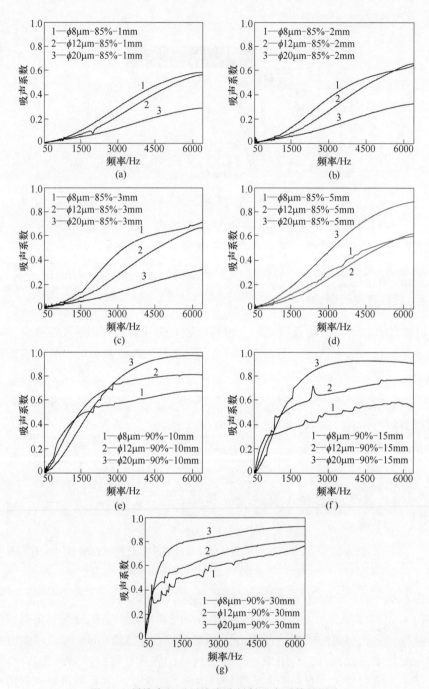

图 6-6　纤维直径对纤维多孔材料吸声系数的影响

（a）材料厚度为 1mm；（b）材料厚度为 2mm；（c）材料厚度为 3mm；（d）材料厚度为 5mm；

（e）材料厚度为 10mm；（f）材料厚度为 15mm；（g）材料厚度为 30mm

（2）材料厚度不小于5mm。由图6-6(d) ~ (g) 可知，随着材料厚度的增加，粗丝径纤维制备的多孔材料的吸声系数逐渐提高，其峰值向低频方向移动，并且保持良好的高频吸声性能。随着材料厚度的增加，材料内部的微孔数量逐渐增加，吸声性能均逐渐提高，但是细丝径纤维制备的多孔材料的孔径较粗丝径纤维制备的多孔材料的孔径小，前者的声阻抗率大于后者，使得前者的吸声性能较后者低。因此，当材料厚度不小于5mm时，相同孔隙率下，宜选择直径为20μm的纤维制备多孔材料。

### 6.3.3 结点数量的影响

金属纤维多孔材料经过高温烧结后，其内部会形成一定数量的烧结结点，结点数量与烧结前纤维之间的搭接点有关，搭接点越多，结点数量也越多，而烧结工艺对其影响较小（见图4-25）。另外，烧结结点数量与纤维丝经、材料的孔隙率及厚度有关，孔隙率越大、纤维丝径越细、厚度越大，形成结点的几率越高。本节主要讨论烧结结点的数量对金属纤维多孔材料吸声性能的影响规律。

图6-7所示是采用 $\phi 8\mu m$ 和 $\phi 20\mu m$ 纤维制备具有不同烧结结点数量的多孔材料吸声系数的变化曲线。由图可知，纤维丝径相同时，具有不同结点数量的金属纤维多孔材料的吸声系数近似相同，由此说明烧结结点数量对材料的吸声性能没有影响。这与文献［6］中阐述的结论一致，即金属纤维多孔吸声材料在成形过程中，材料内部纤维搭接在一起即可，纤维之间的结点尺寸及数量对材料吸声性能的贡献不大。

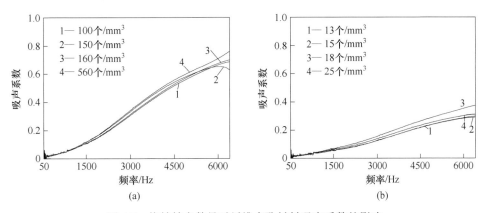

图 6-7　烧结结点数量对纤维多孔材料吸声系数的影响
（a）纤维直径为8μm；（b）纤维直径为20μm
（声压级为90dB，图中数字为单位体积内的结点数量；材料的孔隙率为90%，厚度为3mm）

高声强条件下的声能较大，声波的振动频率也较大，在此环境中，具有不同数量烧结结点的金属纤维多孔材料的吸声系数的变化规律如图6-8所示。由图可

知，烧结结点数量对吸声系数也未产生任何影响，这与常声压条件下的影响规律
相同（见图 6-7）。

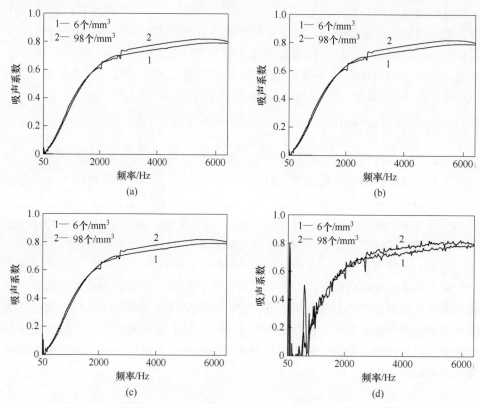

图 6-8　高声强条件下，烧结结点数量对纤维多孔材料吸声系数的影响

（a）120dB；（b）132dB；（c）144dB；（d）156dB

（图中数字表示单位体积内的结点数量）

## 6.4　梯度孔结构金属纤维多孔材料的吸声性能

通过改变材料特性提高金属纤维多孔材料的低频吸声性能的效果不明显，为
此，需通过优化孔结构进行改善。研究表明[2,17,18]，当材料厚度相同时，梯度
孔结构多孔材料较单一孔结构多孔材料具有更高的吸声系数。本节将介绍梯度孔
结构多孔材料的吸声性能。

### 6.4.1　孔隙率梯度结构金属纤维多孔材料的吸声性能

#### 6.4.1.1　双层梯度结构金属纤维多孔材料的吸声性能

图 6-9 所示为采用孔隙率为 73%、77% 和 88% 的 3 种 10mm 厚不锈钢纤维多

孔材料制备的双层梯度孔结构与单层结构金属纤维多孔材料吸声系数对比曲线。由图可知，梯度孔结构金属纤维多孔材料具有优异的中低频吸声性能（频率小于 2000Hz），且在高频段仍保持较高的吸声系数。当频率低于 3600Hz 时，88% + 73%组合方式的梯度孔结构金属纤维多孔材料的吸声系数明显优于单层结构（孔隙率为 88%金属纤维多孔材料）的吸声系数；当频率高于 3600Hz 时，单层结构金属纤维多孔材料的吸声系数略高于 88% +

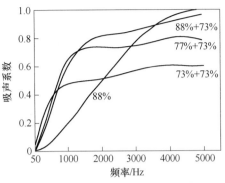

图 6-9 双层梯度孔结构金属纤维多孔
材料的吸声系数变化曲线
（材料总厚度为 20mm，每层厚度为 10mm）

73%组合方式的梯度孔结构金属纤维多孔材料的吸声系数，其原因可能与单层结构金属纤维多孔材料在该频段内存在共振吸声有关，共振可极大地提高金属纤维多孔材料的吸声系数。

从图 6-9 还可以看出，梯度孔结构金属纤维多孔材料的吸声性能与第一层金属纤维多孔材料的孔隙率密切有关，第一层的孔隙率越高，吸声性能越好。孔隙率越高，材料的声阻抗率越小，越有利于声波进入材料内部。另外，梯度孔结构金属纤维多孔材料的孔形貌近似喇叭口状，此结构既有利于声波的进入，也有利于声能的耗散，每层材料的吸声峰值频率不同，当组成一个整体后，此消彼长，最终达到了宽频高效吸声的效果。

图 6-10 所示为 3 ~ 30mm 的双层梯度孔结构金属纤维多孔材料的吸声系数，纤维直径为 8μm。由图可知，材料厚度为 3mm 时（见图 6-10(a)），低孔隙率面向声源时的吸声系数略高于高孔隙率面向声源时的吸声系数。这主要是由于材料较薄时，吸声系数主要由黏滞损失和材料的表面密度决定，低孔隙率层的表面密度较大且黏滞损失较高，使得材料的吸声性能略高一些。当材料厚度超过 6mm 时（见图 6-10(b) ~ (e)），高孔隙率面向声源时的吸声系数高于低孔隙率面向声源时的吸声系数，与图 6-9 的结论相同。材料厚度为 6mm 时（见图 6-10(b)），两种梯度孔结构金属纤维多孔材料的吸声系数出现交点，大约为 1500Hz；材料厚度为 10mm 时（见图 6-10(c)），两种梯度孔结构金属纤维多孔材料的吸声系数的交点大约为 750Hz，随着材料厚度的继续增大，交点逐渐向低频方向移动。

### 6.4.1.2 三层梯度结构金属纤维多孔材料的吸声性能

图 6-11 所示是厚度为 30mm 的三层梯度孔结构金属纤维多孔材料的吸声系数变化曲线。由图可知，按照孔隙率由高到低组合的梯度结构金属纤维多孔材料 A

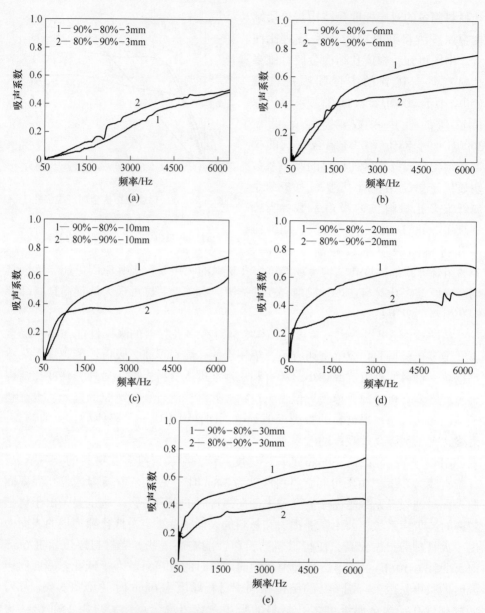

图 6-10 双层梯度孔结构金属纤维多孔材料的吸声系数变化曲线

（a）材料厚度为 3mm；（b）材料厚度为 6mm；（c）材料厚度为 10mm；

（d）材料厚度为 20mm；（e）材料厚度为 30mm

（88%+77%+73%）的中高频吸声性能突出，高频吸声性能接近 0.9，对比 A
（88%+77%+73%）和 B（77%+88%+73%）两种梯度结构金属纤维多孔材料，
将第一层、第二层金属纤维多孔材料互换位置后，频率低于 1000Hz 时，两种结构的吸声系数基本相同；但当频率高于 1000Hz 时，梯度结构 B 的吸声系数较 A 显著降低。一方面，较高的孔隙率有利于提高梯度结构的中低频吸声性能；另一方面，孔隙率按照由高到低排布有利于提高梯度结构的吸声性能，这与双层梯度结构的结论一致（见图 6-9），即孔隙率由高到低排布的梯度孔隙结构有利于声波进入材料内部，进而将声能转化为热能，达到吸声的目的。梯度结构 C（73%＋77%＋88%）的吸声系数曲线也给该结论提供了有力的佐证，孔隙率由低到高排布时，梯度结构的吸声性能较差。

图 6-12 所示为按照孔隙率从高到低的顺序（91%＋85%＋80%）制备的梯度孔结构金属纤维多孔材料的吸声系数变化曲线，材料总厚度为 75mm。由图可知，该梯度孔结构具有非常优异的吸声性能。声波频率超过 800Hz 时，多孔材料的吸声系数达到 0.9 以上；随着频率的升高，吸声系数维持在 0.9~0.97 之间，且非常稳定。

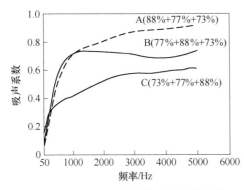

图 6-11 三层梯度孔结构金属纤维多孔
材料的吸声系数变化曲线
（材料总厚度为 30mm，每层厚度为 10mm）

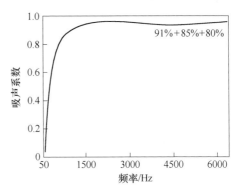

图 6-12 三层梯度孔结构金属纤维
多孔材料的吸声系数变化曲线
（材料总厚度为 75mm，每层厚度为 25mm）

### 6.4.2 纤维丝径梯度结构金属纤维多孔材料的吸声性能

不同丝径纤维搭配在一起可以降低烧结温度，大大降低材料的制备成本，而且还可以提高材料的强度。本节将介绍纤维丝径梯度结构金属纤维多孔材料的吸声性能。

图 6-13 所示是采用纤维丝径为 8μm、12μm 和 20μm 的不锈钢纤维制备的三层梯度结构金属纤维多孔材料的吸声系数变化曲线，材料的孔隙率为 90%，其厚度为 3~30mm。

由图可知，材料厚度为 3mm 时（见图 6-13（a）），细丝径纤维面向声源时的吸声系数略高于粗丝径纤维面向声源时的吸声系数。材料厚度为 6mm 时（见图 6-13（b）），两种梯度孔结构的吸声系数出现交点，大约为 5300Hz。高于此频率时，细丝径纤维面向声源时的吸声系数较低；低于此频率时，细丝径纤维面向声源时的吸声系数较高。随着材料厚度的继续增大（见图 6-13(c)～(e)），吸声系数曲线的交点逐渐向低频方向移动。当材料厚度为 30mm 时（见图 6-13(e)），交点处的频率约为 400Hz。频率为 50～6400Hz 时，粗丝径纤维面向声源时的吸声系数高于细丝径纤维面向声源时的吸声系数。

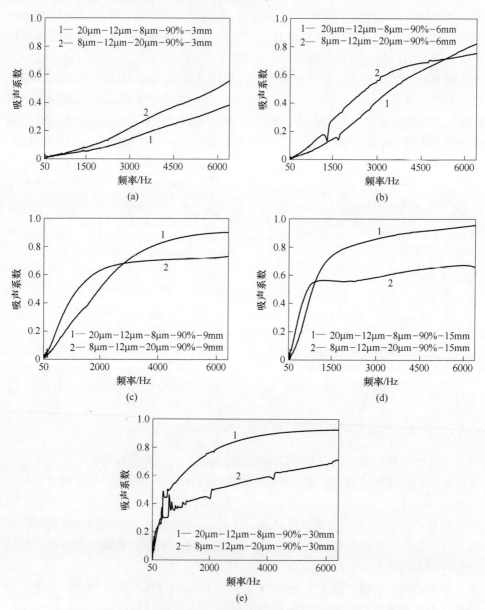

图 6-13　三层丝径梯度结构金属纤维多孔材料的吸声系数变化曲线

(a) 材料厚度为 3mm；(b) 材料厚度为 6mm；(c) 材料厚度为 9mm；

(d) 材料厚度为 15mm；(e) 材料厚度为 30mm

# 6.5　受限空间用金属纤维复合结构的声学性能

目前不仅航空航天和精密电子领域对吸声材料的厚度有严格限制，大型输送管道在进行降噪处理时对材料的厚度也有一定要求。多孔材料内部孔道长度主要由其厚度决定，厚度越大，孔道长度越长，其低频吸声性能越好。但在受限空间内，却难以通过增加材料厚度这一最直接、最有效的手段提高吸声性能，采用降低孔隙率和孔径来提高低频吸声性能时，材料的高频吸声性能又有所下降。从以上研究结果可知，通过调整金属纤维多孔材料的孔隙率、纤维丝径、孔径等结构参数及调节梯度孔结构等方法对吸声系数的提高有限。本节将充分利用金属纤维多孔材料、穿孔板、金属薄膜的吸声优势来制备复合结构，通过调整每种材料的结构参数优化复合结构，解决受限空间内的噪声处理难题。

## 6.5.1　穿孔板的工作原理[14]

穿孔板是由我国著名科学家、中国科学院马大猷院士在 20 世纪 60 年代提出的[3,16]，是国内发展最早的声衬材料并被广泛应用于噪声控制工程中，例如在内燃机排气管和航空发动机短舱内敷设穿孔板声衬，能有效消除噪声；应用于航空发动机加力燃烧室和火箭发动机燃烧室的壁面上可有效抑制振荡燃烧[19]。目前，短舱内使用的声衬大多为单层或多层的蜂窝夹层穿孔板吸声结构。薄的板材，如钢板、铝板、胶合板、塑料板等按一定的孔径和穿孔率穿上孔，在背后留下一定厚度的空气层，便构成穿孔板共振吸声结构，如图 6-14 所示[20]。

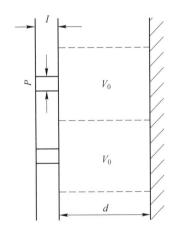

图 6-14　穿孔板共振吸声结构示意图
$P$—穿孔板的孔径；$l$—穿孔板厚度；
$d$—空腔深度；$V_0$—空腔体积

穿孔板共振吸声结构实际上是由许多单个共振器并联而成的共振吸声结构，当声波垂直入射到穿孔板表面时，暂不考虑板振动。孔内及周围的空气随声波一起往复振动，相当于一个"活塞"，它反抗体积速度的变化，是个惯性量。穿孔板与壁面间的空气层相当于一个"弹簧"，它阻止声压的变化。此外，由于空气在孔附近往复振动存在摩擦阻尼，它可以消耗声能[20]。不同频率的声波入射时，这种共振系统会产生不同的响应。当入射声波的频率接近系统固有的共振频率时，系统内空气的振动很强烈，声能大量损耗，即声吸收最大。相反，当入射声波的频率远离系统固有的共振频率时，系统内空气的振动很弱，因此吸声作用很小。可见这种共振吸声结构的吸声系数随频率而变化，最高吸声系数出现在系统的共振频率处。

穿孔板具有耐高温、耐潮湿、耐高速气流冲击等优点，但由于采用共振吸声原理，吸声频带较窄，在共振频率范围内吸声性能较好，低于或高于此频率范围的吸声性能显著降低。另外，穿孔板的吸声性能，尤其是高频吸声性能远低于多孔吸声材料。例如，一种典型的单层穿孔板结构在频率为 0.5 ~ 1kHz 内的吸声性能较好，但也不高于 90%，而在其他频带，吸声系数不高于 30%；双层穿孔板结构峰值频带较宽，0.25 ~ 1kHz 内有较高的吸声系数，在其他频带，吸声系数有所上升，但不超过 40%。

### 6.5.2　复合结构的设计与制备[14]

将金属纤维多孔材料与穿孔板的优势结合起来制备复合结构。首先可以通过设计穿孔板的孔径、穿孔率和厚度使其第一吸声峰值频率出现在低频处，其次利用金属纤维多孔材料在中高频处具有稳定高效的吸声性能，有望提高复合结构的低频吸声性能。

#### 6.5.2.1　穿孔板的结构设计与制备

穿孔板的穿孔率、孔径、板厚及第一共振频率之间的关系可由式（6-9）[19]表示：

$$f_r = \frac{C}{2\pi} \sqrt{\frac{\sigma}{d(l + 0.8P)}} \tag{6-9}$$

式中　$f_r$——第一共振频率，Hz；

　　　$C$——声波在空气中的传播速度，m/s；

　　　$\sigma$——穿孔板的穿孔率，%；

　　　$d$——空腔深度，mm；

　　　$P$——孔径，mm；

　　　$l$——穿孔板厚度，mm。

在已知孔径和板厚的条件下，由所需的第一共振频率计算出相应的穿孔率 $\sigma$，孔间距由式（6-10）确定，孔呈正三角形分布。

$$\sigma = \frac{\pi}{2\sqrt{3}} \left(\frac{d}{B}\right)^2 \times 100\% \tag{6-10}$$

式中　$B$——孔中心距，mm。

以 316L 不锈钢板为研究对象，利用式（6-9）、式（6-10）确定穿孔板的具体参数，见表 6-2。

表 6-2 穿孔板的具体参数

| 编 号 | 孔径/mm | 穿孔率/% | | 板厚/mm | 孔个数 | | 孔间距/mm |
| --- | --- | --- | --- | --- | --- | --- | --- |
| | | 小板 | 大板 | | 小板 | 大板 | |
| 1 | 3 | 1 | 0.81 | 1 | 1 | 9 | 31.8 |
| 2 | 3 | 3.21 | 3.06 | 1 | 3 | 34 | 16.36 |
| 3 | 3 | 7.5 | 7.3 | 1 | 7 | 55 | 12.86 |
| 4 | 4 | 3.8 | 3.04 | 1 | 2 | 19 | 21.88 |
| 5 | 5 | 2.97 | 3 | 1 | 1 | 12 | 27.54 |
| 6 | 4 | 3.04 | 3.04 | 0.5 | 2 | 19 | 21.88 |
| 7 | 4 | 3.04 | 3.04 | 2 | 2 | 19 | 21.88 |

穿孔板的宏观形貌如图 6-15 所示。

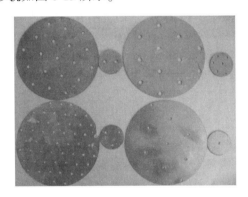

图 6-15 穿孔板的宏观形貌

### 6.5.2.2 复合结构的制备

金属纤维多孔材料的制备工艺已在第 1 章的 1.4 节中进行了详细介绍,在此不再赘述。复合结构的制备方法主要有:

(1)单层金属纤维多孔材料复合结构。将金属纤维多孔材料与穿孔板叠制后放入真空烧结炉内,利用随炉升降温烧结工艺进行高温烧结,烧结完成后即得到复合结构。

(2)梯度结构金属纤维多孔材料复合结构。将制备好的单层金属纤维多孔材料按照梯度孔的方向进行排列,然后将孔径较小的一面与穿孔板贴合后(穿孔板在下),放入真空烧结炉内,利用随炉升降温烧结工艺进行高温烧结,烧结完成后即得到复合结构。

(3)穿孔板、梯度结构金属纤维多孔材料、薄膜复合结构。在梯度结构金属纤维多孔材料层与层之间插入薄膜材料,然后按照方法(2)进行烧结后即得到复合结构。

复合结构的制备工艺流程如图 6-16 所示。

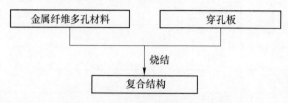

图 6-16 复合结构制备工艺流程

### 6.5.3 复合结构的吸声性能

#### 6.5.3.1 穿孔板与单层结构金属纤维多孔材料复合结构的吸声性能

本节使用低频吸声性能较好的穿孔板与不锈钢纤维多孔材料制备复合吸声结构，二者之间有多种组合方式[21,22]。针对受限空间的使用要求，采用厚度为 2mm 的不锈钢纤维多孔材料与穿孔板制备复合吸声结构，分析多孔材料的孔结构及穿孔板的结构参数对复合结构吸声系数的影响规律。

**A 单层结构金属纤维多孔材料与复合结构吸声系数对比**

图 6-17 所示为单层结构金属纤维多孔材料与复合结构的吸声系数对比，其中穿孔板采用表 6-2 中 3 号试样，不锈钢纤维多孔材料的厚度为 2mm，纤维丝径为 12μm，孔隙率为 68%。由图可知，当频率在 5000Hz 以下时，复合结构具有较好的吸声性能；频率在 2500Hz 以上时，复合结构的吸声系数稳定在 0.4 左右。总的来看，复合结构的吸声系数变化趋势与不锈钢纤维多孔材料的吸声系数变化趋势基本一样，但

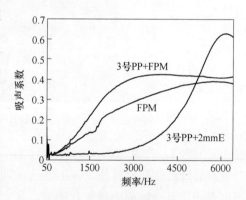

图 6-17 复合结构的吸声系数
PP—穿孔板；FPM—金属纤维多孔材料；E—空腔

前者的吸声系数较后者高。穿孔板背后紧贴不锈钢纤维多孔材料大大增加了穿孔板背后空腔的声阻，提高了对透过声波的吸收，又由于 3 号穿孔板的穿孔率较高，对声波反射较少，导致复合结构的吸声系数略高于其他两种结构的吸声系数。

**B 金属纤维多孔材料的结构参数对复合结构吸声系数的影响**

**a 孔隙率的影响**

图 6-18 所示为不锈钢纤维多孔材料的孔隙率对复合结构吸声系数的影响，

其中穿孔板采用表 6-2 中的 4 号试样，金属纤维多孔材料的厚度为 2mm，纤维丝径为 12μm，孔隙率分别为 55%、68% 和 76%。由图可知，频率低于 1000Hz 时，金属纤维多孔材料的孔隙率对吸声系数没有影响；频率超过 1000Hz 时，随着金属纤维多孔材料孔隙率的增加，吸声系数逐渐增加，这与单层不锈钢纤维多孔材料的吸声系数变化规律不同。主要原因为：穿孔板的吸声原理是基于亥姆霍兹共振器结构，在

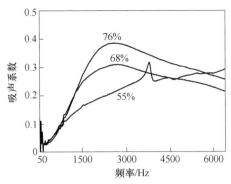

图 6-18　多孔材料的孔隙率对复合结构吸声系数的影响

未添加不锈钢纤维多孔材料时，可以将穿孔板背后的空腔看作弹簧共振系统，当声波入射到穿孔板的孔时，由于压力作用，背后空腔将做往复运动，进而由于摩擦作用促使声能转变为热能而消耗。在穿孔板背后填充不锈钢纤维多孔材料，尽管增大了背后的声阻，但同时也大大减弱了空腔振动所带来的声波能量消耗。当使用孔隙率为 76% 的金属纤维多孔材料时，声波容易通过，促使振动加快并且被吸收；当使用孔隙率为 55% 的金属纤维多孔材料时，由于孔径较小，透过穿孔板的声波并没有或者发生微量的振动，此时主要体现了金属纤维多孔材料的吸声特点，其吸声系数呈上升趋势。

b　纤维丝径的影响

图 6-19 所示为纤维丝径对复合结构吸声系数的影响，其中穿孔板采用表 6-2 中的 4 号试样，金属纤维多孔材料的厚度为 2mm，孔隙率为 68%，纤维丝径分别为 8μm、12μm 和 20μm。由图可知，三条曲线的变化趋势相同，均在 2500Hz 处出现吸声峰值。利用式（6-9）计算得到 4 号穿孔板的第一共振频率为 2900Hz，可以看出，在穿孔板背后紧贴金属纤维多孔材料，其共振频率会向低频方向移动，且频带变

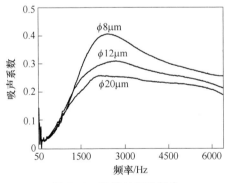

图 6-19　纤维丝径对复合结构吸声系数的影响

宽，从而弥补了穿孔板在非共振频率处吸声系数较低的缺点。由图 6-19 还可以看出，频率超过 1000Hz 时，随着纤维丝径的增加，吸声系数呈现明显的下降趋势。

C　穿孔板结构参数对复合结构吸声系数的影响

本节使用纤维丝径为 12μm、孔隙率为 68%、厚度为 2mm 的金属纤维多孔材

料作为穿孔板背后紧贴的吸声材料，讨论穿孔板的结构参数（穿孔率与厚度）对复合结构吸声系数的影响规律。

　　a　穿孔率的影响

　　图 6-20 所示为穿孔率对复合结构吸声系数的影响，采用表 6-2 中的 1号、2 号和 3 号穿孔板。由图可见，穿孔率对复合结构的吸声系数影响较大。频率超过 2000Hz 时，随着穿孔率的增加，吸声系数逐渐增大，且第一吸声峰值向高频方向移动。其原因是：由式（6-9）可知，单层穿孔板吸声结构中，随着穿孔率的增加，第一共振频率向高频方向移动，所以复合结构的第一吸声峰值也向高频方向移动。金属纤维多孔

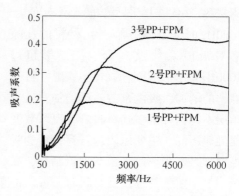

图 6-20　穿孔率对复合结构吸声系数的影响
PP—穿孔板；FPM—金属纤维多孔材料

材料的加入大大减弱了穿孔板吸声结构的共振吸声特性，当超过共振频率时，并没有像传统共振结构的吸声系数曲线一样迅速下降，而是保持了共振频率时对声波的高效吸收。由于金属纤维多孔材料的声阻相同，穿孔率越低，即孔越少，透过穿孔板的声波也越少，金属纤维多孔材料起到的吸声作用也就越弱，复合结构的吸声系数越低。

　　b　穿孔板厚度的影响

　　图 6-21 所示为穿孔板的厚度对复合结构吸声系数的影响，采用表 6-2 中的 6号和 7 号穿孔板。由图可知，当频率低于1400Hz 时，穿孔板的厚度对吸声系数影响不大；当频率超过 1400Hz 时，随着穿孔板厚度的增加，吸声系数随之降低，第一吸声峰值向低频方向移动，但整体仍保持了宽频吸声的特点。由式（6-9）可知，穿孔板厚度增加，第一共振频率向低频方向移动，所以复合结构的第一吸声峰值也向低频方向移动。

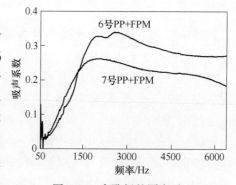

图 6-21　穿孔板的厚度对
复合结构吸声系数的影响
PP—穿孔板；FPM—金属纤维多孔材料

### 6.5.3.2　穿孔板与梯度结构金属纤维多孔材料复合结构的吸声性能

　　6.4 节介绍了梯度结构金属纤维多孔材料的吸声系数高于单层结构金属纤维多孔材料的吸声系数，本节将介绍梯度结构金属纤维多孔材料与穿孔板制备的复合结构的吸声性能。

图 6-22 所示为丝径梯度结构金属纤维多孔材料与复合结构的吸声系数对比曲线，其中穿孔板采用表 6-2 中的 3 号试样，梯度结构金属纤维多孔材料采用的纤维丝径为 20μm（面向声源）和 8μm、孔隙率为 68%、厚度为 2mm。由图可知，频率超过 2200Hz 时，复合结构的吸声系数远高于梯度结构金属纤维多孔材料的吸声系数；复合结构的第一吸声峰值出现在 4500Hz 处，其吸声系数接近 0.8。由式 (6-9) 可知，3 号穿孔板的 $f_r$ 为 4605Hz，复合结构的第一吸声峰值在 4500Hz，穿

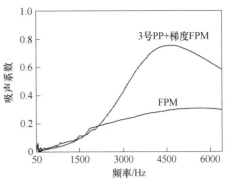

图 6-22 复合结构与丝径梯度
结构的吸声系数对比曲线

PP—穿孔板；FPM—金属纤维多孔材料

孔板复合梯度结构金属纤维多孔材料后，第一吸声峰值向低频方向移动。

### 6.5.3.3 穿孔板、梯度结构金属纤维多孔材料、薄膜复合结构的吸声系数

穿孔板的特点是在共振频率附近具有较高的吸声系数，薄膜具有较好的振动特性，梯度结构金属纤维多孔材料则可以在一个较宽的频率范围内保持较高且稳定的吸声系数。因此，利用 3 种材料制备的复合结构有望进一步提高吸声系数。

图 6-23 所示为采用穿孔板、薄膜和梯度结构金属纤维多孔材料制备的复合结构的吸声系数。在梯度结构金属纤维多孔材料中添加薄膜后，显著提高了复合结构的吸声系数，且第一吸声峰值出现在 1000~1500Hz 范围内，吸声系数最高约 0.46（见图 6-23(a)）；在该结构表面添加穿孔板使得复合结构的第一吸声峰值继续向低频方向移动，且进一步提高了复合结构的吸声性能，最大吸声系数提高到约 0.53（见图 6-23(b)）。

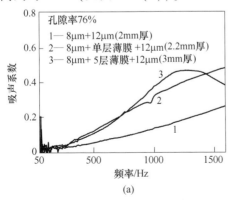

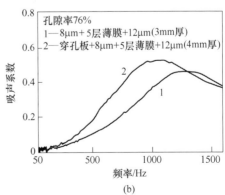

(a)　　　　　　　　　　　　　(b)

图 6-23 不同复合结构的吸声系数对比

（a）丝径梯度结构与添加薄膜材料的丝径梯度结构对比；（b）添加薄膜材料与添加穿孔
板和薄膜材料的丝径梯度结构对比

### 6.5.4　金属纤维多孔材料与致密板复合结构的隔声性能

　　吸声材料可以有效地吸收声波，但对于大部分声源来说，采用隔声方法对声源进行隔离降噪更为有效。材料的隔声性能与材料本身的刚性、阻尼性能及声波的频率、声源的位置与性质等有很大关系。传统的隔声材料一般都十分笨重，对其可加工性、适用范围、成本等都有很大的影响。

　　隔声罩是一种有效的降噪措施，它把较大的噪声源封闭起来，可以有效地阻隔噪声的泄露和扩散。隔声罩的示意图如图 6-24 所示，罩壁由罩板、吸声材料和护面穿孔板组成。在隔声罩的设计过程中，吸声材料是必不可少的，因为内层吸声材料不仅能提高隔声罩的隔声性能，而且其吸声作用也大大减少了声波在隔声罩内的混响时间，减弱了共振以及谐振产生的隔声波谷。

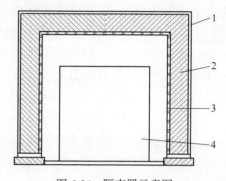

图 6-24　隔声罩示意图

1—罩板；2—吸声材料；3—护面穿孔板；4—设备

　　金属纤维多孔材料是一种轻质结构材料，它具有优异的吸声性能，但其不能单独用于隔声。针对电子元器件的使用要求，并结合隔声罩的特点，采用金属纤维多孔材料与致密面板（316L 不锈钢板，厚度为 1mm）制备了超薄复合结构，分析了该复合结构的隔声性能，其制备工艺如图 6-25 所示。

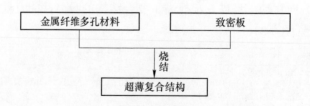

图 6-25　超薄复合结构的制备工艺示意图

#### 6.5.4.1　316L 不锈钢板的隔声性能

　　图 6-26 所示为厚度为 1mm 的 316L 不锈钢板的隔声性能。可以看出，频率为500Hz 和 4400Hz 时，隔声性能出现了两个波谷。考虑到由于板的尺寸较小，固有频率较大，因此其振荡的频率范围也很大，在很高的频率才进入质量控制区，这和无限大板有所不同。两个隔声波谷均是在劲度与阻尼控制区内，即波谷主要是由于板的共振引起的。在劲度控制区，钢板壁面对声压的反应类似于弹簧，其

隔声量与钢板壁面的劲度成正比；阻尼控制区又称板共振区，当入射频率与钢板固有频率相同时，钢板发生共振，此时钢板振幅最大，透射声能急剧增加，隔声量出现波谷，出现第一共振频率，即大约在 500Hz 频率处，而第二共振频率（4500Hz）是谐振引起的。随着声波频率的增加，共振现象越来越弱，直至消失，所以隔声量呈上升趋势。阻尼控制区的宽度取决于钢板的几何尺寸、弯曲劲度、面密度、结构阻尼的大小及边界条件等。

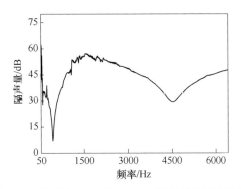

图 6-26  厚度为 1mm 的 316L 不锈钢板的隔声性能

### 6.5.4.2  复合结构的隔声性能

表 6-3 列出了 3 种不同结构的平均隔声量。由表可见，复合结构的隔声量均高于单层致密板的隔声量，且丝径梯度结构金属纤维多孔材料与致密板制备的复合结构的隔声量最高，达到 58.2dB。

表 6-3  不同结构的平均隔声量

| 结构种类 | 致密板 | 丝径梯度与致密板制备的复合结构 | 穿孔板、丝径梯度结构与致密板制备的复合结构 |
|---|---|---|---|
| 平均隔声量/dB | 47.5 | 58.2 | 54.9 |

# 6.6  其他结构参数对金属纤维多孔材料吸声性能的影响

## 6.6.1  材料厚度的影响

图 6-27 所示是采用纤维丝径为 20μm 的不锈钢纤维毡制备的多孔材料的吸声系数曲线，材料厚度分别为 5mm，10mm，15mm 和 20mm，孔隙率为 91%。由图可知，随着材料厚度的增加，其吸声系数逐渐提高且趋于平稳，同时第一吸声峰逐渐向低频方向移动。增加材料的厚度可以增加声波在材料内部的传播路径，进一步提高材料对声波的耗散能力。

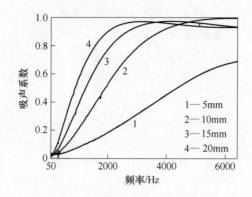

图 6-27  材料厚度对吸声系数的影响

### 6.6.2  材料背后空腔的影响

图 6-28 所示为金属纤维多孔材料背后空腔厚度为 0mm、20mm、40mm 和 60mm 4 种情况下的吸声系数曲线，材料的孔隙率为 94%，厚度为 10mm，纤维丝径为 20μm。由图 6-28 可知，空腔厚度对低频吸声性能影响显著，如空腔厚度为 60mm 时，材料在频率为 400Hz 处的吸声系数为 0.7，大大提高了材料的低频吸声性能。在金属纤维多孔材料背后增加一定厚度的空气层或空腔，其作用相当于增加了材料的厚度，

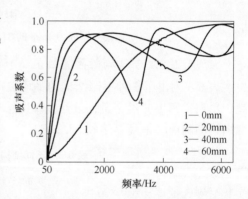

图 6-28  空腔厚度对材料吸声系数的影响

可以显著改善材料的低频吸声性能。由图 6-28 还可以看出，随着空腔厚度的增加，材料的低频吸声性能增幅逐渐减小。当空腔厚度为 40mm 和 60mm 时，二者在 1000Hz 以下的吸声系数基本一样。据资料表明，当空气层的厚度为入射声波 1/4 波长的奇数倍时，吸声系数最大；而为 1/2 波长的整数倍时，吸声系数最小[23]。

### 6.6.3  纤维材质的影响[8]

图 6-29 所示是不锈钢纤维多孔材料与 FeCrAl 合金纤维多孔材料吸声性能的对比曲线，材料的孔隙率均为 90%，厚度为 15mm，图 6-29（a）采用的纤维丝径为 12μm，而图 6-29（b）采用的纤维丝径为 20μm。由图可知，纤维材质对多孔材料的吸声性能没有影响。

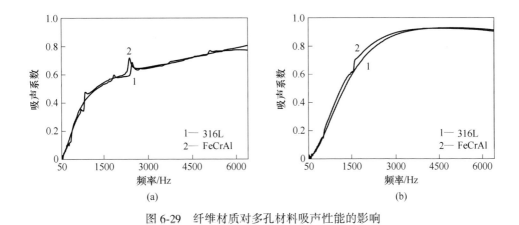

图 6-29 纤维材质对多孔材料吸声性能的影响

## 6.6.4 使用环境的影响

除上述因素影响金属纤维多孔材料的吸声性能外，使用环境也可能对材料的吸声性能产生影响。本节主要介绍声压级和环境温度对多孔材料吸声性能的影响规律。

### 6.6.4.1 声压级的影响[7, 13,24~27]

现代工业中，高声强噪声带来的问题越来越多。例如，发射宇宙飞船产生的极大声功率噪声有时会使飞船自身受伤；声疲劳可使飞行器的铆钉损坏、蒙皮破裂；高声强环境对设备的安全构成严重威胁，同时对人们的工作和生活也会产生严重的影响。

图 6-30 所示为采用丝径为 20μm 的 FeCrAl 合金纤维毡制备的孔隙率为 94%、厚度为 10mm 的多孔材料在不同声压级下的吸声系数曲线。由图 6-30（a）可知，多孔材料在低声压级（20dB）下的吸声系数高于高声压级（120dB 和 140dB）下的吸声系数。这是由于声波在声压级为 120dB 和 140dB 时的振动速度远远大于 20dB 时的振动速度，声波进入材料内部后发生反射的速度也远远大于 20dB 时的反射速度，使得高声压级下的声波能量耗散率低，吸声系数下降。但是，材料在 120dB 和 140dB 声压级下的吸声系数完全相同，说明多孔材料在高声压级下的吸声性能非常稳定，这一点也可以从图 6-30（b）得到证实。这个性能是其他材料无法比拟的，一般的吸声体在高声压级下的吸声系数随着声压级的升高而逐渐降低。

图 6-31 所示是孔隙率为 97%、材料厚度为 20mm、纤维丝径为 20μm 的 FeCrAl 合金纤维多孔材料在不同声压级下的吸声系数和声阻抗率曲线。图 6-31（a）是多孔材料在 100dB、120dB 和 140dB 3 种声压级条件下的吸声系数曲线。可以看出，高声压级对多孔材料的吸声系数几乎没有影响，这一点与图 6-30（a）的结论一样。图 6-31（b）为多孔材料在 100dB、120dB 和 140dB 3 种声压级条件下的声阻抗率曲线。可以看出，高声压级对多孔材料的声阻抗率几乎没有影响。

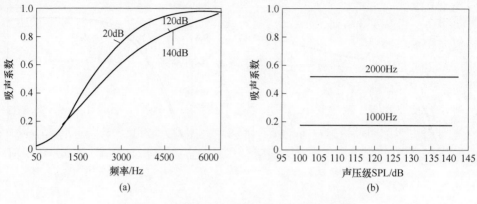

图 6-30　材料在不同声压级条件下的吸声系数

（a）固定声压级；（b）固定频率

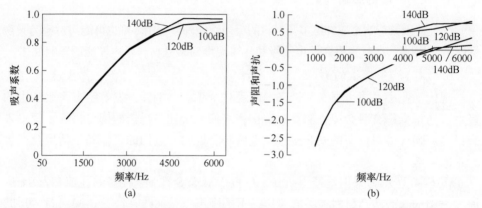

图 6-31　不同声压级条件下 FeCrAl 合金纤维多孔材料的吸声系数曲线(a)与声阻抗率曲线(b)

### 6.6.4.2　环境温度的影响[28,29]

环境温度也会对金属纤维多孔材料的吸声性能产生影响。图 6-32 所示是采用纤维丝径为 20μm 的 FeCrAl 合金纤维毡制备的多孔材料的吸声系数随温度（20～500℃）的变化关系，多孔材料的孔隙率为 91%、厚度为10mm。由图可知，多孔材料在常温下（20℃）的吸声系数随频率的升高而增大，在 50～2000Hz 的频率范围内未出现第一吸声峰值。当温度升高到100℃时，出现第一吸声峰值的频率

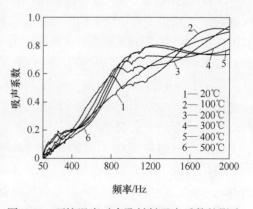

图 6-32　环境温度对多孔材料吸声系数的影响

为1873Hz，对应的吸声系数为0.92。继续升高温度，第一吸声峰值逐渐向低频方向移动，当温度升高到500℃时，第一吸声峰值的频率为1256Hz，对应的吸声系数为0.80。

温度的变化会使中高频声波的波长发生变化，使吸声系数的频率特性做相对移动[19,23]，而对低频吸声性能的影响较小。升高温度使声波的传播速度提高，高频处的波长增加，能量变小，声波与孔壁碰撞时主要发生反射和折射，吸声系数减小[6]。而制约材料吸声系数的另一参数——静声阻抗率会随温度的升高而增大[16]，也导致材料的吸声系数减小。

## 参 考 文 献

［1］王建忠，奚正平，汤慧萍，等. 金属纤维多孔材料吸声性能研究现状［J］.稀有金属材料与工程，2012，41（S2）：405~408.

［2］汤慧萍，朱纪磊，葛渊，等. 纤维多孔材料梯度结构的吸声性能研究［J］.稀有金属材料与工程，2007，36（12）：2220~2223.

［3］马大猷. 噪声与振动控制工程手册［M］.北京：机械工业出版社，2002.

［4］盛美萍，王敏庆，孙进才. 噪声与振动控制技术基础［M］.北京：科学出版社，2011.

［5］张守梅，曾令可，黄其秀，等. 环保吸声材料的发展动态及展望［J］.陶瓷学报，2002，23（1）：56~66.

［6］卢天健，何德坪，陈常青，等. 超轻多孔金属材料的多功能特性及应用［J］.力学进展，2006，36（4）：517~535.

［7］敖庆波，汤慧萍，朱纪磊，等. 烧结FeCrAl纤维多孔材料吸声特性［J］.稀有金属材料与工程，2009，38（10）：1765~1768.

［8］敖庆波，汤慧萍，朱纪磊，等. FeCrAl纤维混合毡的吸声性能［J］.功能材料，2013，44（6）：780~782.

［9］汤慧萍，朱纪磊，王建永，等. 不锈钢纤维多孔材料吸声性能研究［J］.中国有色金属学报，2007，17（12）：1943~1947.

［10］Meng H., Ao Q B., Ren S W, et al. Anisotropic acoustical properties of sintered fibrous metals［J］. Composites Science and Technology, 2015, 107：10~17.

［11］Ao Q B, Wang J Z, Tang H P, et al. Sound absorption characteristics and structure optimization of porous metal fibrous materials［J］. Rare Metal Materials and Engineering, 2015, 44（11）：2646~2650.

［12］Wang J Z, Ao Q B, Tang H P, et al. Effect of characterization of porous metal fiber media on sound absorption coefficient［J］. International Journal of Modern Physics B, 2015, 29（10&11）：1540002-1~7.

［13］敖庆波. 烧结FeCrAl纤维多孔材料吸声性能分析及研究［D］.沈阳：东北大学，2008.

［14］鲍腾飞. 不锈钢纤维多孔材料复合结构的声学性能［D］.沈阳：东北大学，2012.

[15] 杜功焕. 声学基础 [M]. 南京：南京大学出版社，2001.

[16] 毛东兴，洪宗辉. 环境噪声控制工程 [M]. 2版. 北京：高等教育出版社，2010.

[17] 敖庆波，汤慧萍，朱纪磊，等. FeCrAl 纤维多孔材料梯度结构吸声性能的研究 [J]. 功能材料，2009，40：1764~1766.

[18] 敖庆波，王建忠，李爱君，等. 梯度纤维多孔材料的吸声特性及结构优化 [J]. 稀有金属材料与工程，2016.

[19] 钟祥璋. 建筑吸声材料与隔声材料 [M]. 2版. 北京：化学工业出版社，2012.

[20] 李耀中，李东升. 噪声控制技术 [M]. 北京：化学工业出版社，2008.

[21] 敖庆波，汤慧萍，王建忠，等. 不锈钢纤维复合材料吸声性能研究 [J]. 材料导报，2014，28 (6)：65~69.

[22] 蔺磊，王佐民，姜在秀，等. 微穿孔共振吸声结构中吸声材料的作用 [J]. 声学学报，2010，35 (4)：385~392.

[23] 潘仲麟，翟国庆. 噪声控制技术 [M]. 北京：化学工业出版社，2006.

[24] 张波，陈天宁. 烧结金属纤维材料的吸声模型研究 [J]. 西安交通大学学报，2008，42 (3)：328~333.

[25] 张波，陈天宁. 高声压激励下多孔金属材料的吸声性能数值计算 [J]. 西安交通大学学报，2010，44 (3)：58~65.

[26] 彭锋，土晓林，孙艳，等. 高声压级时多孔金属板的吸声特性研究 [J]. 声学学报，2009，34 (3)：266~275.

[27] 常宝军，王晓林，彭锋，等. 金属纤维多孔材料在高声强下的吸声性能预测 [J]. 声学技术，2009，28 (4)：450~454.

[28] 敖庆波，汤慧萍，朱纪磊，等. 烧结 FeCrAl 纤维多孔材料的高温吸声性能 [J]. 压电与声光，2010，32 (5)：849~851.

[29] 张波，陈天宁，冯凯，等. 烧结金属纤维多孔材料的高温吸声性能 [J]. 西安交通大学学报，2008，42 (11)：1327~1331.

# 7 金属纤维多孔材料制备过程数值模拟

## 7.1 金属纤维多孔材料成形过程数值模拟

气流成形技术是目前规模化制备金属纤维多孔材料的主要技术，即依靠气体的流场将金属纤维进行分散、悬浮、沉降而形成具有多孔结构的毛坯，该毛坯的质量对烧结金属纤维多孔材料孔隙结构的均匀性具有遗传效应。气流成形技术属于气固两相流范畴，涉及纤维的弯曲、扭转等变形以及纤维与气流的耦合作用。

金属纤维可看作具有较大长径比（$r_f > 10$）的细长颗粒（又称为柱状粒子）。已有的少量的细长颗粒两相流研究多针对纺织、烟草、复合材料领域中化纤、烟丝、玻纤等纤维状颗粒的输送和流动[1~5]，重点研究纤维在流场中的上升和悬浮过程。由于对气相-纤维间的双向耦合作用、纤维的弯曲扭转变形等在纤维两相流中的作用机制认识不足，现有的研究很少涉及刚性纤维或柔性纤维的流化过程。目前，只有瑞典的 O. Melander 等人[6~9]对木纤维开展的研究以及东南大学袁竹林课题组[10, 11]对烟丝纤维开展的研究。O. Melander 等人测量了纤维-空气垂直向上流两相流中纤维的浓度和速度分布，并在对纤维的阻力系数和升力系数进行表征的基础上，采用欧拉双流体模型对纤维两相流进行了数值模拟。O. Melander 的研究表明，纤维在随气流向上运动过程中出现明显的旋转运动，且升力（垂直于流体方向的流体作用力）有利于纤维浓度的均匀分布，但实验结果和数值模拟结果偏差较大。袁竹林课题组将烟丝沿长度方向离散成相互连接的刚性单元，采用硬球模型处理离散单元间的碰撞过程，对长径比为 20 的烟丝在提升管中的流化特性进行了二维和三维数值模拟研究。计算结果表明，在流化过程中，烟丝纤维存在明显的择优取向，大部分烟丝纤维以近于竖直的取向流化运动；同时，烟丝纤维在提升管内沿轴向、径向分布不均，壁面约束使得烟丝纤维由近壁区域向中心迁移。

相对于上升和悬浮过程，金属纤维在气体中的沉降过程是决定金属纤维多孔坯体孔结构特性的关键过程。金属纤维的沉降运动与球状颗粒有本质区别，因为其沉降速度与纤维的取向密切相关。同时，柔性纤维存在弯曲和扭转等变形，且这些变形与柔性纤维-流场间的相互作用、纤维间的碰撞摩擦效应等相互耦合。因此，柔性纤维的沉降堆积过程比球形颗粒或刚性纤维复杂得多。目前，只有我国 Y. M. Liu 和 T. H. Wu 等人[12]和美国 M. Shams 和 G. Ahmadi[13]等人基于数值模拟的方法研究了柔性纤维的沉降堆积过程。Y. M. Liu 和 T. H. Wu 等人的计算结果表明，纤维柔性不仅能减小纤维沉降阻力，增加纤维沉降速度，而且能促使块状结构的形成。M. Shams 和 G. Ahmadi 等人指出壁面处的涡流对柔性纤维在湍流边界层中的沉积过程有着至关重要的影响。但以上这些研究均是针对纤维在液体中的沉降，且未考虑堆积过程。对于大量金属纤维在空气中的沉降堆积问题，目前尚未见文献报道。

另外，这些数值模拟研究并没有考虑气相-柔性纤维间的气固耦合作用，同时，所采用的硬球碰撞模型过于简化，并不能准确描述高浓度纤维间的碰撞过程。因此，这些研究很少涉及大量纤维的复杂运动，而大量纤维的复杂运动以及纤维之间相互作用和纤维与流体之间的作用需要进行系统研究。

### 7.1.1　刚性纤维沉降和流化过程

纤维的沉降或堆积问题最早是从刚性纤维开始研究的。纤维的运动受到流场、壁面、碰撞等影响。流场的微结构决定了纤维在沉降过程中的平均沉降速度、取向分布[14]，壁面的影响体现在管内壁面附近区域的细长颗粒的取向分布及浓度分布，在细长颗粒沉降过程中的碰撞研究方面，颗粒沉降时的相互作用对颗粒的总体速度是起增强作用还是起阻碍作用，对此目前还存在分歧。M. B. Mackaplow 和 E. S. G. Shaqfeh[15]的模拟计算表明，颗粒的相互作用会阻碍颗粒的沉降，使总体平均速度降低，而 B. Herzhaft 和 E. Guazzelli 等人[16, 17]分别利用实验和数学的方法得出颗粒的相互作用会使总体的沉降速度增加的结论。K. Gustavsson 和 A. K. Tornberg[18]，王叶龙和林建忠等人[19]等采用数值模拟或实验研究的方法也对刚性纤维在液体中的沉降特性展开了研究，表明初始均匀分布的刚性纤维在沉降过程中会结块，而块状结构的演化过程对纤维沉降速度、取向有着显著的影响。例如，纤维的取向与阻力有关，其在流场中受到的阻力、升力和力矩随纤维与流场方向夹角的增长而呈非线性增长，与纤维长径比的关系可能为线性也可能为非线性。

#### 7.1.1.1　数学模型

根据牛顿运动方程，刚性纤维的平动和转动方程分别为：

$$m_i \frac{\mathrm{d}\boldsymbol{v}_i}{\mathrm{d}t} = \sum \boldsymbol{F}_{\mathrm{c},\ i} + m_i \boldsymbol{g} + \boldsymbol{F}_{\mathrm{pf},\ i} \tag{7-1}$$

$$\frac{\mathrm{d}(\boldsymbol{I}_i \cdot \boldsymbol{\omega}_i)}{\mathrm{d}t} = \sum (\boldsymbol{M}_{\mathrm{t},\ i} + \boldsymbol{M}_{\mathrm{n},\ i} + \boldsymbol{M}_{\mathrm{r},\ i}) \tag{7-2}$$

式中　　$m_i$——纤维 $i$ 的质量；

　　　　$\boldsymbol{I}_i$——纤维 $i$ 的转动惯量；

$\boldsymbol{v}_i$——纤维 $i$ 的线速度；

$\boldsymbol{\omega}_i$——纤维 $i$ 的角速度；

$\boldsymbol{F}_{c,i}$——纤维 $i$ 与周围纤维间的碰撞力，包括法向碰撞力和切向碰撞力；

$\boldsymbol{F}_{pf,i}$——流体对纤维 $i$ 的流体作用力，对于堆积过程，由于不考虑流体的作用，该项为 0；

$\boldsymbol{M}_{t,i}$——切向碰撞力产生的力矩；

$\boldsymbol{M}_{n,i}$——法向碰撞力产生的力矩；

$\boldsymbol{M}_{r,i}$——滚动摩擦矩。

图 7-1 所示是采用多球元模型表征的刚性纤维的全局和局部坐标系。式（7-2）是在刚性纤维的局部坐标系中计算完成的，而纤维的角速度或角加速度从局部坐标系到全局坐标系中的转换可以通过旋转矩阵实现，具体可详见文献［20，21］。

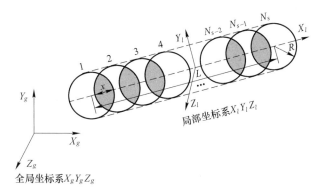

图 7-1　多球元模型表征的刚性纤维及其全局和局部坐标系

对于规则的非球形颗粒，可以采用解析方程（如椭球体方程）描述其形状，并利用基于几何形状的解析方法检测其碰撞过程的发生，但这些算法一般比较复杂而且相关碰撞理论还需进一步发展和完善。因此，这里采用 J. F. Favier 等人[20]提出的多球元模型对刚性纤维进行表征，这样，刚性纤维之间的碰撞过程可以直接用球与球的碰撞理论进行描述。这种处理非球形颗粒碰撞过程的方法也被其他学者采用，如 Y. C. Chung 和 J. Y. Ooi[22]、Z. Grof 等人[23]、B. Ren 等人[24]。在多球元模型中，刚性纤维由沿轴线均匀分布的相互重叠的球单元构造而成，如图 7-1 所示。本节将刚性纤维简化为球柱体，长径比 $r_f$ 为圆柱轴线的轴向长度 $L$ 与其直径 $2R$ 的比值（见图 7-1），而球单元数量 $N_s$ 与长径比 $r_f$ 之间的关系为：

$$N_s = 1 + \frac{2r_f}{2 - \delta} \tag{7-3}$$

式中　$\delta$——球单元的重叠系数，即相邻球单元的法向重叠量与球单元半径的比值，$\delta = x/R$。

因此，实际刚性纤维和多球元组成的刚性纤维间的差异可以通过控制重叠系数或球单元的数量进行调节。这里，为了保证计算结果的准确性以及合适的计算量，重叠系数采用 $\delta = 1$，这也被 Z. Grof 等人[23] 和 B. Ren 等人[24] 采用。虽然可以采用更大的重叠系数，但相关测试表明其对结果影响较小，却使得计算量急剧增加。

描述球的碰撞过程主要有软球模型和硬球模型，其中软球模型由于适用范围广、精度高，使用更为广泛。软球模型通常把球的碰撞过程表示为由弹簧、阻尼器和滑板组成的动力学系统，如图 7-2 所示，具体可参考文献 [25，26]。同时，为了描述由于范德华力、静电力和磁性等导致金属纤维间存在相互吸引的特性，这里采用 JKR 理论[27] 计算接触力，并用表面能表征刚性纤维间的吸引强度。

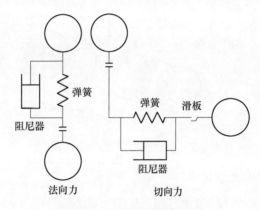

图 7-2　球元间的接触力模型

根据 JKR 理论和经典 Hertz 接触理论，组成接触法向力 $\boldsymbol{F}_n$ 的法向弹性力 $\boldsymbol{F}_{JKR}$ 和法向阻尼力 $\boldsymbol{F}_{dn}$ 分别表示为：

$$\boldsymbol{F}_{JKR} = 4\sqrt{\pi\gamma E^*}\, a^{3/2}\boldsymbol{n} - \frac{4}{3}E^*\sqrt{R^*}\delta_n^{3/2}\boldsymbol{n} \tag{7-4}$$

$$\boldsymbol{F}_{dn} = -2\sqrt{\frac{5}{6}}\beta\sqrt{S_n m^*}\,\boldsymbol{v}_n^{rel} \tag{7-5}$$

式中　$\gamma$——表面能，用来衡量纤维的黏附性程度；

　　　$E^*$——等效杨氏模量，$E^* = E/2(1 - \nu^2)$；

　　　$\nu$——泊松比；

　　　$a$——接触半径；

　　　$\boldsymbol{n}$——法向的单位矢量；

　　　$R^*$——等效半径，$R^* = R_i R_j/(R_i + R_j)$；

　　　$\delta_n$——法向的重叠量；

$m^*$——等效质量，$m^* = m_i m_j / (m_i + m_j)$；

$\boldsymbol{v}_n^{rel}$——两球元在接触处的相对速度的法向分量。

根据 Mindlin 和 Deresiewicz 的接触理论，组成接触切向力 $\boldsymbol{F}_t$ 的切向弹性力 $\boldsymbol{F}_{ct}$ 和切向阻尼力 $\boldsymbol{F}_{dt}$ 分别为：

$$\boldsymbol{F}_{ct} = - S_t \delta_t \boldsymbol{t} \tag{7-6}$$

$$\boldsymbol{F}_{dt} = - 2\sqrt{\frac{5}{6}}\beta \sqrt{S_t m^*}\, \boldsymbol{v}_t^{rel} \tag{7-7}$$

式中　$\delta_t$——切向的重叠量；

　　　$\boldsymbol{t}$——切向的单位矢量；

$\boldsymbol{v}_t^{rel}$——两球元在接触处的相对速度的切向分量。

法向刚度 $S_n$ 和切向刚度 $S_t$ 分别为：

$$S_n = 2E^* \sqrt{R^* \delta_n} \tag{7-8}$$

$$S_t = 8G^* \sqrt{R^* \delta_n} \tag{7-9}$$

式中　$G^*$——剪切模量，$G^* = G/2(1 - \nu^2)$。

阻尼系数 $\beta$ 为：

$$\beta = - \frac{\ln e}{\sqrt{(\ln e)^2 + (\ln \pi)^2}} \tag{7-10}$$

式中　$e$——恢复系数。

当 $\gamma = 0$ 时，可以认为球单元之间不存在 JKR 黏附力，此时，式（7-4）改写为：

$$\boldsymbol{F}_{Hertz} = - \frac{4}{3}E^* \sqrt{R^*}\delta_n^{3/2}\boldsymbol{n} \tag{7-11}$$

根据 Coulomb 摩擦定律，当切向弹性力大于滑板所允许的最大切向力时，总的接触切向力为：

$$\boldsymbol{F}_t = - \mu |\boldsymbol{F}_{Hertz}|\boldsymbol{t} \tag{7-12}$$

式中　$\mu$——摩擦系数。

### 7.1.1.2　计算结果

模拟过程中，8000 根金属纤维在重力作用下加速沉降直到和其他刚性纤维发生碰撞，由于能量耗散，线速度和角速度不断减小，最后在底部形成多孔堆积结构。图 7-3 所示是刚性纤维堆积的多孔结构，该结构主要采用孔隙率、搭接点配位数和搭接角等参数进行表征。搭接点配位数（CN）定义为与某个颗粒发生接触的颗粒数，其大小强烈依赖于临界分离距离（如果两颗粒表面间距小于此距离，则认为其发生接触）。Z. Y. Zhou 等人[28]计算结果表明，虽然采用不同大小的临界分离距离会得到不同的搭接点配位数，但这些结果具有相同的趋势且是等同的。因此，这里采用和文献［28，29］相同的临界分离距离，即 0.01$d$，其也符合后续烧结过程中对搭接点的定义。另一方面，刚性纤维的局部搭接情况还可采用搭接角进行描述，即两个发生接触的刚性纤维的轴线之间的夹角。由于对称性，搭接角计算范围为 ［0°，90°］。在堆积结构形成的动态过程中，刚性纤维的运动特性主要由接触力决定。为了揭示金属纤维堆积结构的影响机制，这里还分析了搭接点处的法向接触力 $F_n$ 以及法向接触力和切向接触力之比 $F_n/F_t$（用来衡量法向接触力和切向接触力的相对变化快慢）。为了便于阐述模拟结果，法向接触力 $F_n$ 采用单个金属纤维的重力进行无量纲化，且接触力平均值 $<F_n>$ 和 $<F_n/F_t>$ 是对所有搭接点取算数平均值。

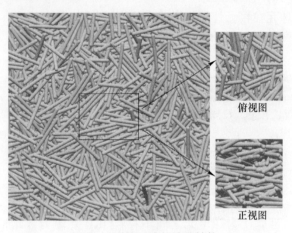

图 7-3　刚性纤维的堆积结构

### A　长径比的影响

图 7-4 所示为多孔结构的孔隙率与金属纤维的长径比的关系。可以看出，孔隙率受长径比影响较大，随长径比的增加而增加直至趋于平稳。虽然其高于已有

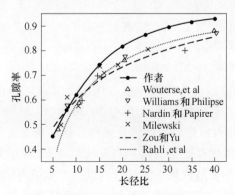

图 7-4　多孔结构的孔隙率随纤维长径比的变化

的实验数据[1~5]，但这主要是由于计算方法和计算条件的不同所致。同时，作者还模拟了刚性弯曲纤维的堆积过程。图 7-5 所示为多孔结构的孔隙率与金属纤维的弯曲因子 *CI*（即纤维两末端距离与其轴线长度之比）的关系。可以看出，弯曲因子的增加也会相应减小孔隙率，但其影响远小于长径比的影响。总体而言，孔隙率受纤维长径比的影响较显著。

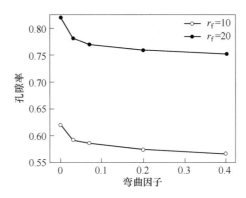

图 7-5　多孔结构的孔隙率随纤维弯曲因子的变化

图 7-6 所示是平均搭接点数随纤维长径比和纤维弯曲程度的变化曲线。可以看出，平均搭接点数随纤维长径比的增加而减小，但当长径比大于 30 时，其变化不明显。值得注意的是，纤维的弯曲程度对平均搭接点数有较大的影响，弯曲程度的增加能急剧增加平均搭接点数。

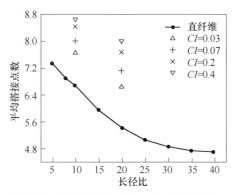

图 7-6　平均搭接点数随纤维长径比和弯曲程度的变化曲线

图 7-7 所示是搭接点配位数分布曲线随纤维长径比的变化。由图可见，随着纤维长径比的增加，搭接点配位数分布曲线向左移动，最可能搭接点数（即概率最大所对应的搭接点数）减小。例如，当长径比从 5 增加到 20 时，最可能接触点配位数从 7 减小到 5，而其最大接触点配位数从 13 减小到 11。同时，随着长径比的增加，最小接触点配位数均为 2 但其所对应的概率略微增加，说明越来越

多的纤维仅被 2 根纤维所支撑。在本章计算的长径比范围内，最可能接触点配位数变化范围为 [4，8]，而其概率在 20% 到 25% 之间。

图 7-8 所示是平均搭接角随纤维长径比和弯曲程度的变化。对于平直纤维，平均搭接角随纤维长径比的增加而略有增加，特别是长径比从 10 增加到 15 时。整体而言，当长径比大于 20 时，平均搭接角在 51° 左右，略大于均匀堆积结构中的 45°。这说明，对于纤维而言，其堆积结构存在一定的不均匀性，其也可从图 7-3 中看出。另外，可以发现，平均搭接角随纤维弯曲程度的增加而急剧增大。

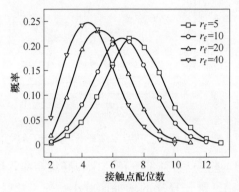

图 7-7 搭接点配位数分布
曲线随纤维长径比的变化

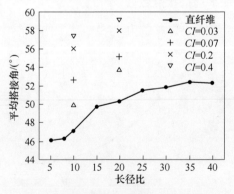

图 7-8 平均搭接角随纤维长径比和
纤维弯曲程度的变化

**B 摩擦系数的影响**

图 7-9 所示为孔隙率和平均搭接点配位数与摩擦系数的关系。摩擦系数为零时，孔隙率为 0.47，平均搭接点配位数为 8.35。当摩擦系数增加少许时，孔隙率急剧增加，而平均搭接点配位数急剧减小。例如，当摩擦系数增加到 0.3 时，孔隙率增加到 0.58，平均搭接点配位数减小到 7.28。但随着摩擦系数的继续增

加，堆积结构变化程度减小。这些也可从堆积结构中金属纤维之间的接触力分析得出。根据摩擦定律（式（7-12）），阻碍金属纤维运动的滑移切向接触力与摩擦系数成正比。因此，摩擦系数越大，相互接触的金属纤维越难以发生滑移，堆积结构变得更加松散，使得孔隙率增加而平均搭接点配位数减小。

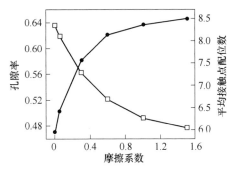

图 7-9　孔隙率（实心点）和搭接点
（空心点）配位数与摩擦系数的关系

　　图 7-10 所示为法向接触力（实心点）、法向接触力与切向接触力之比（空心点）和摩擦系数的关系。由图可见，法向接触力与切向接触力之比$<F_n/F_t>$随法向接触力$<F_n>$的增加而减小，这说明随着摩擦系数的增加，切向接触力增加的速度远大于法向接触力增加的速度。但当摩擦系数大于 0.6 时，$<F_n/F_t>$随摩擦系数的变化程度急剧减小。

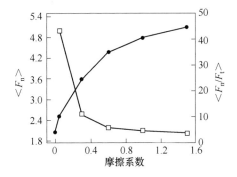

图 7-10　法向接触力（实心点）和法向接触力
与切向接触力之比（空心点）和摩擦系数的关系

　　图 7-11 所示为不同摩擦系数下平均切向接触力随时间的变化规律。可以看出，当摩擦系数为 0.05 时，切向接触力很快达到稳定值（如 $t=0.2$s）。但需要注意的是，$t=0.2$s 时，堆积结构远没有达到最终稳定状态。这说明此时搭接点处的切向接触力很接近法向接触力所允许的最大值，即切向接触力所允许的临界值，使得切向接触力随时间变化很小。而当摩擦系数增加时，切向接触力增加但

其波动也增加，导致需要更长时间达到稳定状态。堆积过程达到稳态后，摩擦系数为 1.0 时的切向接触力比摩擦系数为 0.05 时的切向接触力大两个数量级，远大于摩擦系数的增幅。

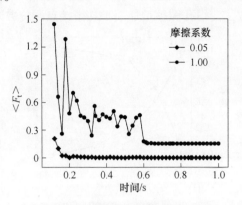

图 7-11　不同摩擦系数下平均
切向接触力随时间的变化曲线

　　根据以上分析可知，孔隙率的最小值或平均搭接点配位数的最大值发生在摩擦系数为 0 时；相反，孔隙率的最大值或平均搭接点配位数的最小值可以在摩擦系数最大时获得。为了进一步验证基于多球元模型的离散元方法在模拟金属纤维堆积过程中的有效性，本节还对摩擦系数为 0 和 1.5 时和长径比为 5 和 20 时金属纤维的堆积特性进行了模拟。图 7-12 所示是堆积结构的孔隙率变化范围。可以发现，实验研究[30~33]和数值模拟[34,35]获得的孔隙率均落在本节得到的最大与最小孔隙率曲线之间。同时，摩擦系数导致的孔隙率变化幅度约为最大值的 27.1%，远大于球形颗粒[29]和椭球形颗粒[28]的变化幅度。这主要是由于金属纤维的堆积结构比球形或椭球形颗粒的堆积结构更加松散，因此随着摩擦系数的减小，金属纤维有更多的自由空间进行填充。由于实验测量无法获得平均搭接点配位数，因此将本节数据与 S. R. Williams 和 A. P. Philipse[34]、A. Wouterse 等人[35]以及 J. Zhao 等人[36]基于非离散元方法的模拟结果进行对比，结果如图 7-13 所示。由图可见，当金属纤维之间的摩擦系数为零时，本节的计算结果介于 S. R. Williams 和 A. P. Philipse[34]与 A. Wouterse 等人[35]的模拟结果之间，这主要是由数值模拟方法和计算工况的不同所致。例如，这些文献中的非离散元方法模拟均为金属纤维的随机堆积，而本节堆积结构由于重力的作用在某种程度上呈现出了少量的规则性，这可以从堆积结构的正视图和侧视图看出。对于长径比为 10 的金属纤维，平均搭接点配位数为 8.35，很接近 J. Zhao 等人[36]的 8.02。这些结果再次表明，基于多球元模型的离散元方法可以较准确的模拟金属纤维的堆积过程，对孔隙率和平均搭接点配位数有较好的预测性。

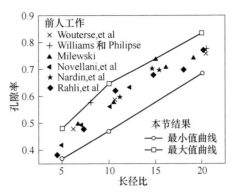

图 7-12 堆积结构的孔隙率变化范围

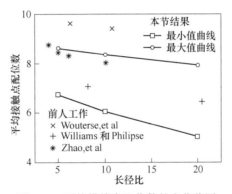

图 7-13 平均搭接点配位数的变化范围

图 7-14 所示是不同摩擦系数下搭接角的概率分布曲线。其中，搭接角 [0°，90°] 被分为 18 个区间，每个区间为 5°。可以看出，搭接角的分布并不均匀，而波峰的出现说明存在最佳搭接角。摩擦系数比较小时，分布概率先随搭接角呈指数型递减，当搭接角大于 17.5°时，分布趋于平稳。同时，当切向接触力为零时，约有 20%的金属纤维的搭接角小于 10°，说明此时相互接触的两个金属纤维存在强烈的对齐趋势，意味着堆积结构更加密实。随着摩擦系数的增加，金属纤维间越加难以发生滑移，搭接角靠近 0°处的概率急剧减小而靠近 90°处的概率急剧增加，使得越来越多的金属纤维的搭接角大于 45°。

C 表面能的影响

图 7-15 所示是孔隙率和平均搭接点配位数与表面能的关系。可见，随着表面能的增加，孔隙率增加而平均搭接点配位数减小，说明黏附性能够促使堆积结构变得松散。例如，当表面能从 0 增加到 $0.02J/m^2$ 时，孔隙率从 0.62 增加到 0.65，而平均搭接点配位数从 6.68 减小到 5.71。对比图 7-9 和图 7-15 可以发现，表面能对堆积结构的影响要小于摩擦系数的影响，但值得注意的是，当摩擦系

大于0.6时，摩擦系数对堆积结构的影响很小。这种情况下，增强黏附性比增加摩擦系数可以更有效地获得松散的堆积结构。这主要是由于黏附性的存在，使得金属纤维之间的滑移减少，进而导致堆积结构变得松散。

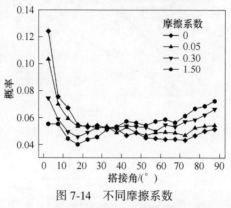

图7-14 不同摩擦系数
下搭接角的概率分布曲线

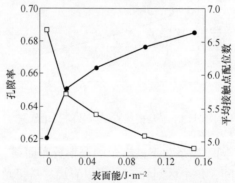

图7-15 孔隙率（实心点）和平均搭接点
配位数（空心点）与表面能的关系

图7-16所示是不同表面能下的切向接触力概率分布。在该图中，$\lg(F_t)$分为100份，随着表面能的增加，切向接触力的分布向右移动，切向接触力最大值和最小值也相应增加，而其分布曲线变得越来越窄，导致切向接触力增加。另一方面，表面能变化时，$<F_n>$和$<F_n/F_t>$的变化趋势和摩擦系数改变时的变化趋势相似，只不过变化幅度要小一些，因此这里不再叙述。

图7-17所示是不同表面能下搭接点配位数的概率分布曲线。由图可见，随着表面能的增加，搭接点配位数分布曲线向左移动，而最大搭接点数也相应减小。对于没有黏附性的金属纤维，分布曲线近似对称，搭接点配位数从2变化到13，而最大搭接点配位数为7。当表面能增加到0.05J/m²时，最大搭接点配位数减小到11，而最小搭接点配位数仍为2，说明越来越多的金属纤维被越来越少的

相邻纤维支撑。值得注意的是，当表面能为 0.15J/m² 时，最小搭接点配位数为 1，说明有少量的金属纤维仅被一根金属纤维支撑，这主要是大表面能产生大黏附力所致。

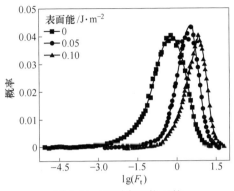

图 7-16　不同表面能下的
切向接触力概率分布曲线

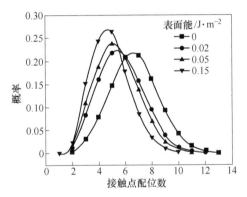

图 7-17　不同表面能下搭接点
配位数的概率分布曲线

图 7-18 所示是平均搭接角与表面能的关系。可见，平均搭接角随表面能的增加而增加。这和孔隙率的变化趋势是一致的，因为大的搭接角意味着堆积结构更加松散。同时，可以发现平均搭接角比 45° 大，说明更多的相互接触的金属纤维趋向垂直。但只有当表面能小于 0.1 J/m² 时，表面能才对平均搭接角有比较明显的影响。

### 7.1.2 柔性纤维动力学模型

在处理纤维这种细长柔性颗粒的运动时，大部分情况下将纤维简化成球形颗粒，并将细长柔性纤维假设为刚性柱状粒子，这在一些特定情况下可以认为是合

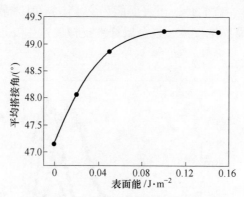

图 7-18 平均搭接角与表面能的关系

理的，但由于忽略了纤维的扭转及缠绕等变形，这种处理方法势必导致较大误差[37, 38]。为了更准确地描述细长柔性纤维的运动特性，研究人员将纤维离散为由一些相互链接颗粒组成的链，利用相邻颗粒相对空间位置或取向的变化实现纤维弯曲扭转等变形的模化。在此基础上，通过牛顿运动定律和相关约束方程建立起每根纤维的每个离散单元的动力学迭代方程，进而获得所有柔性纤维的运动规律。出于考虑问题的侧重点不同，单根纤维的离散元模型大致可分为球链模型和杆链模型两种。

图 7-19 所示是柔性纤维基本离散模型。S. Yamamoto 等人[39, 40]于 1993 年在研究剪切流场中柔性纤维的运动特性时提出了球链模型（见图 7-19(a)）：纤维被离散成相互黏结的球单元，通过改变相邻球单元间的距离、弯曲角和扭转角来实现纤维的拉伸、弯曲和扭转等变形。随后，C. F. Schmid 和 L. H. Switzer 等人[41~43]于 2000 年在研究纸浆纤维液固两相流系统的流变特性时提出了杆链模型（见图 7-19(b)）：纤维被离散成靠球铰相互连接的纤维单元，通过改变相邻杆单元的空间位置和取向实现纤维的弯曲和扭转等变形。基于球链模型或杆链模型，

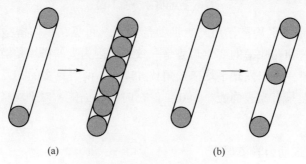

(a)                                    (b)

图 7-19 柔性纤维基本离散模型

(a) 球链模型；(b) 杆链模型

S. Yamamoto 等人[39]、C. F. Schmid 等人[41, 42]、L. H. Switzer 等人[43]、D. Qi 等人[44]、C. G. Joung 等人[45]、J. Wang 等人[46]、S. B. Lindstrom 等人[47]对柔性纤维在低雷诺数剪切流场悬浮运动过程中的动力学特性、纤维相-液相两相流的流变学特性以及块状结构的形成等问题开展了大量研究。研究表明，纤维的弯曲、扭转变形对纤维的力学特性和运动特性均产生显著影响。

### 7.1.2.1　数学模型

S. Yamamoto 等人[39, 40]研究柔性纤维在剪切流场中的运动特性时提出的球链模型中，采用同一根纤维内相邻球单元间的无滑移条件求解切向力，而没有考虑纤维的惯性以及纤维间的碰撞。而 C. F. Schmid 等人[41, 42]研究纸浆纤维的流变学特性时提出的杆链模型中，采用相邻杆单元的不可拉伸约束条件求解铰接力，而且也没有考虑纤维的惯性以及纤维间的碰撞。对于柔性纤维的堆积以及在气流中的流化过程，纤维的惯性和纤维间的碰撞摩擦效应有着非常重要的作用。为了解决该问题，作者根据文献［48，49］报道，将离散元方法拓展到柔性纤维的动力学模型中，与 S. Yamamoto 等人提出的球链模型相似，纤维被离散成相互黏结的球单元，但本节采用粘接球模型（bonded particle model，BPM）求解相邻球单元间的法向力、切向力、弯矩和扭矩。

图 7-20 所示是柔性纤维离散球单元的力学特性示意图。同时，参照软球模型中的阻尼模型，增加了同一根纤维内相邻球单元间各力和各力矩的阻尼项，以描述纤维的内阻尼特性。

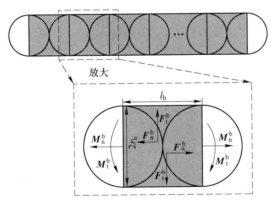

图 7-20　柔性纤维离散球单元的力学特性示意图

根据 BPM 模型[48]，相邻球单元之间的作用力为：

$$\mathrm{d}\boldsymbol{F}_{\mathrm{n}}^{\mathrm{b}} = K_{\mathrm{n}}^{\mathrm{b}}\mathrm{d}\boldsymbol{\delta}_{\mathrm{n}}^{\mathrm{r}} = \frac{EA}{l_{\mathrm{b}}}\boldsymbol{v}_{\mathrm{n}}^{\mathrm{r}}\mathrm{d}t \tag{7-13}$$

$$\mathrm{d}\boldsymbol{F}_{\mathrm{t}}^{\mathrm{b}} = K_{\mathrm{t}}^{\mathrm{b}}\mathrm{d}\boldsymbol{\delta}_{\mathrm{t}}^{\mathrm{r}} = \frac{GA}{l_{\mathrm{b}}}\boldsymbol{v}_{\mathrm{t}}^{\mathrm{r}}\mathrm{d}t \tag{7-14}$$

$$\mathrm{d}\boldsymbol{M}_n^b = K_{tor}^b \mathrm{d}\boldsymbol{\theta}_n^r = \frac{GI_p}{l_b}\boldsymbol{\omega}_n^r \mathrm{d}t \qquad (7\text{-}15)$$

$$\mathrm{d}\boldsymbol{M}_t^b = K_{ben}^b \mathrm{d}\boldsymbol{\theta}_t^r = \frac{EI}{l_b}\boldsymbol{\omega}_t^r \mathrm{d}t \qquad (7\text{-}16)$$

式中　$\mathrm{d}\boldsymbol{F}_n^b$——相邻球单元间的法向力的增量；

　　　$\mathrm{d}\boldsymbol{F}_t^b$——相邻球单元间的切向力的增量；

　　　$\mathrm{d}\boldsymbol{M}_n^b$——相邻球单元间的弯矩的增量；

　　　$\mathrm{d}\boldsymbol{M}_t^b$——相邻球单元间的扭矩的增量；

　　　$K_n^b$——相邻球单元间的法向力的刚度；

　　　$K_t^b$——相邻球单元间的切向力的刚度；

　　　$K_{tor}^b$——相邻球单元间的弯矩的刚度；

　　　$K_{ben}^b$——相邻球单元间的扭矩的刚度；

　　　$\mathrm{d}\boldsymbol{\delta}_n^r$——相邻球单元间的法向位移；

　　　$\mathrm{d}\boldsymbol{\delta}_t^r$——相邻球单元间的切向位移；

　　　$\mathrm{d}\boldsymbol{\theta}_n^r$——相邻球单元间的弯曲角度；

　　　$\mathrm{d}\boldsymbol{\theta}_t^r$——相邻球单元间的扭转角度；

　　　$E$——纤维的杨氏模量；

　　　$G$——纤维的剪切模量；

　　　$\mathrm{d}t$——计算的时间步长；

　　　$\boldsymbol{v}_n^r$——相邻球单元间的相对线速度的法向分量；

　　　$\boldsymbol{v}_t^r$——相邻球单元间的相对线速度的切向分量；

　　　$\boldsymbol{\omega}_n^r$——相邻球单元间的相对角速度的法向分量；

　　　$\boldsymbol{\omega}_t^r$——相邻球单元间的相对角速度的切向分量；

　　　$A$——黏接板的截面积；

　　　$l_b$——黏接板的长度；

　　　$I$——球单元的惯性矩；

　　　$I_p$——球单元的极惯性矩。

与以上各力和力矩相对应的阻尼项为：

$$\boldsymbol{F}_{dn}^b = \beta_b\sqrt{2m_s K_n^b}\,\boldsymbol{v}_n^r \qquad (7\text{-}17)$$

$$\boldsymbol{F}_{dt}^b = \beta_b\sqrt{2m_s K_t^b}\,\boldsymbol{v}_t^r \qquad (7\text{-}18)$$

$$\boldsymbol{M}_{dn}^b = \beta_b\sqrt{2J_s K_{tor}^b}\,\boldsymbol{\omega}_n^r \qquad (7\text{-}19)$$

$$\boldsymbol{M}_{dt}^b = \beta_b\sqrt{2J_s K_{ben}^b}\,\boldsymbol{\omega}_t^r \qquad (7\text{-}20)$$

式中　$\boldsymbol{F}_{dn}^b$——相邻球单元间的法向力的阻尼项；

$F_{dt}^b$——相邻球单元间的切向力的阻尼项；

$M_{dn}^b$——相邻球单元间的弯矩的阻尼项；

$M_{dt}^b$——相邻球单元间的扭矩的阻尼项；

$m_s$——球单元的质量；

$J_s$——球单元的转动惯量；

$\beta_b$——阻尼系数，可描述纤维变形的内阻尼过程。

### 7.1.2.2 模型验证

A 悬臂梁弯曲变形特性

根据悬臂梁相关理论，当悬臂梁在集中载荷作用下发生小挠度变形时，其自由端最大变形量可表示为：

$$y_{max} = \frac{PL^3}{3EI} \tag{7-21}$$

式中　$y_{max}$——自由端最大变形量；

$P$——悬臂梁末端的垂直力；

$L$——悬臂梁的总长度；

$I$——悬臂梁的惯性矩。

图 7-21 所示为悬臂梁弯曲变形示意图。当悬臂梁发生大挠度变形时，其挠度满足以下关系[50]：

$$y' = \frac{G(x)}{\{1 - [G(x)]^2\}} \tag{7-22}$$

$$G(x) = \frac{P}{2EI}[x^2 - (L - \Delta)^2] \tag{7-23}$$

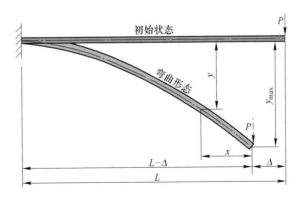

图 7-21　悬臂梁弯曲变形示意图

同时，假设变形后悬臂梁的总长度不变，因此有：

$$\int_0^{L-\Delta} \left[ 1 + (y')^2 \right]^{1/2} \mathrm{d}x = L \tag{7-24}$$

式中   $y'$——挠度的微分;

　　　 $G(x)$——悬臂梁距离固定端 $x$ 处的横向位移;

　　　 $\Delta$——悬臂梁自由端的横向位移。

　　根据式(7-22)~式(7-24),采用辛卜森积分以及试凑法,即可获得大挠度变形下自由端的挠度与载荷的关系。为了使悬臂梁较快达到稳定状态,阻尼系数为1,同时不考虑重力的影响。本节对悬臂梁在集中载荷作用下的弯曲变形特性进行了数值模拟。该悬臂梁的杨氏模量为 $10^6\mathrm{Pa}$,密度为 $7980\mathrm{kg/m^3}$。图 7-22 所示为不同载荷下自由端最大挠度。图 7-23 所示为不同载荷下自由端最大挠度计算偏差。本节计算结果和理论吻合较好,最大偏差为 1.7%。

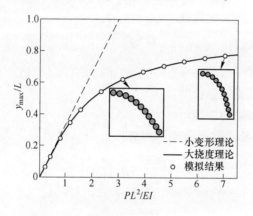

图 7-22   不同载荷下自由端最大挠度

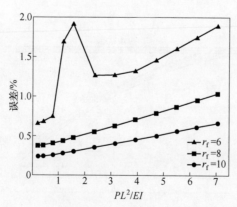

图 7-23   不同载荷下自由端最大挠度计算偏差

## B   Jeffery 轨迹

根据 R. G. Cox 的相关理论[51, 52],当颗粒雷诺数远小于 1 时,长径比为 $r_\mathrm{f}$ 的单个柱状颗粒在简单剪切流场中做周期性旋转运动，即 Jeffery 轨迹[53]，其旋转周期只取决于剪切速率和长径比，与初始取向无关，即

$$T\dot{\gamma} = 2\pi\left(r_{\mathrm{f}} + \frac{1}{r_{\mathrm{f}}}\right) \tag{7-25}$$

式中　$T$——旋转周期；

　　　$\dot{\gamma}$——剪切速率，即流体的速度梯度。

图 7-24 所示是柔性纤维的 Jeffery 轨迹周期。从图中可以发现本模型所获得的周期和文献［48，49］中的结果吻合很好。

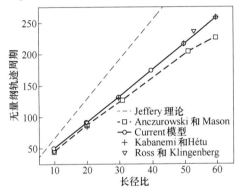

图 7-24　柔性纤维的 Jeffery 轨迹周期

# 7.2　烧结结点形成过程数值模拟

金属纤维多孔材料的制备和应用研究已经取得了非常大的进展，但是关于金属纤维烧结颈形成过程的数值模拟研究进展十分缓慢。计算机与计算技术的飞速发展为其数值模拟研究提供了良好的条件，本节主要介绍基于表面扩散[54]、晶界扩散[55]及多种扩散机制作用[56]下的烧结结点形成过程的数值模拟结果。

烧结过程模拟的前提是建立合适的烧结模型，模型的好坏将直接影响到数值模拟结果的精度与质量。为此，建模时需要进行一些必要的假设和简化。研究金属粉末烧结过程时，假设金属粉末为球体，常见的模型有球-球模型、球-板模型等。考虑到金属纤维烧结过程的复杂程度，本节假设金属纤维的横截面为等径圆。

## 7.2.1　基于表面扩散机制的结点形成过程数值模拟

### 7.2.1.1　结点形成过程三维数值模拟

A　三维模型的建立

在三维情况下，对金属纤维烧结结点形成的研究是非常复杂的。根据 J. W.

Cahn 和 J. E. Taylor[57] 的研究结果，当原子的扩散无限地快于原子的吸附时，表面扩散可以认为是由平均曲率和平均曲率的平均值的差驱动的表面运动。

因此，表面扩散可以表示为[58]：

$$v = M\gamma_s(K - K_{av}) \tag{7-26}$$

式中　$v$——表面法向速度；

　　$M$——迁移率；

　　$\gamma_s$——表面自由能；

　　$K$——表面曲率；

　　$K_{av}$——平均曲率的平均值。

$K_{av}$ 可以表示为：

$$K_{av} = \frac{1}{S}\int_S K\mathrm{d}S \tag{7-27}$$

式中　$S$——表面积。

本节中建立的三维模型是在水平集方法框架下对式（7-26）中的表面扩散模型进行推广。在水平集方法中，演化函数可以用一个 Hamilton-Jacobi 型方程表示，见式（7-28）：

$$\phi_t = F \mid \nabla\phi \mid, \quad \phi(x, y, z, t = 0) \tag{7-28}$$

法向速度 $F$ 可以看作是 $\phi(x, y, z, t)$ 的空间导数的函数。在很多应用中，$F$ 是曲率 $K$ 及其空间导数的函数。

在水平集方法框架下，表面扩散模型（式（7-26））可以写成一般形式：

$$\phi_t + b(K - K_{av}) \mid \nabla\phi \mid = 0 \tag{7-29}$$

即 $F = -b(K - K_{av})$。

在水平集方法框架下，曲率 $K$ 可以通过计算水平集函数 $\phi(x, y, z, t)$ 求得：

$$K = \nabla \cdot n \tag{7-30}$$

$$n = \frac{\nabla\phi}{\mid\nabla\phi\mid} = \left(\frac{\phi_x}{(\phi_x^2 + \phi_y^2 + \phi_z^2)^{\frac{1}{2}}}, \frac{\phi_y}{(\phi_x^2 + \phi_y^2 + \phi_z^2)^{\frac{1}{2}}}, \frac{\phi_z}{(\phi_x^2 + \phi_y^2 + \phi_z^2)^{\frac{1}{2}}}\right)$$

$$\tag{7-31}$$

所以，曲率 $K$ 可以表示为：

$$K = \nabla \cdot \frac{\nabla \phi}{|\nabla \phi|}$$

$$= \frac{\phi_{xx}(\phi_y^2 + \phi_z^2) + \phi_{yy}(\phi_x^2 + \phi_z^2) + \phi_{zz}(\phi_x^2 + \phi_y^2) - 2(\phi_x \phi_y \phi_{xy} + \phi_y \phi_z \phi_{yz} + \phi_x \phi_z \phi_{xz})}{2(\phi_x^2 + \phi_y^2 + \phi_z^2)^{\frac{3}{2}}}$$

$$(7\text{-}32)$$

在水平集方法中，需要引入一个辅助函数来确定不同的区域，这相当于给定一个初始条件。这个辅助函数也称为水平集函数，其表达式为：

$$\begin{cases} \phi(x, y, z, t) < 0, & in\Omega(t) \\ \phi(x, y, z, t) = 0, & on\Gamma(t) \\ \phi(x, y, z, t) > 0, & inR^3 \setminus \overline{\Omega(t)} \end{cases} \tag{7-33}$$

式中　$\Gamma(t)$ ——要演化的界面；

　　　$\Omega(t)$ ——由界面 $\Gamma(t)$ 围成的内部区域。

根据在水平集方法框架下建立的表面扩散模型，相应的水平集算法步骤在本节中以全离散的形式给出，具体如下：

（1）初始化。水平集函数可以用界面 $\Gamma(t)$ 建立，并进行符号距离函数的初始化，即迭代求解式（7-34）的稳态解：

$$\begin{cases} \phi_t = S(\phi_0)(1 - |\nabla \phi|) \\ \phi(x, 0) = \phi_0 \end{cases} \tag{7-34}$$

式中　$S(\phi_0)$ ——一个光滑的符号函数，可表示为：

$$S(\phi_0) = \frac{\phi_0}{\sqrt{\phi_0^2 + \varepsilon^2}}, \ \varepsilon = \min(\Delta x, \Delta y) \tag{7-35}$$

从而建立初始界面的隐式符号距离函数。

（2）计算法向量和曲率。法向量计算式和曲率计算式分别如式（7-31）和式（7-32）所示。

将式（7-31）、式（7-32）中的导数用差分形式式（7-36）~式（7-38）逼近：

$$\phi_x = \frac{1}{12\Delta x}(-\phi_{i+2,j} + 8\phi_{i+1,j} - 8\phi_{i-1,j} + \phi_{i-2,j}) \tag{7-36}$$

$$\phi_{xx} = \frac{1}{12\Delta x^2}(-\phi_{i+2,j} + 16\phi_{i+1,j} - 30\phi_{i,j} + 16\phi_{i-1,j} - \phi_{i-2,j}) \tag{7-37}$$

$$\phi_{xy} = \frac{1}{48\Delta x \Delta y}(-\phi_{i+2,j+2} + 16\phi_{i+1,j+1} + \phi_{i-2,j+2} - 16\phi_{i-1,j+1} + \phi_{i+2,j-2} -$$
$$16\phi_{i+1,j-1} - \phi_{i-2,j-2} + 16\phi_{i-1,j-1}) \tag{7-38}$$

$\phi_y$ 和 $\phi_{yy}$ 用类似 $\phi_x$ 和 $\phi_{xx}$ 的差分形式逼近，$\phi_{xz}$ 和 $\phi_{yz}$ 用类似 $\phi_{xy}$ 的差分形式逼近，从而得出法向量和曲率的全离散格式，即

$$\phi_y = \frac{1}{12\Delta y}(-\phi_{i,\,j+2} + 8\phi_{i,\,j+1} - 8\phi_{i,\,j-1} + \phi_{i,\,j-2})$$

$$\phi_{yy} = \frac{1}{12\Delta y^2}(-\phi_{i,\,j+2} + 16\phi_{i,\,j+1} - 30\phi_{i,\,j} + 16\phi_{i,\,j-1} - \phi_{i,\,j-2})$$

$$\phi_{yz} = \frac{1}{48\Delta y\Delta z}(-\phi_{j+2,\,k+2} + 16\phi_{j+1,\,k+1} + \phi_{j-2,\,k+2} - 16\phi_{j-1,\,k+1} + \phi_{j+2,\,k-2} -$$
$$16\phi_{j+1,\,k-1} - \phi_{j-2,\,k-2} + 16\phi_{j-1,\,k-1})$$

$$\phi_z = \frac{1}{12\Delta z}(-\phi_{i,\,k+2} + 8\phi_{i,\,k+1} - 8\phi_{i,\,k-1} + \phi_{i,\,k-2})$$

$$\phi_{zz} = \frac{1}{12\Delta z^2}(-\phi_{i,\,k+2} + 16\phi_{i,\,k+1} - 30\phi_{i,\,k} + 16\phi_{i,\,k-1} - \phi_{i,\,k-2})$$

$$\phi_{xz} = \frac{1}{48\Delta x\Delta z}(-\phi_{i+2,\,k+2} + 16\phi_{i+1,\,k+1} + \phi_{i-2,\,k+2} - 16\phi_{i-1,\,k+1} + \phi_{i+2,\,k-2} -$$
$$16\phi_{i+1,\,k-1} - \phi_{i-2,\,k-2} + 16\phi_{i-1,\,k-1})$$

（3）计算平均曲率。平均曲率可以离散地表示为式（7-39）：

$$K_{av} = \frac{\sum\limits_{i=1}^{n} K_i S_i}{\sum\limits_{i=1}^{n} S_i} \tag{7-39}$$

因此，平均曲率与平均曲率的平均值之差很容易求得。

（4）确定时间步长。表面扩散的 Courant-Friedrichs-Lewy（CFL）条件是：

$$\Delta t_1 \leqslant \frac{\min^4(\Delta x,\ \Delta y)}{B} \tag{7-40}$$

Hamilton-Jacobi 方程更新速度的 CFL 条件是：

$$\Delta t_2 \leqslant \frac{\min(\Delta x,\ \Delta y)}{F_{\max}} \tag{7-41}$$

式中　$F_{\max}$——计算区域中最大的法向速度；

　　　$\Delta t$——自适应时间步长，选取两个时间步长中最小的一个。

（5）更新函数 $\phi$。为了在时间方向上达到高阶精度，采用三阶 Total Variation Diminishing Runge-Kutta 方法更新函数 $\phi$。

$$\phi^1 = \phi^n + \Delta t F(\phi^n)$$
$$\phi^2 = \frac{3}{4}\phi^n + \frac{1}{4}\phi^1 + \frac{1}{4}\Delta t F(\phi^1) \tag{7-42}$$
$$\phi^{n+1} = \frac{1}{3}\phi^n + \frac{2}{3}\phi^2 + \frac{2}{3}\Delta t F(\phi^2)$$

（6）重新初始化。每一次迭代的计算值就是下一次迭代的初始值，此算法需要不断进行初始化（循环）直至达到最终结果。

B 数值模拟结果

数值计算过程中，令法向速度函数 $F = -b(K - K_{av})$ 中的 $b = 0.1$，金属纤维的半径取为 0.5，求解的空间区域是 $[-1:1, -1:1, -1:1]$，网格的划分为 $50 \times 50 \times 50$，计算的时间范围为 $0 \sim 0.072$。

a 金属纤维之间的夹角为 0°

金属纤维之间的夹角为 0°时，烧结结点形成过程的数值模拟结果如图 7-25 所示。可以看出：烧结结点由线接触变成面接触。金属纤维逐渐变细，烧结颈逐渐长大。这是由于平均曲率差驱动原子沿着表面移动到烧结结点处形成烧结颈。

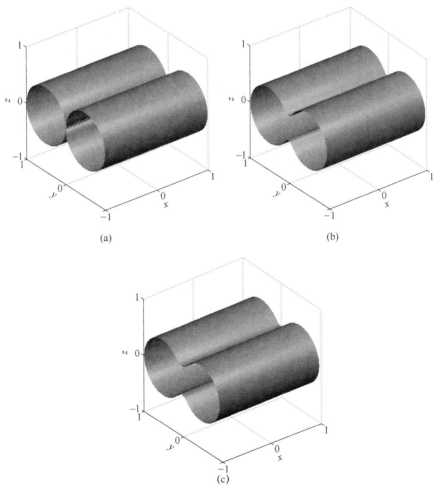

图 7-25 金属纤维之间的夹角为 0°时的数值模拟结果

（a）$t = 0$；（b）$t = 0.0432$；（c）$t = 0.072$

b 金属纤维之间的夹角为90°

金属纤维之间的夹角为90°时，烧结结点形成过程的数值模拟结果如图7-26所示。可以看出：烧结结点由点接触变成面接触。金属纤维逐渐变细，烧结颈逐渐长大。这是由于平均曲率差驱动原子沿着表面移动到烧结结点处形成烧结颈。

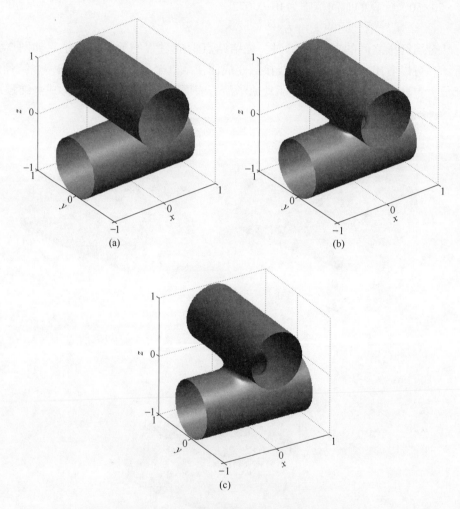

图 7-26 金属纤维之间的夹角为90°时的数值模拟结果

（a）$t=0$；（b）$t=0.0432$，（c）$t=0.072$

本节在水平集方法框架下，建立了表面扩散机制的三维数学模型，用 Matlab 软件实现了金属纤维烧结结点形成过程的三维数值模拟。

7.2.1.2 结点形成过程二维数值模拟

在假设金属纤维的横截面是等径圆的情况下，上述建立的数值方法可以实现金属纤维烧结结点形成过程的三维数值模拟，从而直观地看到烧结结点的形貌及其动态长大过程。但是在三维数值模拟过程中，当网格剖分比较细时，所需的计算量庞大，非常耗时。事实上，烧结结点的三维空间形貌可以通过其各个方向截面上的二维形貌来刻画，因此建立基于表面扩散机制的烧结结点形成过程二维数值模拟模型，以此来研究烧结结点的形成与长大规律。这样可以大大降低计算的复杂程度，同时还便于并行计算。

A 二维模型的建立

假设两根金属纤维的夹角为 $\beta$，以钝角平分线为极轴建立极坐标系，$\alpha$ 表示极坐标的角度，如图 7-27 所示。烧结结点处各个方向的截面可能是圆、椭圆或矩形。烧结结点处与极轴方向夹角为 $\alpha$ 的截面，如图 7-28 所示，椭圆 $O_1$ 是上方纤维的截面，椭圆 $O_2$ 是下方纤维的截面，圆 $O_3$ 与椭圆 $O_1$、椭圆 $O_2$ 相切，圆 $O_3$ 的半径 $\rho$ 就是烧结颈表面的曲率半径，$a$ 为金属纤维的半径，$r$ 为颈长。

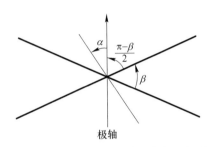

图 7-27 两根金属纤维建立的极坐标系

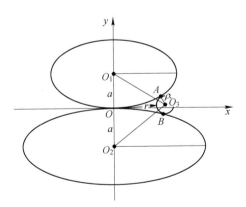

图 7-28 两根金属纤维的横截面图

根据图 7-27、图 7-28 所示的几何关系，可以推导出上下两根金属纤维烧结结点处各个方向截面的椭圆方程为：

$$O_1: \frac{x^2}{a^2}\cos^2\left(\frac{\beta}{2}-\alpha\right)+\frac{(y-a)^2}{a^2}=1 \tag{7-43}$$

$$O_2: \frac{x^2}{a^2}\cos^2\left(\frac{\beta}{2}+\alpha\right)+\frac{(y+a)^2}{a^2}=1 \tag{7-44}$$

金属纤维烧结过程中，假设表面扩散机制是唯一的扩散机制。根据 Mullins 提出的表面扩散模型[59]：

$$\frac{\partial \boldsymbol{r}_{\mathrm{n}}}{\partial t}=B\frac{\partial^2 K}{\partial s^2} \tag{7-45}$$

式中　$\boldsymbol{r}_{\mathrm{n}}$——表面法向量；

$t$——时间；

$K$——表面曲率；

$s$——弧长；

$B$ 可以表示为：

$$B=\frac{\delta_{\mathrm{S}}D_{\mathrm{S}}\gamma\varOmega}{kT} \tag{7-46}$$

式中　$D_{\mathrm{S}}$——表面扩散系数；

$\gamma$——表面自由能；

$\varOmega$——原子体积；

$\delta_{\mathrm{S}}$——有效表面厚度；

$k$——玻耳兹曼常数；

$T$——绝对温度。

引入无量纲变量 $t^*=Bt/a^4$，$r_{\mathrm{n}}^*=r_{\mathrm{n}}/a$，$s^*=s/a$ 和 $K^*=aK$，$a$ 是金属纤维的半径。将这些无量纲变量代入式（7-45），可以得到无量纲模型：

$$\frac{\partial r_{\mathrm{n}}^*}{\partial t^*}=\frac{\partial^2 K^*}{\partial s^{*2}} \tag{7-47}$$

因此，表面的法向速度与表面曲率的二阶导数成比例。烧结颈 $\alpha$ 方向截面的椭圆方程式（7-43）、式（7-44）与无量纲化的表面扩散模型式（7-47）构成了基于表面扩散的纤维烧结颈形成过程的椭圆-椭圆模型[60]。该模型可以用有限差分、有限元等微分方程的数值求解方法进行模拟，这里主要介绍该模型的水平集数值模拟方法。

**B　二维模型的水平集模拟方法**

在水平集方法[61]中，演化函数的一般表达式为：

$$\phi_{\mathrm{t}}=F|\nabla\phi|，\qquad \phi(x,y,t)=0 \tag{7-48}$$

式中　$F$——法向速度，可看作是 $\phi(x,y,t)$ 的空间导数的函数。

在水平集方法中，曲率 $K$ 可以由水平集函数 $\phi(x,y,t)$ 求出：

$$\begin{cases} K = \nabla \cdot \boldsymbol{n} \\ \boldsymbol{n} = \dfrac{\nabla\phi}{|\nabla\phi|} = \left( \dfrac{\phi_x}{(\phi_x^2 + \phi_y^2)^{\frac{1}{2}}}, \ \dfrac{\phi_y}{(\phi_x^2 + \phi_y^2)^{\frac{1}{2}}} \right) \end{cases} \tag{7-49}$$

式中 $\boldsymbol{n}$ ——法向向量，也是表面 $y(x, t)$ 在水平集函数 $\phi(x, y, t) = 0$ 时的单位法向量。

由式（7-49）可以得到曲率 $K$ 的表达式为：

$$K = \nabla \cdot \frac{\nabla\phi}{|\nabla\phi|} = \frac{\phi_{xx}\phi_y^2 - 2\phi_x\phi_y\phi_{xy} + \phi_{yy}\phi_x^2}{(\phi_x^2 + \phi_y^2)^{\frac{3}{2}}} \tag{7-50}$$

在表面扩散机制作用下，法向速度 $F$ 表示为：

$$F = -B\frac{\partial^2 K}{\partial s^2} \tag{7-51}$$

其中，曲率 $K$ 的二阶导数可以表示为式（7-52）：

$$\begin{aligned}
\frac{\partial^2 K}{\partial s^2} &= \nabla\left[\nabla K \cdot \frac{(\phi_y, \ -\phi_x)}{|\nabla\phi|}\right] \cdot \frac{(\phi_y, \ -\phi_x)}{|\nabla\phi|} \\
&= \frac{K_{xx}\phi_y^2 - 2K_{xy}\phi_x\phi_y + K_{yy}\phi_x^2}{\phi_x^2 + \phi_y^2} - \frac{K(K_x\phi_x + K_y\phi_y)}{\sqrt{\phi_x^2 + \phi_y^2}}
\end{aligned} \tag{7-52}$$

对每一个截面可以建立不同的水平集函数，如式（7-53）所示：

$$\begin{cases} \phi(x, y, t) < 0, \ \text{in } \Omega(t) \\ \phi(x, y, t) = 0, \ \text{on } \Gamma(t) \\ \phi(x, y, t) > 0, \ \text{in } R^2 \setminus \overline{\Omega(t)} \end{cases} \tag{7-53}$$

其中，$\Gamma(t)$ 是由式（7-43）和式（7-44）所确定的曲线，$\Omega(t)$ 表示由界面 $\Gamma(t)$ 围成的内部区域，如图 7-29 所示。

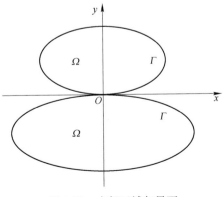

图 7-29 内部区域与界面

在表面扩散机制作用下，椭圆-椭圆模型由演化方程式（7-48）和水平集函数式（7-53）组成，实际上是一个偏微分方程的初值问题。此模型可以用水平集方法进行数值求解，从而可以模拟出烧结结点各个方向截面的演化过程。

根据在水平集方法框架下建立的表面扩散模型，相应的水平集算法步骤如下：

（1）初始化。与7.2.1.1节A小节中的"（1）初始化"相同，在此不再赘述。

（2）计算曲率。将曲率计算式（7-54）中的导数用差分形式式（7-36）~式（7-38）逼近，从而得出曲率 $K$ 的全离散格式。

$$K = \frac{\phi_{xx}\phi_y^2 - 2\phi_x\phi_y\phi_{xy} + \phi_{yy}\phi_x^2}{(\phi_x^2 + \phi_y^2)^{\frac{3}{2}}} \tag{7-54}$$

（3）计算曲率的二阶导数。曲率的二阶导数计算式为：

$$\frac{\partial^2 K}{\partial s^2} = \frac{K_{xx}\phi_y^2 - 2K_{xy}\phi_x\phi_y + K_{yy}\phi_x^2}{\phi_x^2 + \phi_y^2} - \frac{K(K_x\phi_x + K_y\phi_y)}{\sqrt{\phi_x^2 + \phi_y^2}} \tag{7-55}$$

将式（7-55）中的 $K_x$、$K_{xx}$、$K_y$、$K_{yy}$ 和 $K_{xy}$ 用类似步骤（2）中 $\phi_x$、$\phi_{xx}$、$\phi_y$、$\phi_{yy}$ 和 $\phi_{xy}$ 的差分形式进行离散，从而得到曲率二阶导数的全离散格式。

（4）确定时间步长。与7.2.1.1节A小节中的"（4）确定时间步长"相同。

（5）更新函数 $\phi$。与7.2.1.1节A小节中的"（5）更新函数 $\phi$"相同。

（6）重新初始化。与7.2.1.1节A小节中的"（6）重新初始化"相同。

C 数值模拟结果

a 烧结结点不同截面处的颈半径变化情况

在表面扩散机制作用下，对两根金属纤维夹角 $\beta$ 为60°的烧结颈形成过程进行数值模拟，得到烧结颈的生长演化过程。数值模拟过程中，界面演化的速度函数是 $F = -B\partial^2 K/\partial s^2$，其中 $B = 1$；网格划分是500×500，$\Delta x = \Delta y = 1$；金属纤维的半径是100。

根据金属纤维的空间对称性，从两根金属纤维的钝角平分线方向（$\alpha = 0°$）到锐角平分线方向（$\alpha = 90°$）之间每隔15°选取一个截面进行模拟，结果如图7-30所示。其中，每个截面的总演化步数是1500步，每隔300步标记一次曲线（界面）的演化位置。

烧结结点处不同方向的烧结颈半径随时间的变化曲线如图7-31所示。可以看出，烧结初期，烧结颈的生长速度很快，几乎是随时间呈线性增长；当时间超过30时，生长速度逐渐减慢，最后趋于零。另外，烧结颈半径的生长速度从钝角平分线方向到锐角平分线方向逐渐增大。

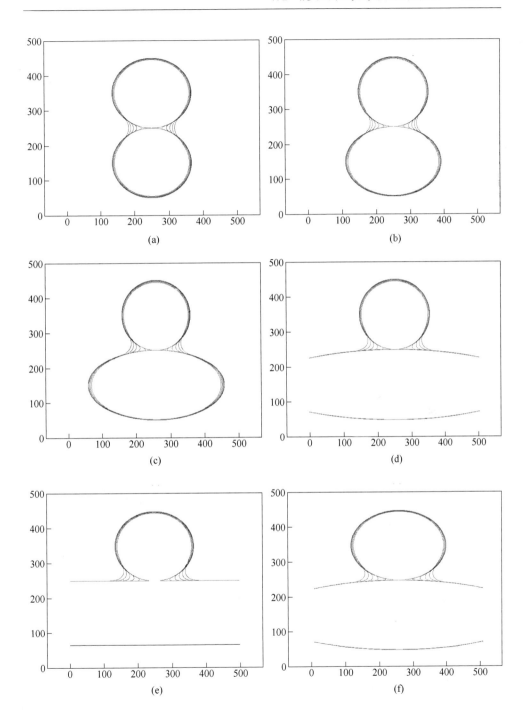

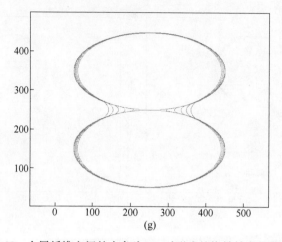

图 7-30 金属纤维之间的夹角为 60°时形成的烧结结点的截面图

(a) $\alpha = 0°$；(b) $\alpha = 15°$；(c) $\alpha = 30°$；(d) $\alpha = 45°$；(e) $\alpha = 60°$；(f) $\alpha = 75°$；(g) $\alpha = 90°$

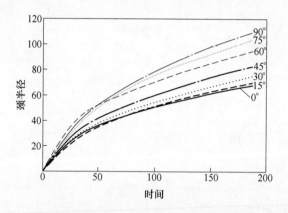

图 7-31 金属纤维之间的夹角为 60°时形成的烧结颈半径随时间的变化曲线

b 金属纤维之间的夹角对烧结颈半径的影响

取金属纤维之间的夹角 $\beta$ 为 30°、45°、60°、90°时，沿着其钝角平分线方向上（$\alpha = 0°$）和锐角平分线方向上（$\alpha = 90°$）烧结颈半径随时间的变化关系如图 7-32 所示[61]。模拟结果表明，纤维之间的夹角 $\beta$ 越大，沿着钝角平分线方向的烧结颈生长速度越快，形成的烧结颈半径越大；沿着锐角平分线方向的烧结颈生长速度越慢，形成的烧结颈半径越小。

谌东东等人[54]用水平集方法对金属粉末烧结过程进行了数值模拟，结果表明，金属粉末与金属纤维烧结颈生长存在差异的原因是二者的几何结构不同，即曲率差不同，烧结驱动力不同。但烧结颈生长趋势相同，即烧结初期，生长速度几乎呈线性增长，随着烧结的进行，生长速度逐渐减慢。

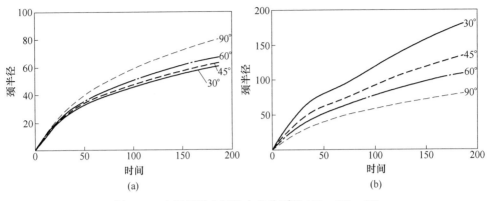

图 7-32　金属纤维之间的夹角分别是 30°、45°、60°
和 90°时，烧结颈随时间的变化情况

（a）沿钝角平分线方向；（b）沿锐角平分线方向

金属纤维烧结过程中，表面扩散机制并非唯一的扩散机制，随着烧结的进行，将出现多种扩散机制，下面介绍在晶界扩散机制作用下烧结结点形成过程。

### 7.2.2　基于晶界扩散机制的结点形成过程数值模拟

由于晶界各处空位分布不均，存在着空位浓度差，在晶界上将产生拉普拉斯应力，使得原子沿着晶界运动。在金属纤维烧结过程中，烧结颈的形态与纤维夹角密切相关，导致晶界扩散过程中体积守恒的计算更加复杂。因此，本节仅介绍平行金属纤维的烧结模型。

在晶界扩散机制作用下，等径平行金属纤维烧结结点处的横截面如图 7-33 所示，$O_1$ 是左边纤维的截面圆，$O_2$ 是右边纤维的截面圆，$R_0$ 是金属纤维的半径。由于几何结构是以两根金属纤维的公切面呈对称分布，在烧结过程中晶界上原子应该以恒定速率运动，晶界应始终保持直线。

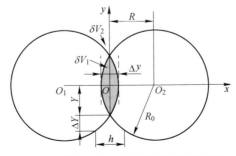

图 7-33　等径平行金属纤维晶界扩散模型

建立如图 7-33 所示的坐标系，推导出两根金属纤维的截面圆的方程为：

$$O_1 : \left( x + R_0 - \frac{\Delta y}{2} \right)^2 + y^2 = R_0^2 \tag{7-56}$$

$$O_2 : \left( x - R_0 + \frac{\Delta y}{2} \right)^2 + y^2 = R_0^2 \tag{7-57}$$

式中　$\Delta y$ ——相交部分的最大宽度。

如图 7-33 所示，金属纤维的初始半径为 $R_0$，金属纤维刚刚接触时的接触面积为零，截面中心距为 $2R_0$。随着烧结的进行，两根纤维相互靠近，使得截面中心距减小到 $2R$。烧结过程中，晶界上的原子以恒定速率运动，其运动速率与晶界上的流量梯度成比例。假设晶界上的流量为[55]：

$$J_B = \frac{D_B \delta_B}{kT} \frac{d\sigma}{dy} \tag{7-58}$$

式中　$D_B$ ——晶界扩散系数；
　　　　$\delta_B$ ——有效晶界厚度；
　　　　$\sigma$ ——作用在晶界上的力；
　　　　$y$ ——晶界的位置。

于是，原子的运动速率为：

$$v = -\Omega \frac{dJ_B}{dy} = -\frac{D_B \delta_B \Omega}{kT} \frac{d^2\sigma}{dy^2} \tag{7-59}$$

假设沿晶界处无其他外力作用，那么在晶界处应该满足如下条件：

（1）在晶界与颈部两侧相交处，应力是稳态的。

（2）忽略重力，在垂直于晶界方向的合力为零。

（3）沿晶界的合扭矩为零。

从而得到边界条件为：

$$\sigma(y = -Y) = \sigma(y = Y) = -\gamma K \tag{7-60}$$

$$\int_{y=-Y}^{y=Y} \sigma(y) dy + 2\gamma \sin \frac{A}{2} = 0 \tag{7-61}$$

$$\int_{y=-Y}^{y=Y} \sigma(y) y dy = 0 \tag{7-62}$$

式中　$A$ ——烧结时形成的二面角。

晶界上力的分布可以由式（7-60）~式（7-62）得出：

$$\sigma(y) = \frac{3\gamma}{2Y^2} \left( \sin \frac{A}{2} - KY \right) y^2 - \frac{\gamma}{2Y} \left( 3\sin \frac{A}{2} - KY \right) \tag{7-63}$$

相应的晶界上的原子流量为：

$$J_B = \frac{D_B \delta_B}{kT} \frac{3\gamma}{Y^2} \left( \sin \frac{A}{2} - KY \right) \tag{7-64}$$

对式（7-64）进行无量纲化处理，得到晶界扩散机制作用下烧结结点处的流量为：

$$J_B^* = \frac{R_0^2 kT}{D_S \delta_S \gamma} J_B = \frac{3\Gamma}{Y^{*2}} (\sin \frac{A}{2} - K^* Y^*) \tag{7-65}$$

$$Y^* = \frac{Y}{R_0}$$

式中　$\Gamma$——扩散比例，$\Gamma = \dfrac{D_B \delta_B}{D_S \delta_S}$。

相应的无量纲速率方程为：

$$v^* = -\frac{R_0^3}{B} v = -\frac{3\Gamma}{Y^{*3}} (\sin \frac{A}{2} - K^* Y^*) \tag{7-66}$$

当烧结过程达到平衡状态时，意味着晶界上没有流量贡献，即满足条件：

$$\sin \frac{A}{2} - K^* Y^* = 0 \tag{7-67}$$

所以颈半径 $Y$ 可以由二面角 $A$ 与曲率 $K$ 求出。相应的颈半径与球心距离 $R$ 的关系为：

$$R = \sqrt{R_0^2 - Y^2} \tag{7-68}$$

假设烧结过程中金属纤维与烧结颈的总体积恒定，两根纤维相交部分的体积为 $\delta V_1$，此部分体积应该与颈部两侧形成的烧结颈体积 $\delta V_2$ 相等。随着烧结的进行，颈半径会产生相应的修正量 $\Delta Y$，平衡时的颈半径为 $Y + \Delta Y$。相交部分的半径 $\Delta y$ 与颈半径 $Y$ 和初始纤维半径的关系为：

$$R_0^2 = \left( R_0 - \frac{\Delta y}{2} \right)^2 + Y^2 \tag{7-69}$$

由 $\delta V_1 = \delta V_2$ 可得：

$$h(Y + \Delta Y) = \frac{\arcsin \dfrac{Y + \Delta Y}{R_0}}{180°} \pi R_0^2 - (Y + \Delta Y) \sqrt{R_0^2 - (Y + \Delta Y)^2} \tag{7-70}$$

$$\frac{h}{2} = R - \sqrt{R_0^2 - (Y + \Delta Y)^2}$$

上述晶界扩散模型主要针对平行金属纤维而言，对于具有一定夹角的金属纤维，由于上下两个椭圆具有不对称的几何结构，晶界并不是直线，此时晶界上的原子不能以恒定的速率运动。其次，对于平行金属纤维的 3 个平衡条件（在晶界与颈部两侧相交处的应力是稳态的、垂直于晶界方向的合力为零、沿晶界的合扭矩为零）是比较容易确定的，而对于不具有对称几何结构的椭圆-椭圆模型，平衡条件并不容易确定。最后，对于椭圆-椭圆模型中纤维与烧结颈体积守恒这一等量关系很难表示。

　　近年来，基于金属粉末烧结理论已经实现了多种烧结机制共同作用下结点形成过程的数值模拟研究，而且取得了非常好的结果。而多种烧结机制作用下金属纤维烧结颈形成过程的数值模拟几乎未见报道，所以金属纤维烧结结点形成过程的数值模拟研究还需要进一步完善。

### 7.2.3　多种扩散机制综合作用下的结点形成过程数值模拟

　　究竟哪一种扩散机制是烧结颈形成与长大的主导机制，这在烧结理论研究中一直存在争议。在粉末烧结理论中，主要的判断方法有 3 种[59]：指数判定法、速率对比法与烧结图判定法。目前金属纤维的烧结研究多借用金属粉末烧结理论。Johnso 给出了体积扩散、晶界扩散和表面扩散机制综合作用下，柱-柱烧结模型在烧结初期的定量表达式，不仅考虑了颈长，而且考虑了两个柱体对心接近的速度。但是对于金属纤维而言，由于纤维长径比、纤维夹角、表面状态等对烧结颈形成均会产生影响，因此其烧结机制必然有所不同。本节介绍平行金属纤维的烧结模型。

　　在多种扩散机制作用下，等径平行金属纤维烧结结点处的横截面如图 7-34 所示，$O_1$ 是左边纤维的截面圆，$O_2$ 是右边纤维的截面圆，$R_0$ 是金属纤维的初始半径。$O_3$ 是与圆 $O_1$、$O_2$ 相切的圆，$O_3$ 的半径 $\rho$ 是烧结颈表面的曲率半径，$x$ 为烧结颈半径，$b$ 为两圆重叠部分的半径，$\Delta y$ 表示相交部分的最大宽度。

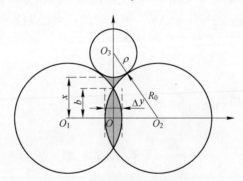

图 7-34　多种扩散机制作用下
等径平行金属纤维的烧结模型

　　根据 Mullins[59] 研究的表面扩散机制作用下的烧结模型，表面化学梯度与表面曲率成比例，而表面扩散流量与化学梯度成比例。表面扩散机制作用下的扩散流量表达式为：

$$j_S = D_S \frac{\gamma_S \Omega}{kT\rho} \left( \frac{1}{\rho} - \frac{1}{x} + \frac{2}{R_0} \right) \tag{7-71}$$

烧结颈部物质体积的增量等于扩散通量乘以通过面积，即

$$\frac{dV}{dt} = j_S A_S \tag{7-72}$$

式中　$A_S$——表面扩散机制作用下的物质透过面积。

晶界扩散机制作用下的扩散流量表达式[56]为：

$$j_B = 4D_B \frac{\gamma_B \Omega}{kT\rho x^2}(x + \rho) \tag{7-73}$$

晶界扩散机制作用下，烧结颈部物质体积增量等于其扩散通量乘以其透过面积，即

$$\frac{dV}{dt} - j_B A_B \tag{7-74}$$

式中　$A_B$——晶界扩散机制作用下的物质透过面积。

体积扩散中，原子的运动方向垂直于表面。根据近代金属物理概念，在热平衡条件下的晶体点阵中，原子并没有占据所有的结点，而是在结点中存在着空位。在扩散理论中，体积扩散就是晶格点阵中的原子连续迁移与空位交换位置的结果。

体积扩散机制作用下的通量表达式为：

$$j_V = j_{VS} + j_{VB} = 2D_V \frac{\gamma_V \Omega}{kT\rho}\left(\frac{1}{\rho} - \frac{1}{x} + \frac{2}{R_0}\right) + 8D_V \frac{\gamma_V \Omega}{kT\rho x^2}(x + \rho) \tag{7-75}$$

式中　$j_{VS}$——通过表面的体积扩散通量；

　　　$j_{VB}$——通过晶界的体积扩散通量；

　　　$D_V$——体积扩散系数。

体积扩散机制作用下，烧结颈部物质体积增量等于其扩散通量乘以其透过面积，即

$$\frac{dV}{dt} = j_V A_V \tag{7-76}$$

式中　$A_V$——体积扩散机制作用下的物质透过面积。

在表面扩散、晶界扩散和体积扩散机制耦合作用下，烧结颈体积增量等于各种扩散通量乘以相应的透过面积之和，即

$$\frac{dV}{dt} = w_S j_S A_S + w_B j_B A_B + w_V j_V A_V \tag{7-77}$$

式中　$w_S$——表面扩散机制所占权重；

　　　$w_B$——晶界扩散机制所占权重；

　　　$w_V$——体积扩散机制所占权重。

由图 7-34 得到如下几何关系：

$$(\rho + x)^2 + \left(R_0 - \frac{\Delta y}{2}\right)^2 = (\rho + R_0)^2 \tag{7-78}$$

$$b^2 + \left(R_0 - \frac{\Delta y}{2}\right)^2 = R_0^2 \tag{7-79}$$

　　上述模型只是多种烧结机制共同作用下建立的简单模型，究竟各种机制所占权重是多少，还需要进行实验研究才能进一步判断。而对于具有一定夹角的金属纤维，由于上下两个椭圆具有不对称的几何结构，其几何关系及各种扩散机制作用下的透过面积都不容易确定，所以对于多种烧结机制共同作用下的烧结理论的研究仍需要继续完善。

## 参 考 文 献

[1] 徐大勇，耿凡，袁竹林. 细长颗粒流化运动的数值分析 [J]. 燃烧科学与技术，2008，14 (4)：345~349.

[2] Liu Y J, Joseph D D. Sedimentation of particles in polymer solutions [J]. J. Fluid Mech., 1993, 225 (1)：565~595.

[3] Mckay G, Murphy W R, Hillis M. Settling characteristics of discs and cylinders [J]. Chem. Eng. Res. Des., 1988, 66：107~112.

[4] Turney M A, Cheung M K, Powell R L, et al. Hindered settling of rod-like particles measured with magnetic resonance imaging [J]. Aiche Journal, 1995, 41 (2)：251~257.

[5] 朱泽飞，林建忠，邵雪明. 柱状粒子在流场中受力状况的实验研究 [J]. 浙江工程学院学报，2000，17 (2)：116~119.

[6] Melander O, Wikstrom T, Rasmuson A. Flow regimes of air suspensions of MDF fibres in vertical flow [J]. Nordic Pulp & Paper Research Journal, 2006, 21：227~230.

[7] Melander O, Rasmuson A. A dispersion force approach to modelling the effect of lift forces on fibre dispersion [J]. International Journal of Multiphase Flow, 2007, 33 (3)：333~346.

[8] Melander O, Rasmuson A. Simulation and measurement of velocity and concentration of dry wood fibres flowing through a throttle [J]. Nordic Pulp & Paper Research Journal, 2005 (20)：78~86.

[9] Melander O, Rasmuson A. PIV measurements of velocities and concentrations of wood fibres in pneumatic transport [J]. Experiments in Fluids, 2004, 37 (2)：293~300.

[10] 耿凡，袁竹林，王宏生，等. 流化床中细长柔性颗粒分布特性的数值研究 [J]. 中国电机工程学报，2009，35：102~108.

[11] 蔡杰，吴晅，袁竹林. 气固流化床中细长颗粒数量浓度分布的数值研究 [J]. 化工学报，2008，59 (10)：2490~2497.

[12] Liu Y M, Wu T H, Guo R S, et al. Dynamics of sedimentation of flexible fibers in moderate Reynolds number flows [J]. Computers & Fluids, 2011, 48 (1)：125~136.

［13］ Shams M, Ahmadi G, Rahimzadeh H. Transport and deposition of flexible fibers in turbulent duct flows ［J］. Journal of Aerosol Science, 2001, 32 （4）: 525~547.

［14］ Herzhaft B. Experimental investigation of the sedimentation of a dilute fiber suspension ［J］. Phys Review Letters, 1996, 77 （2）: 290~293.

［15］ Mackaplow M B, Shaqfeh E S G. A numerical study of the sedimentation of fibre suspensions ［J］. Journal of Fluid Mechanics, 1998, 376: 149~182.

［16］ Herzhaft B, Guazzelli E, Mackaplow M B, et al. Experimental investigation of the sedimentation of a dilute fiber suspension ［J］. Phys. Rev. Lett. , 1996, 77 （2）: 290~293.

［17］ Herzhaft B, Guazzelli E. Experimental study of the sedimentation of dilute and semi-dilute suspensions of fibres ［J］. Journal of Fluid Mechanics, 1999, 384: 133~158.

［18］ Gustavsson K, Tornberg A K. Gravity induced sedimentation of slender fibers ［J］. Physics of Fluids, 2009, 21 （21）: 429~439.

［19］ 王叶龙, 林建忠, 石兴. 柱状粒子间相互作用对沉降运动的影响 ［J］. 自然科学进展, 2004 （14）: 39~45.

［20］ Favier J F, Abbaspour-Fard M H, Kremmer M, et al. Shape representation of axi-symmetrical, non-spherical particles in discrete element simulation using multi-element model particles ［J］. Engineering Computations, 1999, 16 （4）: 467~480.

［21］ Wittenburg J. Dynamics of systems of rigid bodies ［M］. Teubner Stuttgart, 1977.

［22］ Chung Y C, Ooi J Y. A study of influence of gravity on bulk behaviour of particulate solid ［J］. Particuology, 2008 , 6 （6）: 467~474.

［23］ Grof Z, Kohout M, Štěpánek F. Multi-scale simulation of needle-shaped particle breakage under uniaxial compaction ［J］. Chemical Engineering Science, 2007, 62 （5）: 1418~1429.

［24］ Ren B, Zhong W Q, Jin B S, et al. Numerical simulation on the mixing behavior of corn-shaped particles in a spouted bed ［J］. Powder Technology, 2013, 234: 58~66.

［25］ Tsuj Y i, Tanaka T, Ishida T. Lagrangia numerical-simulation of plug flow of cohesionless particles in a horizontal pipe ［J］. Powder Technology, 1992, 71 （3）: 239~250.

［26］ Raji A O. Discrete element modelling of the deformation of bulk agricultural particulates ［D］. UK: Newcastle University upon Tyne, 1999.

［27］ Johnson K, Kendall K, Roberts A. Surface energy and the contact of elastic solids ［C］ //Proceedings of the Royal Society of London. A. Mathematical and Physical Sciences, Great Britain: the Royal Society Publishing, 1971 , 324 （1558）: 301~313.

［28］ Zhou Z Y, Zou R P, Pinson D, et al. Dynamic simulation of the packing of ellipsoidal particles ［J］. Industrial & Engineering Chemistry Research, 2011, 50 （16）: 9787~9798.

［29］ Zhang Z P, Liu L F, Yuan Y D, et al. A simulation study of the effects of dynamic variables on the packing of spheres ［J］. Powder Technology, 2001 , 116 （1）: 23~32.

［30］ Milewski J V. The combined packing of rods and spheres in reinforcing plastics ［J］. Industrial & Engineering Chemistry Product Research and Development, 1978 （17）: 363~366.

［31］ Novellani M, Santini R, Tadrist L. Experimental study of the porosity of loose stacks of stiff cylindrical fibres: Influence of the aspect ratio of fibres [J]. Eur. Phys. J. B, 2000, 13 (3): 571~578.

[32] Rahli O, Tadrist L, Blanc R. Experimental analysis of the porosity of randomly packed rigid fibers [J]. ComptesRendus de l'Academie des Sciences Series IIB Mechanics Physics Astronomy, 1999, 327 (8): 725~729.

[33] Nardin M, Papirer E, Schultz J. Contribution à l'etude des empilements au hasard de fibres et⁄ ou de particulessphériques [J]. Powder technology, 1985 (44): 131~140.

[34] Williams S R, Philipse A P. Random packings of spheres and spherocylinders simulated by mechanical contraction [J]. Phys Rev E, 2003, 67 (5): 051301-1~051301-9.

[35] Wouterse A, Luding S, Philipse A. P. On contact numbers in random rod packings [J]. Granular Matter, 2009, 11 (3): 169~177.

[36] Zhao J, Li S X, Zou R P, et al. Dense random packings of spherocylinders [J]. Soft Matter, 20128 (4): 1003~1009.

[37] 蔡杰, 彭正标, 吴旵, 等. 壁面约束对气固两相流中细长颗粒流化特性影响的数值研究 [J]. 中国电机工程学报, 2008, 28 (23): 71~74.

[38] Zhou K, Lin J Z, Chan T L. Solution of three-dimensional fiber orientation in two-dimensional fiber suspension flows [J]. Physics Fluids, 2007, 19 (11): 113309~113321.

[39] Yamamoto S, Matsuoka T. A method for dynamic simulation of rigid and flexible fibers in a flow field [J]. Journal of Chemical Physics, 1993, 98 (1): 644~650.

[40] Yamamoto S, Matsuoka T. Viscosity of dilute suspensions of rodlike particles: A numerical simulation method [J]. The Journal of Chemical Physics, 1994, 100 (4): 3317~3324.

[41] Schmid C F, Klingenberg D J. Mechanical flocculation in flowing fiber suspensions [J]. Phys. Rev. Lett. , 2000, 84 (2): 290~293.

[42] Schmid C F, Switzer L H, Klingenberg D J. Simulations of fiber flocculation: Effects of fiber properties and interfiber friction [J]. Journal of Rheology, 2000, 44 (4): 781~809.

[43] Switzer L H, Klingenberg D J. Flocculation in simulations of sheared fiber suspensions [J]. International Journal of Multiphase Flow, 2004, 30 (1): 67~87.

[44] Qi D. Direct simulations of flexible cylindrical fiber suspensions in finite Reynolds number flows [J]. Chem. Phys. , 2006, 125 (11): 114901.

[45] Joung C G, Phan-Thien N, Fan X J. Viscosity of curved fibers in suspension [J]. Journal of Non-Newtonian Fluid Mechanics, 2002, 102 (1): 1~17.

[46] Wang J, Layton A. Numerical simulations of fiber sedimentation in navier-stokes flows [J]. Communications in Computational Physics, 2009, 5 (1): 61~83.

[47] Lindstrom S B, Uesaka T. Simulation of the motion of flexible fibers in viscous fluid flow [J]. Physics of Fluids, 2007, 19 (11): 733~742.

[48] Potyondy D O, Cundall P A. A bonded-particle model for rock [J]. International Journal of Rock Mechanics and Mining Sciences, 2004, 41 (8): 1329~1364.

[49] Guo Y, Curtis J, Wassgren C, et al. Granular shear flows of flexible rod-like particles

［C］// Powders and Grains 2013: Proceedings of the 7th International Conference on Microme-
chanics of Granular Media, Sydney, Australia: AIP Publishing LLC, 2013: 491~494.

［50］Fertis D G. Nonlinear structural engineering ［M］. Germany: Springer Berlin Heidelberg, 2006.

［51］Cox R G. The motion of long slender bodies in a viscous fluid Part 1. General theory ［J］. Jour-
nal of Fluid Mechanics, 1970, 44（04）: 791~810.

［52］Cox R G. The motion of long slender bodies in a viscous fluid. Part 2. Shear flow ［J］. Journal
of Fluid Mechanics, 1971, 45（4）: 625~657.

［53］Jeffery G B. The motion of ellipsoidal particles immersed in a viscous fluid ［C］//Proceedings
of the Royal Society of London. A. Mathematical, Physical and Engineering Sciences, Great
Britain: the Royal Society Publishing, 1922, A102（715）: 161~179.

［54］Chen D D, Zheng Z S, Wang J Z, et al. Three-dimensional simulation of sintering crunodes of
metal powders or fibers by level set method ［J］. Journal of Central South University, 2015, 22
（7）: 2446~2455.

［55］Zhang W, Schneible J H. The sintering of two particles by surface and grain boundary diffu-
sion——a two-dimensional numerical study ［J］. Actametall. Mater, 1995, 43（12）: 4377~
4386.

［56］Du J X, Liang S H, Wang X H, et al. Simulation of the neck growth of non-isometric biosphere
during initial sintering ［J］. Acta Metallurgica Sinica, 2009, 22（4）: 263~274.

［57］Cahn J W, Taylor J E. Overview no. 113 surface motion by surface diffusion ［J］. Acta Metall.
Mater. , 1994, 42（4）: 1045~1063.

［58］Wakai F , Aldinger F. Sintering through surface motion by the difference in mean curvature
［J］. Acta Mater. , 2003, 51: 4013~4024.

［59］果世驹. 粉末烧结理论 ［M］. 北京: 冶金工业出版社, 2002.

［60］Chen D D, Zheng Z S, Wang J Z, et al. 2D model and 3D reconstitution of sintering metal fi-
bers by surface diffusion ［J］ . Rare Metal Materials and Engineering, accepted.

［61］Chen D D, Zheng Z S, Wang J Z, et al. Modeling sintering bebavior of metal fibers with differ-
ent fiber angles ［J］. Rare Metals, doi: 10. 1007/s 12598-016-0749-9.